"高薪技能状元行"系列

彩色电视机
维修一本通

王新华 等 编著

时代出版传媒股份有限公司
安徽科学技术出版社

图书在版编目(CIP)数据

彩色电视机维修一本通 / 王新华等编著. --合肥:安徽科学技术出版社,2016.9
("高薪技能状元行"系列)
ISBN 978-7-5337-6707-5

Ⅰ.①彩… Ⅱ.①王… Ⅲ.①彩色电视机-维修-基本知识 Ⅳ.①TN949.12

中国版本图书馆 CIP 数据核字(2015)第 126998 号

彩色电视机维修一本通　　　　　　　　　　　王新华 等　编著

出版人:黄和平　　　选题策划:刘三珊　　　责任编辑:刘三珊
责任校对:刘　凯　　　责任印制:廖小青　　　封面设计:王天然
出版发行:时代出版传媒股份有限公司　http://www.press-mart.com
　　　　　安徽科学技术出版社　　　　http://www.ahstp.net
　　　　　(合肥市政务文化新区翡翠路 1118 号出版传媒广场,邮编:230071)
　　　　　电话:(0551)63533323
印　　制:合肥创新印务有限公司　　　电话:(0551)64321190
(如发现印装质量问题,影响阅读,请与印刷厂商联系调换)

开本:850×1168　1/32　　　印张:10.625　　　字数:289 千
版次:2016 年 9 月第 1 版　　2016 年 9 月第 1 次印刷

ISBN 978-7-5337-6707-5　　　　　　　　　　　定价:28.00 元

内 容 简 介

为了使广大从事家电维修的工作人员尽快熟悉、掌握彩色电视机维修工作的相关知识和技能,编者根据多年教学实践,综合彩色电视机维修的特点,以常见彩色电视机产品的结构特点、工作原理、故障处理与检修为突破口,进行归类、整理和介绍。本书内容包括彩色电视机维修基础知识、普通彩色电视机的维修、大屏幕彩色电视机的维修、液晶彩色电视机的维修、背投影彩色电视机的维修及等离子彩色电视机的维修。

本书具有知识涵盖面广、通俗易懂、便于操作的特点,特别适合初中以上文化程度的读者阅读、使用,是职业技术学校和工人技术培训的好教材。

前　　言

当前,彩色电视机与人们的生活已经密不可分,已经成为人们生活中不可或缺的一部分。人们对彩色电视机的需求越来越大,不可避免地需要大量的彩色电视机维修技术人员。

然而,中国家电维修行业协会最近的抽样调查表明,我国家电维修服务行业的总体水平偏低,服务维修部规模普遍偏小,经营能力弱化。据不完全统计,目前我国家电维修服务行业的从业人员有20多万,其中进城务工人员占从业人员的绝大多数,持高级工证书的仅占10%,中级工占60%,初级工占15%,其他占10%。本科以上学历的仅占2.2%,大专占13.5%。这种状况与家电维修服务行业需要具有较高职业素质的专业人员的要求相比,存在较大差距,导致维修服务人员一次上门的修复率低,加大了维修服务的成本,用户也不满意。

与此同时,随着家用电器维修市场的开放,跨国家电巨头大举进攻维修服务领域,中外企业将进行新一轮比拼。外资家电巨头具有几十年的国际化家电维修服务经验以及针对不同地区、不同文化背景的完整服务模式;本土大批维修服务企业仍处于小、散、乱状态,这些企业急需壮大产业规模,提高维修服务水平。

此外,整个家电行业正处于技术更新换代期,维修行业的技术门槛也在快速提升。随着家电高端产品的快速普及,提高家电维修人员的技术水平迫在眉睫。

为了使广大从事家电维修的工作人员尽快熟悉、掌握彩色电视机维修工作的相关知识和技能,编者根据多年教学实践,编写了本书。参加编写的人员还有邱立功、徐峰、唐艳玲、张道霞、任志俊、许佩霞、卢小虎、楚宜民、崔俊、王亚龙、苏本杰、董芸等。

　　在本书编写过程中,引用了大量国内外有关书籍及产品样本中的数据和资料等,在此谨向有关作者、厂家和科研单位表示衷心的感谢!

　　由于编者水平有限,书中难免有错误和不妥之处,恳请广大读者批评指正。

编　者

目　录

第一章 彩色电视机维修基础

第一节 彩色电视机的结构组成与工作原理

一、彩色电视机的结构组成

(一)彩色电视机的机械部件

1. 显像管及相关部件

(1)打开彩色电视机的机盖,首先看到的是彩色电视机的显像管,其外形如图 1-1 所示。显像管的作用是显示图像,它是电视机中

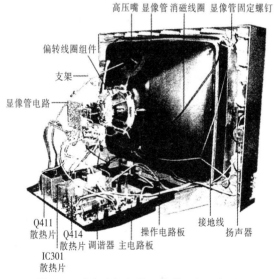

图 1-1 彩色电视机的显像管及相关部件

最重要的器件之一。

　　彩色电视机的大小,主要就是以显像管的大小作为衡量标准的。通常所说的彩色电视机的尺寸,主要是指显像管屏幕对角线的尺寸。例如,显像管屏幕对角线的长度是21英寸(53 cm),则该彩色电视机的尺寸就是21英寸。如果屏幕对角线的长度为43英寸(109 cm),则此彩色电视机的尺寸就是43英寸。一般来讲,25英寸(63.5 cm)以下的彩色电视机都被称为小屏幕彩色电视机,而25英寸以上的则被称为大屏幕彩色电视机。

　　(2)如图1-2所示,在显像管上方的是高压嘴(高压输入端)。由行输出变压器产生的阳极高压通过绝缘良好的引线送到显像管的高压嘴,为显像管提供高压。

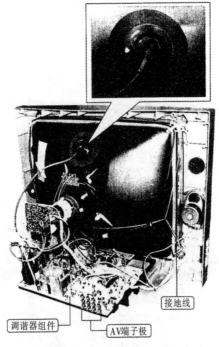

图 1-2　显像管的高压嘴

（3）显像管的玻璃壳外有黑色涂层，这些涂层起屏蔽作用。

（4）另外，在显像管的四周围绕着线圈，该线圈是消磁线圈，其内部由很多股线圈组成。由于彩色电视机显像管内部某些部件容易被磁化而带有磁性，从而影响了电子束的正常扫描运动，导致显示的图像出现偏色。为了防止这种磁化现象，在显像管的周围绕置有消磁线圈，在电视开机的瞬间，线圈中就会有 220V/50Hz 的交流电流流过，此后电流便逐渐减小。这样它所产生的磁场就会对显像管起到良好的消磁作用。如果消磁线圈消磁不良，显像管的四角或中间就容易产生色偏（即五颜六色的色块）。

（5）在显像管管颈末端的是显像管的电子枪。电子枪是用来发射电子束的，电子束通过电子枪中的阴极发出后，射到荧光屏上，荧光屏上的荧光粉受到电子的轰击，就会发出相应颜色的光（射到哪种颜色的荧光粉上，就会显示哪种颜色）。

（6）在显像管管颈上的喇叭形部分是偏转线圈。偏转线圈是由两部分组成的：一部分是水平偏转线圈，另一部分是垂直偏转线圈。水平偏转线圈和垂直偏转线圈绕在同一个骨架上，这两个线圈联合起来，产生一个合成的磁场，对显像管里面的电子束进行偏转扫描。

电子束从电子枪发射到屏幕上，若想要形成一个长方形的画面，就要借助于偏转线圈产生的磁场对电子束进行控制，使电子束产生水平和垂直方向的扫描运动。水平偏转线圈的电流是由行输出级提供的，垂直偏转线圈的电流是由场输出级提供的。

（7）在电子枪和偏转线圈之间有 6 个磁环，它们分别是调整会聚和色纯参数的磁环。这些磁环所产生的磁场会对电子束的会聚产生作用，使电子束受到磁场的控制，能够很好地聚焦到显像管的屏幕上，确保图像清晰。

2. 主电路板及相关部件

（1）在显像管的下方是彩色电视机的主电路板，主电路板上密密麻麻地焊接着形态各异的电子元器件，显像管及其他电路器件则通过线缆与主电路板相连。

（2）在主电路板上有一个密闭良好的金属盒，它就是调谐器，或称高频头。其尾部的插孔用来接收天线信号或有线电视信号。录像机及影碟机等其他视频设备的射频输出信号也可以由这里送入电视机。

（3）中频电路。信号送入之后经过放大和变频处理，变成中频信号，再送到中频电路中进行进一步的处理。对于中频信号的处理，通常是由大规模集成电路来完成的，包括视频检波、伴音解调、亮度/色度处理等。不同的彩色电视机，所采用的大规模集成电路的型号也不尽相同，各个引脚的功能也不同，在检修时需要对照图纸进行检测。

（4）视频信号经亮度/色度处理后产生 R、G、B 信号，通过传输引线送到显像管电路板上。该电路板安装在显像管尾部的管座上。

显像管电路提供的各种信号加到显像管的管座上，通过管座给显像管提供所需要的各种电压。如灯丝电压是给显像管的阴极加热的，加热后，阴极中的电子才能活跃起来并发射出去。如果阴极是冷的，电子无法发射出去，就不会产生图像。

显像管电路的主体是末级视放电路，它是形成控制 3 个阴极的电压的电路，其主要作用是将解码电路送来的 R、G、B 信号进行放大，然后送到显像管的管座上。

其中，红色引线输入的是聚焦极电压。由于聚焦极的电压很高（通常为几千伏），所以它的输入端需要采用绝缘等级很高的封装方式，将聚焦极封装在绝缘性很好的保护壳中，以免造成短路或触电。

接到显像管电路上的另一根橘黄色引线输入的是加速极电压，该电压一般为直流 300～600V，它的作用是给显像管的加速极（又称帘栅极）提供电压。加速极设在阴极的前面，它的电压主要对电子束起加速作用。

显像管电路通过插接的方式直接安装在显像管尾部的管座上，在检修的时候要十分小心，因为这个部位是显像管最薄弱的部位，在插拔时稍有不当，就很容易将显像管的尾部碰裂。如果出现裂缝，显像管就会漏气损坏,所以这一点在检修过程中要特别注意。另外,显像管上专门设有接地引线,这样能保证显像管电路板接地良好,使显像管引脚上不会有积存的静电。如果静电过高,也会影响显像管的正常工作。

(5)中频信号经视频检波电路(在大规模集成电路内部)从视频信号中分离出行/场同步信号,作为行/场扫描电路的基准信号,使行/场扫描电路产生的扫描信号与视频图像信号保持同步关系,并分别送到行输出电路和场输出电路中。

场输出电路将垂直扫描的锯齿波信号放大后,送到垂直偏转线圈中。行输出电路一方面要将水平扫描的锯齿波信号放大后送到水平偏转线圈中,另一方面要将该脉冲信号送到行回扫变压器中。由于行输出晶体管工作在高电压、大电流的条件下,所以通常需要为行输出晶体管加装散热片,以确保其正常工作。

(6)行回扫变压器的结构比较特殊,中间部分是行回扫变压器的铁芯部分,外围是它的线圈部分。由于线圈部分产生的电压很高(有很多组电压是由行输出级变压器提供的),要对它采用特别的绝缘措施,因为绝缘性能不好很容易造成击穿损坏。

高压引线是单独由行回扫变压器的一个绕组中引出来的。行回扫变压器产生的阳极高压通过高压引线送到显像管上方的高压嘴(高压输入端)。由于阳极高压都在27 000 V以上,因此,对高压引线的绝缘性能要求非常高。

高压引线与高压嘴连接的接口采用特殊的设计,即中间为卡扣式设计。在安装时,该卡扣卡接在高压嘴中,在卡扣的周围是绝缘橡胶,对其材料和性能的要求也是很高的。由于引线带有高压,因此在检修时要特别小心,不要任意拆下,以免触电,或者造成其他元器件短路和损坏。

行回扫变压器除了高压引线外,在其旁边还有两根引线,它们同样是单独从行回扫变压器中引出的。其中粗一点的红色引线是聚焦极电压的输出端,其电压有上千伏。另一根相对较细的橘黄色引线是加速极电压的输出引线,其电压为几百伏。由于电压较高,所以采用特殊的引线方式,直接提供给显像管的管座。这两个电压在调试时,一般可以通过下面的调整旋钮进行微调。由于行回扫变压器长期工作在高电压的环境下,所以它是彩色电视机中容易受损的器件之一,尤其是在夏季炎热潮湿的环境下,最容易发生故障。

(7)彩色电视机的电源电路部分是由许多电阻、电容、电感及变压器、线圈等元器件构成的。它的主要工作是将 220V 交流电压经过滤波和整流后,变成约 300V 的直流电压(即将交流信号变成直流信号),然后通过装在散热片上的开关管变成脉冲信号,最后送到脉冲变压器的初级线圈。脉冲变压器具有多组次级线圈,可以输出多组脉冲。输出的多组脉冲再经过整流滤波后,产生多组直流电压,供给彩色电视机中的其他电路或元器件。

(8)在彩色电视中,还有一个重要的电路,那就是系统控制电路。系统控制电路中的微处理器也称微电脑,它是一个大规模集成电路,具有分析和判断功能,即电视机中各种功能的转换和各种电路的控制都是由这个电路来完成的。要识别这个电路,必须了解这个电路的型号、引脚功能以及它的外围元器件。

(9)彩色电视机的微动开关装在电路板的外侧,嵌入电视机壳内,刚好与电视机前面板的控制键钮相接,用户可以通过前面板上的控制键钮对电视机进行控制,如开关机、转换频道、声音大小控制、菜单调节等。通过这些控制键钮,可以将人工指令送到微处理器中;微处理器收到人工指令后,与其内部存储的数据进行查对,从而决定应该对哪些引线脚输出信号、对哪些电路进行控制。

(二)彩色电视机的电路组成

图 1-3 是一台普通彩色电视机的电路框图。从图中可见,它主要是由调谐器(高频头)、中频通道(视频检波、伴音解调)、音频电路、视频信号处理电路(亮度电路、色度解码电路)、行偏转电路、场偏转电路、行输出变压器、系统控制电路和开关电源等部分组成的。这些

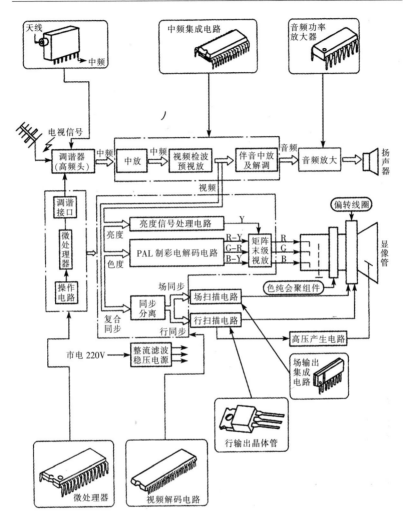

图 1-3 彩色电视机电路

电路按照它们的功能,大致可分为公共通道、解码器电路和成像系统三大部分。公共通道的作用是把由天线接收来的高频彩色电视信号变成视频的彩色全电视信号和伴音的音频信号,实际上这部分就是黑白电视机的信号系统;解码器是彩色电视机特有的电路,它是与彩色电视制式有关的部分;而彩色显像管(包括偏转线圈)、同步分离电路、行扫描电路、场扫描电路和高压电路等,则是彩色电视机的成像系统。

1. 公共通道

(1)高频调谐器。与黑白电视机相同,高频调谐器是接收电视信号的电路,它将天线送来的射频信号进行放大,然后经混频变成中频信号。要求电路的功率增益高,噪声系数小。高频调谐器的主要功能是选择电视频道,并将该频道的高频电视信号进行放大,然后与本振信号进行混频,输出载频分别为 38MHz 和 31.5MHz 的图像中频和伴音中频信号。

(2)中频放大器。它的功能是放大来自高频调谐器的中频信号,且提供适当的幅频特性,使之适合残留边带及伴音差拍的需要,以便从中检测视频信号和第二伴音中频信号,并具有自动增益控制(AGC)功能。它的好坏将直接影响图像的清晰度、对比度、彩色稳定性和伴音的好坏。

(3)视频检波与放大。它的任务有两项:一是对视频信号进行检波,以便从调幅的图像中频信号中检出视频信号,放大后送给亮度处理电路、PAL 制彩电解码电路和同步分离电路;二是将图像中频和伴音中频进行混频,产生 6.5MHz 的第二伴音中频信号,送给伴音电路。

(4)伴音电路。它和黑白电视机的伴音电路类似,包括第二伴音中频放大、限幅电路、鉴频电路和音频放大电路。它先将 6.5MHz 调频的第二伴音中频信号放大,用鉴频器进行调频解调,解出音频信号,再经音频放大器放大后去推动扬声器发声,音量大小可以在这里进行控制。

2. 解码器电路

解码器是彩色电视机特有的电路,它是与彩色电视制式有关的部分。解码器电路包括亮度通道、色度通道、色副载波恢复电路和解码矩阵等电路,它的作用是将接收机视频检波器送来的彩色全电视信号还原为 R、G、B 三个基色信号,然后将三个基色信号送至彩色显像管,以重显彩色图像。

(1)亮度通道与色度通道。从图 1-3 可见,彩色电视中频信号经视频检波器解调出视频彩色全电视信号,再经预视放级放大后,一路送入亮度通道,先经色副载波陷波器把色副载波和部分色度信号滤除,得到亮度信号,然后把亮度信号进行放大、延时之后,送入解码矩阵电路,同时进行亮度和对比度的控制;另一路送入色度通道,它的作用是从视频彩色全电视信号中选出色度信号,并加以放大和解调,这样就重新得到两个色差信号 U_{R-Y} 和 U_{B-Y},最后,这两个色差信号也送至解码矩阵电路。

(2)解码矩阵电路。解码矩阵电路的作用是,先将色度通道送来的两个色差信号 U_{R-Y} 和 U_{B-Y} 通过(G-Y)矩阵电路恢复出 U_{G-Y} 色差信号,然后把亮度通道送来的亮度信号 U_Y 与三个色差信号 U_{R-Y}、U_{G-Y} 和 U_{B-Y} 在基色矩阵电路中还原为 U_R、U_G、U_B 三个基色信号,它们经过视放输出级分别送至彩色显像管的三个阴极,去调制三个电子束的电流大小,重显出彩色图像。

(3)基准色副载波恢复电路。基准色副载波恢复电路的作用是产生相位适合的(0°)色副载波,一路直接送至 U 同步检波器,参与 F_U 分量的解调;另一路先经 90°移相器,再经 PAL 开关逐行倒相后(±90°),送至 V 同步检波器,参与 F_V 分量的解调。

3. 成像系统

(1)同步分离电路。同步分离电路的作用是从彩色全电视信号中分离出场、行复合同步信号,用于场、行扫描电路,使它与接收的电视信号的场、行扫描同步,以获得稳定的图像。

(2)场、行扫描电路。和黑白电视机场、行扫描电路的工作原理类似,其功能是给场、行偏转线圈提供线性良好、幅度足够的场频和行频锯齿波电流,使电子束发生有规律的偏转,以保证在彩色显像管屏幕上形成宽、高比正确,而且线性良好的光栅,这是显像管显示图像的基本前提。另外,其输出级通过行输出变压器还产生高压、中压、低压电源,为显像管以及其他电路提供所需的电源。

(3)高压产生电路。它利用行扫描的逆程脉冲,通过行输出变压器进行升压,然后经整流滤波产生 20kV 左右的直流高压。其作用是向显像管提供阳极高压、聚焦电压和加速极电压,这也是显像管正常显示图像的基本条件。同时,它还向视放输出级提供工作电压和整机使用的低压。

(4)显像管电路(显像管尾板电路)。它一般由矩阵及视放电路组成,其功能是将三个色差信号和亮度信号合成,还原为 R、G、B 三基色信号,视放电路将 R、G、B 信号放大后,加至显像管的三个阴极,以控制显像管三个电子枪发射的电子束的强弱。

4. 电源电路

一般由开关稳压电源电路构成。采用开关稳压电源的目的在于提高电源变换的效率和调整的范围,其功能是向彩电各单元电路提供各种工作电压,使彩电正常工作。

二、彩色电视机信号处理过程

彩色全电视信号由亮度信号(Y)、色度信号(C)、复合同步信号、复合消隐信号及色同步信号等组成。

(一)亮度信号和色差信号

为了实现彩色电视系统与黑白电视系统的兼容收看,彩色电视除应保留黑白电视原有的扫描方式(按我国模拟电视的现行标准,应为每帧 625 行、隔行扫描、帧频 25Hz、场频 50Hz、行频 15 625Hz)和同步方式、频带宽度(视频带宽 6MHz、每个电视频道带宽 8MHz)、调制方式(图像为负极性调幅、伴音为调频、伴音载频与图像载频相距 6.5MHz)等各项标准外,还应在彩色电视图像信号中包含代表图像亮度的信号(即亮度信号 Y)、代表图像颜色的信号(即色度信号 C)及其辅助信号(色同步信号)等。这些信号应在黑白电视原有的频带(6MHz)范围内传送。为了避免色度信号与亮度信号之间产生干扰,在实际应用时,只传送亮度信号和两个色差信号(即三基色信号与亮度信号的差值信号)。

1. 亮度信号

亮度信号(Y)是用来反映图像亮度变化的黑白图像信号(与黑白电视信号一致),它是由红(R)、绿(G)、蓝(B)三基色根据亮度方程式($Y=0.3R+0.59G+0.11B$)中规定的比例混合(通过矩阵电路)后形成的。为了保证足够的清晰度,亮度信号电压 U_Y 需要用整个视频信号带宽(6MHz)来传送。若将亮度信号和三基色信号用信号电压来表示,则 $U_Y=0.3U_R+0.59U_G+0.11U_B$。

2. 色差信号

虽然彩色摄像机产生的三个基色电信号与彩色显像管所需要的三个输入电信号相同,但在实际的彩色电视系统中,并不是直接传送三个基色信号,而是按照一定的方式,将三基色信号重新组合,构成最适合于传输的亮度信号 Y 和色差信号。

三个色差信号中,只传送红色差信号 R-Y 和蓝色差信号 B-Y,而不传送绿色差信号 G-Y,这是因为人眼对同样发光强度的红色和绿色较敏感,而对蓝色的敏感性较差;又由于亮度信号 Y 中已包含有三基色的信息,所以在接收端中只要利用 R-Y 和 B-Y 这两个色差信号与亮度信号进行转换,即可得到 G-Y 绿色差信号。

为了使亮度信号不受色度信号的影响,代表图像色度的两个色差信号电压 U_{R-Y} 和 U_{B-Y} 要使用较窄的频带(1.3MHz)来传送。为了防止最后产生的彩色全电视信号的幅度过大,还要对两个色差信号电压的幅度进行压缩。压缩后的红色差信号电压称为 V 信号,它与原红色差信号电压 U_{R-Y} 之间的关系为 $V=0.877U_{R-Y}$。压缩后的蓝色差信号电压称为 U 信号,它与原蓝色差信号电压 U_{B-Y} 之间的关系为 $U=0.493U_{B-Y}$。

(二)彩色电视制式

彩色电视信号是在发送端将三基色信号进行编码(即按适当的

方法加以组合），变换为一个彩色全电视信号后，再通过单一通道传送出去；而在接收端需对彩色全电视信号进行解码（即分解），重新恢复为三个基色信号后，加到彩色显像管上，重显出彩色图像。三基色信号在传送过程中的组合方式，叫做彩色电视制式。现代彩色电视广播采用的制式主要有 NTSC 制、PAL 制和 SECAM 制三种，它们的主要差别表现在色度信号的调制方式上。

1. NTSC 制

NTSC 制也称正交平衡调幅制，是美国、日本、加拿大等国家采用的电视制式。该制式是用代表图像色度的两个色差信号，分别对频率相同、相位相差 90°的彩色副载波进行抑制载波调幅（两者叠加即为色度信号），然后与亮度信号进行频谱交错，从而组成彩色电视信号。

2. PAL 制

PAL 制也称逐行倒相正交平衡调幅制，是我国彩色电视的暂行制式，德国、英国等欧洲国家也采用这种电视制式。PAL 制与 NT-SC 制电视信号中传送色度信号的主要区别是 PAL 制对 R－Y 色差信号采用了逐行倒相的调制方式。

3. SECAM 制

SECAM 制也称行轮换调频制，是法国、俄罗斯等国家采用的电视制式。该制式是将两个色差信号逐行轮换地对彩色副载波进行调频。

（三）频谱交错与彩色副载波

1. 频谱交错

频谱交错也称频谱间置，是将已调制的彩色副载波频谱插入亮度信号的频谱间隙，使亮度信号频谱与已调制色差信号的副载波频谱相互错开，以达到频带共同的目的。

信号频谱是指电信号的各种频率成分的能量分布规律。亮度信号的频谱是不连续的间断频谱，它是由以行频为间距的主频谱所构成。在每个主频谱两旁是以一些场频为间距。频谱能量主要集中在以行频为主频谱的附近,随着谐波次数的增高而减小,并且在频谱之间存在着较大空隙。

2. 彩色副载波频率的选择

为了将色差信号频谱插入亮度信号的频谱间隙中去,需要选择一个色副载波频率 f_{sc},用色差信号对色副载波信号进行调幅,可以得到一组以色副载波频率为中心、以行频为间距的主频谱和以场频为间距的旁频分量所构成的左右对称的频谱。为保证频谱交错正确,以减小亮度信号和色度信号相互间的干扰,要求色副载波的频率应低于 4.5MHz。

PAL 制和 NTSC 制信号的主要区别之一是色副载波的频率不同。PAL 制彩色电视的色副载波频率为 4.43MHz(视频带宽为6MHz),NTSC 制彩色电视的副载波频率为 3.58MHz(Y、I、Q 方式,视频带宽为 4.25MHz)。

(四)正交平衡调幅

要将 R－Y 和 B－Y 两个色差信号一起调制到彩色副载波上,PAL 制和 NTSC 制彩色电视均采用正交平衡调幅的方法来实现。

1. 平衡调幅

平衡调幅是一种抑制已调波中载波分量的调幅方法。一般单一频率的调幅波信号中包含有载频、上边频和下边频,而平衡调幅波信号中只有两个边频分量,载波分量已被去掉。平衡调幅波信号等于调制信号与载波的乘积,它与载波相位相同,与调制信号的绝对值成正比,故平衡调制器实际上是一个乘法器(也称同步检波器)。

2. 正交平衡调幅色度信号

正交平衡调幅色度信号是指将压缩后的两个色差信号(U 信号和 V 信号)分别对频率相同而相位相差 90°(正交)的两个副载波进行平衡调幅后,再将它们按矢量加起来组成的信号;它是一个既调幅(被饱和度调制,反映一定亮度时的彩色饱和度)又调相(被色调调制,反映彩色的色调)的双重调制信号。

NTSC 制彩色电视的色度信号就是采用正交平衡调幅方法产生的。其特点是节约频带宽度,便于识别色差信号的幅度与极性;在发送端将两个色差信号组合在一起传送,而在接收端能容易地分离开这两个色差信号;在同一载频上的两个色差信号彼此独立,可消除黑白电视机与彩色电视机兼容收看时产生的彩色副载波干扰。

3. PAL 色度信号

正交平衡调幅的缺点是供给同步检波使用的色副载波恢复信号与色度信号之间存在有相位误差,U、V 信号之间相互串扰,易产生彩色失真。色度信号的幅度和相位将随着图像上各点彩色的饱和度和色调的变化而变化。为克服正交平衡调幅信号对相位误差的敏感性,消除图像的色调畸变,PAL 制彩色电视采用了逐行倒相的正交平衡调幅色度信号,简称 PAL 色度信号。

PAL 色度信号是以调制在色副载波上的 B-Y 色差信号(U 信号)为基础,将已调制在色副载波上的 R-Y 色差信号(即与 U 信号成正交关系的 V 信号)逐行倒相 180°一次。通常称不倒相的这一行为 NTSC 行,在不倒相行合成的色度信号为 F;倒相的一行称为 PAL 行,在倒相行合成的色度信号为-F。由于 V 信号每一行都在进行倒相,所以在传送彩色信号时,出现的相位误差就可以相互抵消,从而消除了因相位误差而引起的彩色失真。

(五)色同步信号

在发送彩色全电视信号时,为防止色副载波对亮度信号的干扰,采用了抑制载波的正交平衡调幅,所以在亮度信号和色度信号中,不包含色副载波的信息。在接收端使用同步检波器解调色度信号时,需要一个与发送端被抑制掉的色副载波的振荡频率、相位均完全相同的副载波振荡信号。产生该副载波振荡信号的电路是副载波振荡器。为保证副载波振荡产生的副载波振荡信号与发送端在调制时被抑制掉的色副载波完全同步,发送端在传送彩色全电视信号时,还要同时传送一个识别信号,此信号即色同步信号。

1. NTSC 色同步信号

NTSC 色同步信号由 9~11 个副载波周期组成,位于行消隐后肩上,其频率与副载波的振荡频率相同,幅度与同步脉冲信号的幅度相等,相位为 $180°$。其主要作用是为接收端提供副载波信号的频率和相位基准(即作为副载波振荡器的参考信号),用它来控制彩色电视机中副载波振荡器的频率和相位,使之与发送端同频同相,以实现对正交平衡调幅色度信号的同步解调。

2. PAL 色同步信号

PAL 色同步信号在频率选取、幅度大小及时间位置上,与 NT-SC 制相同。但由于 PAL 色度信号的 V 信号(经压缩后的 R－Y 色差信号)是逐行倒相的,故在接收端的同步检波器中,解调 V 信号的副载波也必须是逐行倒相的,这就要求 PAL 色同步信号不但要为接收端提供色副载波频率和相位基准,而且还要给出一个判断倒相顺序的 PAL 识别信号,使解调 V 信号的副载波能与发送端一致地逐行倒相,以实现 V 信号的正确解调。

为了使色同步信号同时具有以上功能,PAL 色同步信号的相位与 NTSC 制不同,它的相位不是固定的 $180°$,而是逐行摆动,即不倒相行(NTSC 行)的相位为 $+135°$,倒相行(PAL 行)的相位为 $-135°$(或 $+225°$)。

(六)PAL 制编码与解码

1. PAL 编码器及信号编码过程

PAL 编码器的电路组成如图 1-4 所示。

三基色信号(R、G、B)通过矩阵电路转换成一个亮度信号(Y)和两个色差信号(R－Y 和 B－Y)。亮度信号 Y 经放大和延时处理后,送入信号混合电路。色差信号 R－Y 和 B－Y 经低通滤波和幅度压缩处理后,产生 V 信号和 U 信号。V 信号和 U 信号在送入平衡调幅器之前,要先分别加入色同步选通脉冲＋K(正极性的行频脉冲)

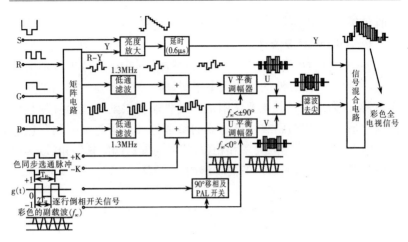

图 1-4　PAL 编码器电路框图

和－K(负极性的行频脉冲)。加入 V 平衡调幅器的色副载波还要经过±90°移相及 PAL 开关控制,以实现 V 信号的逐行倒相。通过 V 平衡调幅器和 U 平衡调幅器调制后的信号,经加法器混合放大后,产生了色度信号(用 C 或 F 表示)及相位逐行摆动的色同步信号。两信号经滤波后,与亮度信号(Y)、行场同步信号及行场消隐信号等一同加入信号混合电路,混合后产生彩色全电视信号。

2. PAL 解码器及信号解码过程

PAL 解码器的电路组成如图 1-5 所示。

彩色全电视信号送入 PAL 解码器后,一路经 4.43MHz 陷波器滤除色度信号和其他信号,取出亮度信号(Y);一路经 4.43MHz 带通滤波器(在色度带通及放大电路中)滤除亮度信号和其他信号,取出色度信号(C);还有一路送往同步分离及扫描电路。

亮度信号经放大和延时处理后,送至矩阵电路。

色度信号一路经梳状滤波器先分离出两个色度分量 F_v 和 F_U,然后再经同步检波器电路解调出视频色差信号 V 和 U,送入矩阵电路;另一路经色同步分离电路取出色同步信号,与副载波振荡器输出的 4.43 MHz 副载波信号(经 90°移相处理后)一同送入鉴相器进行相位比较,用产生的相位误差电压去控制副载波振荡器的频率和相位。鉴相器还产生 7.8kHz 半行频(1/2 行频),去控制 PAL 开关、ACC(自动色度控制)、ARC(4.43MHz 陷波及放大器)和 ACK(自动消色)等电路。

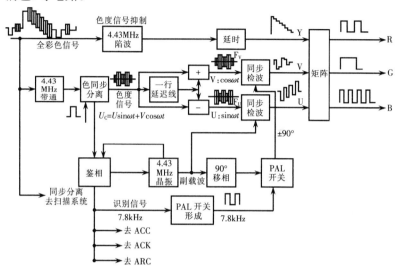

图 1-5　PAL 解码器的电路框图

副载波振荡器产生的 4.43MHz 色副载波信号,一路直接送入 U 同步检波器;另一路通过 PAL 开关(该开关受鉴相器输出的 7.8kHz 识别信号控制)对其进行 ±90° 逐行倒相后,送入 V 同步检波器。

同步检波电路解调出的色差信号 V 和色差信号 U,经解码矩阵电路去压缩(变为 R−Y 和 B−Y 色差信号)及矩阵内部的 G−Y 矩阵处理后,恢复为 R−Y、G−Y 和 B−Y 色差信号。这三个色差信号与亮度信号经矩阵内部的基色矩阵处理(将亮度信号分别与三个色差信号相加)后,得到 R、G、B 三基色信号。

（七）标准彩条信号

1. 标准彩条信号波形图

彩条信号是彩色电视系统中常用的测试信号。图 1-6 是标准彩条信号波形图，其彩条图案自左向右依次为白、黄、青、绿、紫、红、蓝、黑，共 8 条彩带，如图 1-6(a)所示。

图 1-6(b)是绿基色信号（G 或 U_G）的波形图。彩条图案中的白、黄、青、绿四个彩条里，均含有绿基色成分，在绿基色波形图上均为高电平 1；而紫、红、蓝、黑四个彩条中不含绿基色，故在绿基色波形图上均为 0。

图 1-6(c)是红基色信号（R 或 U_R）的波形图。彩条图案中的白、黄、紫、红四个彩条里均含有红基色成分，在红基色波形图上均为高电平 1；而青、绿、蓝、黑四个彩条里不含有红基色成分，故在红基色波形图上均为 0。

图 1-6(d)是蓝基色信号（B 或 U_B）的波形图。彩条图案中的白、青、紫、蓝四个彩条里均含有蓝基色成分，在蓝基色波形图上均为高电平 1；而黄、绿、红、黑四个彩条里不含有蓝基色成分，故在蓝基色波形图上均为 0。

图 1-6(e)是亮度信号（Y 或 U_Y）的波形图。彩条图案中只有黑色彩条不含有亮度信号，其余各彩条里均含有不同数值的亮度信号，可以根据亮度方程式（$Y = 0.30R + 0.59G + 0.11B$）和三基色相加，计算出各数值。

图 1-6(f)是红色差信号（R－Y 或 U_{R-Y}）的波形图，图 1-6(g)是蓝色差信号（B－Y 或 U_{B-Y}）的波形图，它们是根据红基色信号（R）、蓝基色信号（B）与亮度信号（Y）的幅值计算出来的。即用红基色 R 减去亮度 Y，即可得出 R－Y 的数值与波形；用蓝基色 B 与亮度 Y 相减，即可得出 B－Y 的数值与波形。

绿色差信号（G－Y 或 U_{G-Y}）是由红色差信号（R－Y 或 U_{R-Y}）和蓝色差信号（B－Y 或 U_{B-Y}）通过矩阵电路产生的，该信号在编码

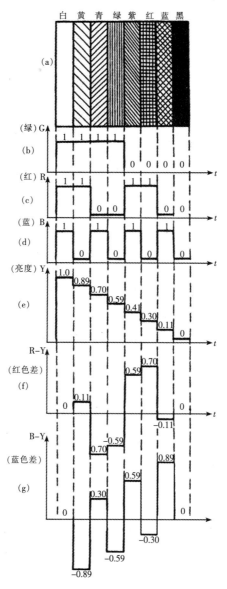

图 1-6 标准彩条信号波形

过程中不需要。

2. 彩色全电视信号

图 1-7 是彩色全电视信号波形图。

图 1-7(a)为 8 条彩色;图 1-7(b)是 4.43MHz 色副载波信号波形;图 1-7(c)是蓝色差信号(B-Y)经过调幅后的信号波形;图 1-7(d)是红色差信号(R-Y)经过调幅后的波形;图 1-7(e)是该图(c)与(d)中的波形混合后形成的色度信号波形,它包含着色同步信号;图1-7(f)是包含有复合同步脉冲和消隐信号的亮度信号(Y)波形,其频带宽度为 6MHz;图 1-7(g)是由色度信号经幅度压缩后的波形与亮度信号叠加混合后的彩色全电视信号,它包含了亮度、色度、色同步、行场同步和行场消隐等信号。

彩色电视机的电路结构及信号波形如图 1-8 所示,各种信号的处理过程如图 1-9 所示。图 1-8 是结构最简单的彩色电视机的电路方框图,从图中可以看出各部分电路的输入输出信号波形,从而了解彩色电视机的工作过程。图 1-9 所示的是一个两片机的电路结构,即主要电视信号处理电路中使用了两个集成电路,一个是完成中频信号处理的集成电路,其中包括视频检波和伴音解调电路;另一个是进行视频处理和形成扫描脉冲的集成电路,其中包括亮度和色度信号处理的电路,以及行、场信号的扫描电路。

彩色电视机的信号处理过程如下所述。

电视高频信号经天线接收后被送到调谐器中;在 U/V 调谐器中,经高放后与本机振荡信号混频,形成中频信号(也称图像中频信号)。其频带宽度为 8MHz,包含有图像中频和伴音中频信号(我国图像中频信号的载频为 38MHz,伴音中频的中心频率为31.5MHz)。调谐器输出的中频信号,经过滤波(绝大部分用声表面波滤波器 SAW,它主要提供通道的幅频特性)后,输入图像中频处理单元电路。它首先把中频信号放大,然后对其进行视频检波,得到视频全电视信号。这一信号中除含图像信号外,还包括由 38MHz 图像载频与 31.5MHz 伴音中频混频后形成的 6.5MHz 的新的伴音中

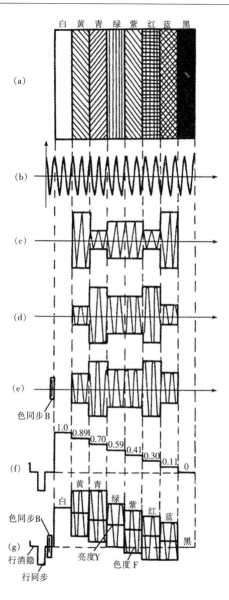

图 1-7 彩色全电视信号波形

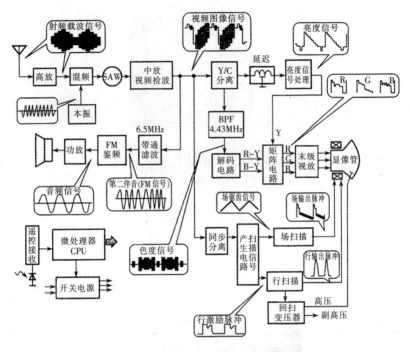

图 1-8　彩色电视机的电路结构及信号波形

频信号,即第二伴音中频信号。视频信号被分成两路处理:一路经过
6.5 MHz 带通滤波器,提取出 6.5 MHz 的第二伴音中频信号(调频
的),经过伴音中放、限幅电路和鉴频器后,得到伴音音频信号,经过
音频放大电路放大后,再送给扬声器还原成声音;另一路经过 6.5
MHz 的陷波器,吸收掉 6.5 MHz 的伴音信号,取出 0~6 MHz 的视
频全电视信号。它含有亮度信号、色度信号和行场同步信号以及加
在行同步头上的色同步信号。这一组信号经各自的分离电路分离
后,分别送往三个单元电路,即亮度信号处理电路、色度信号处理电
路和扫描信号产生电路。具体处理过程:其一,经过 4.43 MHz 的陷
波器,去掉视频信号中的 4.43 MHz 的色度信号,输往亮度信号处理
电路,得到可形成黑白图像的亮度信号;其二,经过 4.43 MHz 带通

滤波器,即从 0～6MHz 视频信号中只取出 4.43MHz±1.3 MHz 的色度信号(包括色差和色同步信号),输往色度信号处理电路(色解码电路),经解码处理后,得到红－亮(R－Y)、绿－亮(G－Y)、蓝－亮(B－Y)三个色差信号,再经矩阵电路得到红(R)、绿(G)、蓝(B)三基色信号,然后送到显像管电路;其三,经同步分离后,去行、场扫描信号产生电路,视频全电视信号在同步分离电路中通过幅度鉴别,分离出行同步信号和场同步信号,分别送到行、场扫描电路。扫描电路的频率和相位将在同步信号的控制下,保持接收机行、场扫描的顺序与发射端相同,即实现同步。行、场扫描电路输出行、场偏转电流给偏转线圈,使显像管上形成光栅。

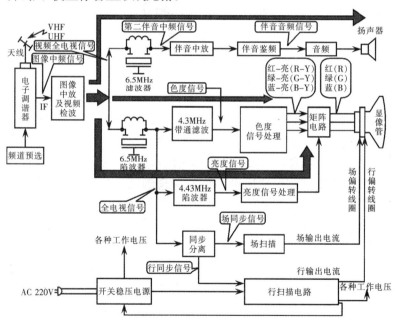

图 1-9　彩色电视机各种信号的处理过程

上述所有电路的工作都离不开电源,彩色电视机各单元电路都由开关稳压电源和回扫变压器产生的电源供电。

三、彩色电视机的遥控系统

在彩色电视机中加入遥控系统(用遥控器进行调节),对选台及改变音量、亮度、对比度和色饱和度等操作进行远距离的控制,可以给使用者带来极大的方便。

遥控系统以红外线遥控为主。在红外线遥控彩色电视机普及的基础上,随着单片微型计算机技术的兴起及迅速发展,微处理器技术也广泛应用于电视机的遥控系统中。微处理器技术的应用,可使各种遥控功能的处理数字化,即把各种遥控功能一概变为二进制数码处理,这样不仅使控制速度快、准确可靠,而且使一些附加功能也很容易实现,如定时开关机、定时程序控制等功能。

(一)红外线遥控彩色电视机的组成

红外线遥控彩色电视机的组成如图 1-10 所示。从图中可知,红外线遥控彩色电视机的组成与普通彩色电视机相比,只增加了图中虚线框内所示的代替频道预选器和调节装置的红外线遥控系统,其他部分几乎没有变化。

虽然彩色电视机采用微处理器遥控系统后,电视频道的调谐和遥控电路有了较大的变化和改进,但受控的电调谐器内部电路和各路被控的基本单元电路并不变,只是在被控电路(例如音量、亮度、对比度和色饱和度等电路)中,用直流控制(即间接控制)的方法取代传统的用电位器直接控制交流信号的方法。

红外线遥控彩色电视机一般都增设了 AV(音频及视频)输入端子,故彩电不仅可以显示本机接收的电视节目,还可以显示来自 AV 端子的视频信号和音频信号。AV 端子可以外接录像机、影碟机或摄像机等设备。由于可处理多种信号源,所以 AV 切换电路是必不可少的。

有的彩电还设有 RGB 端子电路(RGB 接口电路),这是与家用电脑或图文电视设备相连的接口电路。这样,电脑或图文设备的 R、

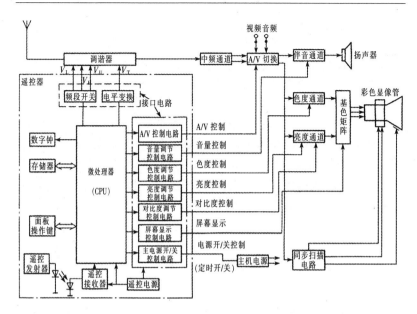

图 1-10　红外线遥控彩色电视机的组成

G、B 信号可直接加到 R、G、B 矩阵电路中。

另外,绝大多数遥控彩电还设有屏显功能,即屏幕上能显示很多字符、图形,以表示正在工作的模式及操作调节过程,故也叫字符显示。

(二)遥控系统的组成

彩色电视机的遥控系统主要由遥控发射器、遥控接收器和控制中心三大部分组成,如图 1-11 所示。其中控制中心是遥控系统的主体,通常由微处理器(CPU)、存储器、字符发生器和接口电路等组成。微处理器是控制中心的核心,它能根据控制功能的要求输出各种控制信号,并通过接口电路分别控制开关机、选台及调节亮度、对比度、色饱和度和音量等。

遥控发射器是与电视机分离的、独立的装置,而遥控系统的其余部分都安装在彩色电视机内部。

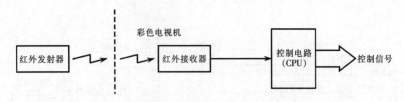

图 1-11   遥控系统的组成

要对遥控彩色电视机进行控制,必须把控制指令送入微处理器;而送至微处理器的控制指令可来自遥控器,也可来自本机面板上的键盘。前者称为遥控方式,是通过遥控器控制电视机工作的,遥控器上不同的按键代表着不同的控制功能。

第二节   彩色电视机维修常用工具及仪器

一、彩色电视机维修常用工具

彩色电视机维修常用工具如下:

(1)镜子。在维修彩色电视机时,往往会涉及色纯、会聚及白平衡调整,一方面要调整机内的有关电路,另一方面要观察图像的变化,因此,最好能配备一面镜子。

(2)吸锡器。维修时,经常要拆卸集成电路及多脚的元器件,只用电烙铁是很难卸下这类元器件的,故必须具备吸锡器,先将集成电路引脚焊锡吸掉,再用旋具轻轻撬动集成电路,这样就能很方便地卸下集成电路。

(3)20~30W 电烙铁。目前生产的彩色电视机多采用集成电路,且印制电路板体积较小,焊点之间间距很小,故应用瓦数较小的电烙铁,且焊接时间不宜太长,以免损坏集成电路。电烙铁头也应较小,以免相邻焊点之间短路。焊接时,最好能使电烙铁外壳牢靠接地,以免电烙铁漏电,击穿集成电路和场效应管等元器件。

(4)热风枪。用于拆卸引脚较多的集成电路,可提高拆卸速度和质量。

(5)各种螺钉旋具和尖嘴钳、扁口钳等。

二、彩色电视机维修常用仪器

(一)万用表

万用表也称三用表或万能表,它集电压表、电流表和电阻表于一体,是测量、维修各种电器设备时最常用、最普通的工具。

万用表可分为指针式万用表、数字式万用表等。

下面介绍常用的指针式万用表和数字式万用表的结构特点与使用方法。

1. 指针式万用表

1)指针式万用表的结构特点

指针式万用表是用指针来指示测量数值的万用表,是一种模拟显示万用表。

(1)指针式万用表通常由表头、表盘、外壳、表笔、转换开关、调零部件、电池、整流器和电阻器等组成。

表头一般采用内阻与灵敏度均较高的磁电式微安直流电流表,它是万用表的主要部件,由指针、磁路系统、偏转系统和表盘组成。

表盘上印有多种符号、标度和数值。使用万用表之前,应正确理解表盘上各种符号、字母的含义及各条刻度线的读法。

转换开关用来选择测量项目和量程。大部分万用表只有一只转换开关,而500型万用表是用两只转换开关配合来选择测量项目及量程的。

万用表中心的"一"字形机械调零部件,用来调整表头指针静止时的位置(表针静止时应处于表盘左侧的"0"处)。调零旋钮只在测量电阻时使用。

万用表有两支表笔,一支为黑表笔,接万用表的"一"端插孔(在电阻挡时内接表内电池的正极);另一支为红表笔,接在万用表的

"+"端插孔（在电阻挡时内接表内电池的负极）或 2 500 V 电压端插孔、5A 电流端插孔。

（2）常用的指针式万用表有 MF-10 型、MF-30 型、MF-35 型、MF-47 型、MF-50 型和 500 型等多种。图 1-12 是 500 型万用表的面板示意图，图 1-13 是 MF-47 型万用表的面板示意图。

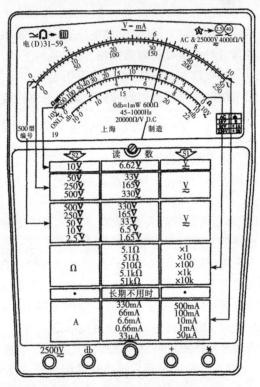

图 1-12　500 型万用表面板示意图

2）指针式万用表的使用方法

（1）测量电阻。

在测量电阻时，应将万用表的转换开关置于电阻挡（Ω 挡）的适当量程。MF-47 型万用表和 500 型万用表均有 R×1Ω、R×10Ω、

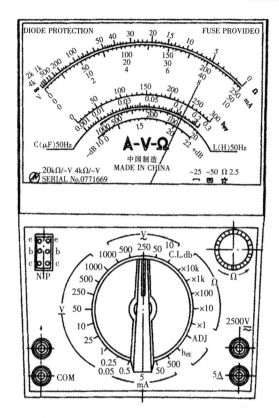

图 1-13　MF－47 型万用表面板示意图

R×100Ω、R×1kΩ 和 R×10kΩ 挡。选择量程时,应尽量使表针指在满刻度的 2/3 位置,这样读数才准确。例如,测量 1.5kΩ 电阻器,应选择 R×100Ω 挡,用测出的读数 15 乘以所选电阻挡的电阻值,则被测电阻值 $R=15×100Ω=1.5kΩ$。测量大电阻时,两手不要同时接触电阻器两端或两表笔的金属部位,否则人体电阻会与被测电阻值并联,使测量数值不准确。

用 500 型万用表测量电阻时,应将左边的转换开关置于"Ω"挡,将右边的转换开关置于电阻挡(Ω 挡)的适当量程。用 MF-47 型万用表测量电阻时,直接将转换开关置于电阻挡(Ω)的适当量程即可。

在测量电阻之前,应进行电阻调零,即将两表笔短接后,观察表的指针是否指在表盘右侧的"0"处。若表针偏离"0"处,则应调节"0"调零旋钮,使表针准确地指在"0"处。若表针调不到 0Ω 处,则应检查表内电池是否电量不足。

在万用表置于电阻挡时,其红表笔内接电池负极,黑表笔内接电池正极。$R\times1\Omega$ 至 $R\times1k\Omega$ 挡表内电池为 1.5V;$R\times10k\Omega$ 挡表内电池为 9V 或 15V(MF-47 型万用表为 15V,500 型万用表为 9V)。在测量晶体管和电解电容器时,应注意表笔的极性。

应该注意的是,不要带电测量电路的电阻,否则不但得不到正确的测量结果,甚至还会损坏万用表。测量从电路上拆下的电容器时,一定要将电容器短路放电后再测量。

(2)测量直流电压。

将转换开关置于直流电压(V)挡范围内的适当量程。MF-47 型万用表可以直接将转换开关拨至直流电压挡(V 挡)的适当量程;而 500 型万用表需将右边的选择开关置于"交流电压挡",再将左边的选择开关拨至直流电压(V)的适当量程。

MF-47 型万用表的直流电压挡有 0.25V、1V、2.5V、10V、50V、250V、500V、1 000 V 共 8 个量程,500 型万用表的直流电压挡有 2.5V、10V、50V、250V、500V 共 5 个量程。转换开关所指数值为表针满刻度读数的对应值。例如,若选用的量程为 250V,则表盘上直流电压的满刻度读数为 250V;若表针指在刻度值 100 处,则被测电压值为 100V。

测量直流电压时,应将万用表并联在被测电路的两端,即黑表笔接被测电源的负极,红表笔接被测电源的正极。极性不能接错,否则表针会反方向冲击或被打弯。

若不知道被测电源的极性,可将万用表的一支表笔接被测电源的某一端,另一支表笔快速触碰一下被测电源的另一端。若表针反方向摆动,则应把两支表笔对调后再测量。

若不知道被测点的电压数值,应先选择最大的量程测一下,再换用适当的量程测量。

(3)测量交流电压。

测量交流电压的方法及其读数方法与测量直流电压相似,不同的是,测量交流电压时,万用表的表笔不分正负极。

测量交流电压时,MF-47型万用表的选择开关应置于交流电压挡的适当量程(交流电压挡有10V、50V、250V、500V、1000V共5个量程)。500型万用表应将右边的选择开关仍选"交流电压挡",左边的选择开关应在交流电压挡的范围内选择适当的量程(交流电压挡有10V、50V、250V、500V共4个量程)。

一般的万用表只能测量正弦波交流电压,而不能测量三角波、方波、锯齿波等非正弦波电压。如被测交流电压中叠加有直流电压值,应在表笔中串接一只耐压值足够的隔直电容器后再测量。

在测量交流电压时,还要了解被测电压的频率是否在万用表的工作频率范围(一般为45~1500Hz)。若超出万用表的工作频率范围,测量读数值将急剧降低。

(4)测量直流电流。

测量直流电流时,万用表的转换开关应置于直流电流挡(A挡)。MF-47型万用表的直流电流挡有0.25mA、0.05mA、0.5mA、5mA、50mA、500mA共6个量程,测量时,转换开关直接拨至适当量程即可。500型万用表的直流电流挡有50μA、1mA、10mA、100mA、500mA共5个量程,测量时应将左边的选择开关置于直流电流挡(A挡),将右边的转换开关置于直流电流挡(A挡)的适当量程。

测量时,应将万用表串入被测电路中,还应注意表笔的极性,红表笔应接高电位端。电流值的读数方法与测直流电压相同。

MF-47型万用表和500型万用表均具有2500V(交流与直流)电压与5A直流电流的测量功能。测量时,应将红表笔从面板上的"＋"端插孔拔出,再插入2500V(交流与直流)电压测试插孔或5A直流电流测试插孔。

(5)晶体管放大倍数的测量。

MF-47 型万用表具有晶体管放大倍数的测量功能。测量时,先将转换开关置于 ADJ 挡,两表笔短接后调零,再将转换开关拨至 h_{FE} 挡。然后将被测三极管的 e、b、c 三个电极分别插在 h_{FE} 测试插座上的相应电极插孔中(大功率三极管可先用引线将其各电极引出,再插入插座中)。NPN 管插在"N"插座上,PNP 管插在"P"插座上,表针将显示被测管的放大倍数值。

(6)测量 dB(分贝)值。

dB 值是功率增益电平的单位。MF-47 型、500 型万用表均有 dB 值测量功能。

测量 dB 值时,万用表应置于 10V 交流电压挡。表盘上的 dB 刻度线为−10~22dB,它是在 10V 交流电压挡的电压范围内画出来的,只适合被测点电压在 10V 交流电压以下时使用。若被测点电压较高,万用表应置于交流电压挡的 50V 或 250V、500V 量程。若用 50V 交流电压挡测量 dB 值,则指针读数应加上 28dB(例如,若测出读数是 10dB,则实际的绝对电平应为 10dB+28dB=38dB);若用 500V 交流电压挡测量 dB 值,则指针读数应加上 34dB。

还应注意的是,当测量的阻抗为 600Ω 时,万用表的 dB 值指示为标准值(500 型万用表的表盘上标注有"0dB=1mW 600Ω"字样,是指测量点的阻抗为 600Ω 时,1mW 的基准功率即为零电平)。另外,测 dB 值时,要求被测信号的频率为 45~1 000 Hz 的正弦波。若被测信号频率超过 1 000 Hz,或不是正弦波形,则测出的结果不能认为是电平值。

(7)指针式万用表的使用经验。

使用万用表时,还应注意以下几点。

万用表的放置应根据表头上的"⊥"、"◻◻"符号的要求,将万用表垂直或水平放置。若表针不指在刻度 R 的起点上,则应先进行机械零件的调整。

在拿起表笔测量前,必须看清楚转换开关是否在所测类别的相应量程,表笔是否在相应的插孔内。要养成"测量先看挡,不看不测量"的好习惯。在测量过程中不能任意拨动转换开关,尤其是在测量高电压、大电流时,更要注意。测量完毕,应将转换开关拨至电压最高挡。有"·"或"OFF"挡的万用表,应将转换开关旋至此位置。

2. 数字式万用表

1)数字式万用表的结构特点

数字式万用表是采用液晶显示器(LCD)(或 LED 数码显示器)来指示测量数值的万用表,它具有显示直观、准确度高等优点。

(1)数字式万用表通常是由显示器、显示器驱动电路、双积分模/数(A/D)转换器、交—直流变换电路、转换开关、表笔、插座、电源开关及各种测试电路和保护电路等组成。

显示器一般采用 LCD 便携式数字万用表多使用三位半 LCD 液晶显示器,台式数字万用表多使用五位半 LCD 液晶显示器。显示器驱动电路与双积分 A/D 转换器通常采用专用集成电路,其作用是将各测试电路送来的模拟量转换为数字量,并直接驱动 LCD 将测量数值显示出来。

(2)常用的数字式万用表有 DT-830、DT-860、DT-890、DT-930、DT-940、DT-960、DT-980、DT-1000 等型号。

2)数字式万用表的使用方法

(1)测量电阻。

数字式万用表与指针式万用表在电阻挡的使用上和数值识读方面均不一样。测量电阻之前,应将转换开关拨至电阻挡(Ω 挡)适当的量程。DT-830 型和 DT-890 型万用表的电阻挡有 200Ω、2kΩ、20kΩ、200kΩ、2MΩ、20MΩ 共 6 个量程,DT-830B 型万用表的电阻挡有 2kΩ、20kΩ、200kΩ、2MΩ 共 4 个量程。被测电阻值应略低于所选择的量程。例如,200Ω 电阻挡,只能测量低于 200Ω 的电阻器(测量范围为 0.1 ～ 199.9Ω)。超过 200Ω 的电阻,显示器即显示为"1"(即溢出状态,为无穷大)。高于 200Ω、低于 2kΩ 的电阻器,应用 2kΩ 电阻挡测量。

测量时,将黑表笔接"COM(接地端)"插孔,红表笔接"V·Ω"插孔。接通电源开关(将其置于"ON"位置),将两表笔短接后,显示器应显示"0"(200Ω 挡约有 0.3Ω 的阻值,在测量低阻值电阻时应减去该阻值)。将两表笔断开,显示器应显示无穷大(溢出)。

(2)测量直流电压。

测量直流电压之前,应根据被测电压的数值,将转换开关拨至直流电压挡(DCA 挡)的适当量程。DT-830 型和 DT-890A 型万用表的 DCV 挡有 200mV、2V、20V、200V、1 000V 共 5 个量程。DT-830B 型万用表只有 2V、20V、200V、500V 共 4 个量程。

测量时,黑表笔接"COM"插孔,红表笔接"V·Ω"插孔。接通电源开关,用两表笔并接在被测电源的两端,测正电压时黑表笔接电源负极,红表笔接正极;测负电压时黑表笔接电源正极,红表笔接负极。显示器会显示所测的电压值。若转换开关为"mV"挡,则显示数值以"毫伏"为单位;若转换开关为"V"挡,则显示数值以"伏特"为单位。

(3)测量直流电流。

测量直流电流之前,应将转换开关拨至直流电流挡(DCA 挡)的适当量程。DT-830 型和 DT-890A 型万用表的直流电流挡均有 200 μA、2 mA、20 mA、200 mA 共 4 个量程。DT-830B 型万用表的直流电流挡只有 200mA 一个量程。

选择适当量程后,将红表笔从"V·Ω"插孔中拔出,接入"mA"插孔;黑表笔仍接"COM"插孔不动。接通电源开关,将两表笔串入被测电路中(应注意被测电流的极性),显示器即显示所测的数值。若在"mA"挡,则显示数值的单位为"毫安";若在"μA"挡,则显示数值的单位为"微安"。

测量 200mA 以上、10A 以下的大电流时,红表笔应接入"10A"插孔。DT-830 型万用表的转换开关应拨至 20mA/10A 挡,显示数值的单位是"A"。

(4)测量交流电压。

测量交流电压之前,应将转换开关拨至交流电压挡(ACV)的适当量程。DT-830 和 DT-890A 型万用表的交流电压挡均有 20 mV、2 V、20 V、200 V、750 V（DT-890 型为 700 V）共 5 个量程。DT-830B 型万用表的交流电压挡只有 200 V 和 500 V 两个量程。

测量时，将红表笔接入"V·Ω"插孔，黑表笔仍接"COM"插孔不动。接通电源开关，将两表笔并接在被测电源两端后，显示器即可显示所测的相应数值。若在"mV"挡，则测出数值的单位是"毫伏"；若在"V"挡，则测出数值的单位是"伏特"。

（5）测量交流电流。

测量交流电流之前，应将转换开关拨至交流电流挡（ACA）的适当量程。DT-830 型万用表的交流电流挡有 200 μA、2 mA、20 mA/10A、200 mA 共 4 个量程，DT-890A 型万用表的交流电流挡有 2 mA、20 mA、200 mA 共 3 个量程。

测量 200 mA 以下的电流时，将红表笔接入"mA"插孔，黑表笔仍接"COM"插孔。接通电源开关后，将两表笔串接在被测电路中，显示器即显示所测的数值。测量 200 mA 以上、10 A 以下的电流时，应将红表笔接入"10 A"插孔，黑表笔接"COM"插孔，转换开关拨至 20 mA/10 A 挡，两表笔串接在被测电路中。若使用"μA"挡，则所测数值的单位为"微安"；若使用"mA"挡，则所测数值的单位为"毫安"；若使用"20 mA/10A"挡，则所测数值的单位为"安培"。

（6）二极管测量挡的使用。

数字式万用表上的二极管测量挡（标注有二极管图形符号），可用来检测二极管、三极管、晶闸管等器件。

在测量时，将转换开关拨至二极管测量挡，红表笔接"V·Ω"插孔，黑表笔接"COM"插孔。接通电源开关后，用两表笔分别接二极管两端或三极管 PN 结（b、e 或 b、c）的两端，万用表会显示二极管正向压降的近似值。

测量二极管时，将黑表笔接二极管的负极，红表笔接二极管的正极，测量锗二极管时显示器显示 0.25～0.3 V；测量硅二极管时，显示器显示 0.5～0.8 V。若二极管击穿短路或开路损坏，则显示器显示

"000"或"1"(溢出)。将红表笔接二极管的负极,黑表笔接二极管的正极,若二极管正常,则显示器显示"1"(溢出);若二极管已损坏,则显示器显示"000"。

三极管两个 PN 结的测量方法与二极管的测量方法相同。

(7)蜂鸣器挡的使用。

数字式万用表的蜂鸣器挡(标注有蜂鸣器图形符号),可用于检查线路的通断。检测之前,可将万用表的转换开关置于蜂鸣器挡,黑表笔接"COM"插孔,红表笔接"V·Ω"插孔。接通电源开关后,两表笔接在被测线路的两端。当被测线路的直流电阻小于 20Ω(阈值电阻)时,蜂鸣器将发出 2kHz 的音频振荡声。

蜂鸣器挡也可以用来检查 $100\sim4\,700\,\mu F$ 的电解电容器是否正常。测量时,电容器应当先短路放电,然后将红表笔接电容器正极,黑表笔接电容器负极。若电容器正常,则会听到一阵短促的蜂鸣声,随即停止发声;若电容器已击穿短路,则蜂鸣器会一直发声;若电容器已失效(开路或干涸),则蜂鸣器不发声,显示器始终显示溢出信号"1"。

(8)h_{FE} 挡的使用。

数字式万用表的 h_{FE} 挡用来测量晶体三极管的电流放大倍数。测量时,将转换开关置于 h_{FE} 挡(测 NPN 管时用"NPN"挡,测 PNP 管时用"PNP"挡),将被测三极管的三个引脚分别插入 h_{FE} 插座上的相应引脚中,然后接通电源开关,显示器即会显示三极管的 h_{FE} 值。

(二)示波器

示波器是维修电子产品不可缺少的仪器,它既可以用来观察电压、电流的波形,测定电压、电流、功率,还可以正确地测量和比较信号的频率、幅度和相位。

1. 示波器的结构特点

示波器有单踪示波器和双踪示波器之分,它们均是由外壳、示波管、控制面板和内部电路等构成。这里以 SR8 型双踪示波器为例,介绍示波管、控制面板的结构及常用功能旋钮、开关和插孔的作用。

1)示波管与控制面板的结构特点

(1)示波管。示波器的示波管用来显示测试波形,其主体结构与黑白电视机的显像管类似,也是由荧光屏、玻璃外壳和电子枪等组成。

示波管的荧光屏有圆形和矩形两种,屏面上有网格和 x 轴、y 轴坐标线。当测量电路中某点信号的波形时,荧光屏上就会显示出被测信号的波形图。通过观察被测信号波形是否失真,可准确地判断出该电路的工作是否正常。

(2)控制面板。SR8 型双踪示波器的控制面板上主要有 y 轴功能键、x 轴功能键和各连接端口。

2)y 轴功能键的作用

(1)显示方式开关。显示方式开关有"y_A""y_B""交替""断续"和"$y_A + y_B$"共 5 挡。"y_A"挡和"y_B"挡分别用作 y_A 通道和 y_B 通道单踪显示。

"交替"挡用于频率较高的信号波形的测试。在示波器扫描信号控制下,交替地对 y_B、y_A 通道信号扫描显示,实现双踪显示(交替地将两种不同电信号的波形同时显示在屏幕上)。

"断续"挡用于频率较低的信号波形的测试。电子开关以250kHz 的固定频率,轮换接通 y_A、y_B 通道,使荧光屏上显示两个信号波形,实现双踪显示。

"$y_A + y_B$"挡用来显示两个电信号叠加后的波形。

(2)y 轴输入耦合方式开关(DC/$\perp$AC)。该开关用来设定 y 轴输入信号的耦合方式,其中"DC"表示输入信号为直流耦合方式,"AC"表示输入信号为交流耦合方式,"$\perp$"表示输入端接地。

(3)输入灵敏度选择开关(V/div)与微调。输入灵敏度选择开关分为 10mV/div 至 20V/div 共 11 挡,各挡误差均≤±5%。该开关的外旋钮为粗调,中心旋钮为微调。微调在校准位置,此时的测量灵敏度即粗调旋钮所在标的标称值。

（4）y_A 极性转换开关。该开关用来选择 y_A 通道输入信号的极性，按下时为常态，显示 y_A 通道输入的信号；拉出时则显示倒相的 y_A 信号。

（5）内触发源选择开关。该开关在按下时为常态，触发信号取自 y_A 或 y_B 通道（即显示哪一通道信号，触发信号就取自哪一通道）。当开关拉出时，显示的两个信号是由同一信号（y_B 信号）触发的，这样便于比较两个信号的时间与相位，适用于双踪显示（交替或断续）。

3）x 轴功能键的作用

（1）扫描时间选择开关（t/div）及微调。该开关的外旋钮为粗调，中心旋钮为微调。微调旋至满刻度为校准，此时的扫描时间就是粗调旋钮的所在挡标称值。当粗调旋钮转至"x 外接"挡时，x 轴信号直接从 x 外接同轴插座输入。

（2）扫描扩展开关（扩展位×10）。该开关在按下时为常态，示波器按正常显示波形；若拉开该开关，荧光屏上的波形在 x 轴方向扩展 10 倍，此时的扫描速度增大 10 倍，误差也相应增大到 15%。

（3）触发源选择开关（内/外）。该开关置于"内"位置，触发信号取自 y 通道；置于"外"位置时，触发信号由外部输入。

（4）触发信号耦合开关。该开关用来选择触发信号的耦合状态，有"AC""AC（H）"和"DC"三个挡位。"AC"挡为交流耦合；"DC"挡为直流耦合；"AC（H）"挡为高通滤波器耦合输入，有抑制低噪声的能力。

（5）触发方式开关（高频/常态/自动）。该开关用来选择触发的方式。"高频"挡使用时，其发生器产生的高频（约为 250kHz）信号去同步被测信号，使荧光屏上的波形稳定。电平旋钮对波形的稳定有控制作用。

"常态"挡的触发信号来自示波器 y 通道或外触发输入，电平旋钮对波形的稳定有控制作用。

"自动"挡使用时，其发生器产生的低频方波信号去同步被测信号，使荧光屏上显示的波形稳定。此时电平旋钮对波形的显示不起作用。

(6)触发极性选择开关(＋/－)。该开关在"＋"位置时,用触发信号的上升沿触发;在"－"位置时,用触发信号的下降沿触发。

(7)触发电平调节开关(电平)。该开关旋钮用来调节合适的电平启动扫描,可起到稳定波形的作用。使用自动方式时,该开关旋钮不起作用。

2. 示波器的使用方法

下面仍以 SR8 型双踪示波器为例,来介绍示波器的使用方法。

1)基本操作方法

(1)时基线的调节。将显示方式开关置于"y_A"位置,按下 y_A 极性转换开关,y 轴水平移位旋钮和垂直移位旋钮均调在居中位置;y 轴输入耦合方式开关置于"⊥"位置,触发方式开关置于自动或高频,按下扫描扩展开关(置于常态),辉度调在适用位置。若看不到光迹,则可按下屏幕下方的寻迹键,判明其偏离方向后,再将光迹移至荧光屏中心位置。

(2)聚焦的调节。把光点或时基线移至荧光屏中心位置,然后调节聚集及辅助聚集,使光点或时基线最清晰。

(3)输入信号的连接。以显示校准信号为例,用同轴电缆将校准信号输出端与 y_A 通道连接,y_A 通道的输入耦合选择开关置于"AC"位置,灵敏度开关"V/div"置于 0.2 挡,并将微调旋钮调至校准位置上,触发方式选择"自动"位置。此时,若屏幕上显示出 5div 的矩形波,则说明示波器可以进行测试。

(4)高频探头的应用。在测量高频脉冲信号时,应使用示波器的高频探头来测量。但使用高频探头后,测量灵敏度会有所下降。

(5)"交替"与"断续"的选择。在测量频率较高的信号时,应使用"断续"显示方式;在测量频率较低的信号时,应使用"交替"显示方式。

"交替"或"断续"显示方式的触发应选择内触发。在双踪显示时,只能采用其中一个通道的信号作为触发信号。若扫描的触发信

号取自 y_B 通道的输入信号,则不管两个输入信号中选哪一个信号作为触发信号,均应把所选信号从 y_B 输入端输入。在测量脉冲信号时,触发方式开关应置于"常态"位置。

2)应用举例

(1)脉冲边沿时间的测量。用示波器观测脉冲信号波形的上升边沿和下降边沿时,应将灵敏度选择(V/div)旋钮置于 0.2～10 挡,扫描时间选择(t/div)旋钮置于 2 ms 挡,触发极性开关(+/-)置于"+"位置,触发源选择开关(内/外)置于"内"位置,y 轴输入耦合方式开关置于"AC"位置。调节"V/div"挡级和微调旋钮,使荧光屏上显示信号波形的幅度为 5div,适当调节扫描速度旋钮,然后根据屏幕上显示的波形位置,读测信号波形的前沿在垂直幅度的 10% 与 90% 两位置间的时间间隔距离。若时间选择开关的标称值为 0.1 μs/div,两位置的时间间隔距离为 1.6div,则脉冲信号前沿上升时间为扫描速度与间隔距离的乘积,即 0.16 μs。

(2)正弦信号相位的测量。用双踪示波器测量两个频率相同的信号的相位差时,其触发方式应选择正确。测量时应将显示开关置于"交替"或"断续"工作状态,内触发源选择开关拉出,用内触发形式启动扫描,测量两个信号的相位差。

测量时,调节扫描时间选择开关(t/div)及微调,使其中一个信号波形的周期在 x 轴坐标刻度占 9div,这时屏幕上每一格相当于 40°。再从屏幕上读测出超前波形与滞后波形在 x 轴上的间隔,并求得两信号之间的相位差。

(3)信号电流波形的测量。测量信号电流波形时,应在被测电路的信号端与地之间连接一只不影响电路工作的电阻器(例如测量电视机行输出管发射极电流波形时,可在发射极与地之间接一只阻值为 3～5Ω 的电阻器),然后用示波器测量该电阻器上的电压波形,所测的电压波形近似于电流波形。各旋钮位置与测量脉冲边沿时间时相同。

(三)彩色电视信号发生器

彩色电视信号发生器是彩色电视机维修中常用的仪器之一,主要用来模拟标准电视信号源,它应具有以下主要性能。

1. 射频输出

(1)全频段射频输出:频率范围为 30～900MHz。

(2)频道设置符合 PAL-D 制要求:每频道占 8MHz 带宽,图像载频、伴音载频相差(6.5±0.001)MHz。

(3)图像、伴音载频功率比为(10～25):1。

(4)频道下端与图像载频间距为－1.25MHz。

(5)图像已调波上边带宽度标称值为 6MHz。

(6)图像已调波残留下边带宽度为 0.75MHz。

(7)图像信号调制方式与调制极性:采用负极性幅度调制,调制度为 87.5%。

(8)伴音信号调制方式:调频。

(9)最大频偏:±50kHz。

(10)预加重网络:50μs。

(11)射频信号输出幅度:≥100 mV$_{nns}$(输出阻抗为 75Ω)。

2. 视频输出

(1)输出阻抗:75Ω。

(2)视频信号幅度:1.0V_{P-P}。

(3)色同步信号幅度:0.3V_{P-P}。

(4)同步信号幅度:0.3V_{P-P}。

(5)每帧行数:625 行,2:1 隔行。

(6)场频:50Hz。

(7)行频:15 625Hz,误差±0.0001%。

(8)图像宽高比:4:3。

(9)其他要求见 GB3174—1995。

3. PAL-D 制彩色电视制式要求

(1)正交平衡调幅制,色度信号逐行倒相。

(2)彩色副载波的频率为 4.43MHz±5Hz。

(3)其他要求参见 GB3174—1995。

4. 主要视频信号的种类及用途

(1)彩条信号:100/0/75/0,它表示基色信号传送白条、黑条时的相对电平值(100/0),以及传送彩条时最大电平和最小电平的相对值(75/0),可以用来检查彩色电视机亮度和色度通道、解码电路、白平衡、暗平衡调整等主要性能。

(2)全白场信号:视频信号幅度为 $1.0V_{P-P}$,用来检查白平衡调整、全屏亮度是否合适。

(3)R、G、B 三基色信号:用来检查 R、G、B 三基色通道的工作是否正常,也可用来检查色纯度。

(4)圆信号:圆直径为屏幕高度的 80%,用来检查图像中心位置、几何失真与扫描非线性失真。

(5)多波群信号:频率从 500kHz 开始分 6 组,最高端为 5.8MHz,中间依次为 1.8MHz、2.8MHz、3.8MHz、4.8MHz,用来检查亮度通道的幅度—频率特性,并可检查图像水平清晰度。

(6)棋盘格信号:水平为 24 格,垂直为 18 格,用来检查光栅几何失真、扫描非线性失真、图像重显率等。

(7)格子信号:黑底白格或白底黑格信号,水平方向不少于 24 格,垂直方向不少于 18 格,用来检查彩色显像管的会聚误差。

(8)点子信号:黑底白点,主要用来检查彩色显像管的聚焦质量。满足上述主要要求的信号源都可用来作为维修仪器使用。

(四)频率特性测试仪(扫描仪)

线性网络对正弦输入信号的稳态响应,称为网络的频率响应,也称频率特性。频率特性测试仪是一种借助于频率扫描的振荡器,使信号通过被测网络,以幅频、相频、群时延、阻抗、频率及反射系数等频率特性,显示出二维或三维图形和数据的通用仪器。

频率特性测试仪一般有模拟式和数字式两种。前者只显示幅频特性,多用于高频和超高频网络,如通信、电视、雷达、卫星地面站、自动控制系统以及放大器、衰减器、阻抗变换器和调制器等电子部件的性能测试,可以定量给出增益、频带宽度、衰减量、电平值和驻波比等参数,它是在线测量系统幅频特性的重要仪器;后者多用于低频或超低频网络,可以测量幅频特性,主要用于机械系统、电声、声频器件与系统的性能测试。下面介绍模拟式频率特性测试仪的基本工作原理、主要技术性能和使用方法。

1. 频率特性测试仪的工作原理

频率特性测试仪基于扫频原理,利用示波管直观显示被测系统的幅频特性,通常简称为扫频仪。扫频仪主要由扫描电压发生器、扫频信号发生器等部分组成,其简化原理框图如图 1-14 所示。

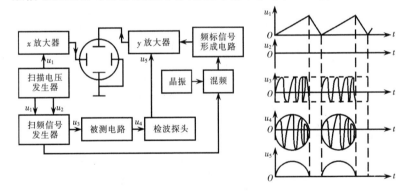

图 1-14   扫频仪简化原理框图

扫描电压发生器产生的扫描电压既加至 x 轴,又加至扫频信号发生器,使扫频信号的频率变化规律与扫描电压一致,从而使得每个扫描点与扫频信号输出的频率有一一对应的确定关系。扫描信号的波形可以是锯齿波,也可以是正弦波。因为光点的水平偏移与加至 x 轴的电压是成正比的,即光点的偏移位置与 x 轴上所加电压有确定的对应关系,而扫描电压与扫频信号的输出瞬时频率又有一一对应的关系,故 x 轴相应地成为频率坐标轴。

　　扫频信号加至被测电路,检波探头对被测电路的输出信号进行峰值检波,并将检波所得信号送往示波器 y 轴电路,该信号的幅度变化正好反映了被测电路的幅频特性,因此,在屏幕上能直接观察到被测电路的幅频特性曲线。

2. BT-3 型频率特性测试仪的面板组成

　　BT-3 型频率特性测试仪前面板如图 1-15 所示,面板上的控制装置分为显示、扫频、频标三部分。

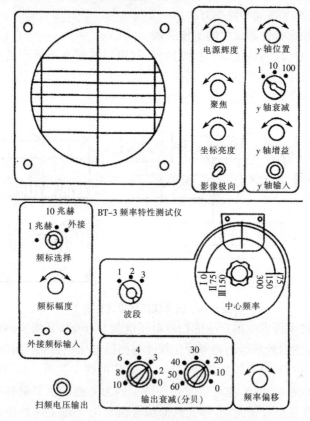

图 1-15　BT-3 型频率特性测试仪的面板配置

1)显示部分

(1)电源、辉度旋钮。该控制装置是一只带开关的电位器,兼有电源开关和辉度旋钮两种作用。顺时针旋动此旋钮,即可接通电源。继续顺时针旋动,荧光屏上显示的光点或图形亮度增加。使用时亮度宜适中。

(2)聚焦旋钮。调节屏幕上光点的大小、圆亮程度或亮线清晰度,以保证显示波形的清晰度。

(3)坐标亮度旋钮。在屏幕的四个角上,装有四个带颜色的指示灯泡,使屏幕的坐标尺度线清楚显示。旋钮从中间位置按顺时针方向旋动时,荧光屏上两个对角位置的黄灯亮,屏幕上出现黄色的坐标线;从中间位置逆时针方向旋动时,另两个对角位置的红灯亮,显示出红色的坐标线。黄色坐标线便于观察,红色坐标线便于摄影。

(4)y 轴位置旋钮。调节荧光屏上光点或图形在垂直方向的位置。

(5)y 轴衰减开关。有 1、10、100 三挡。可根据输入电压的大小来选择适当的衰减挡级。

(6)y 轴增益旋钮。调节显示在荧光屏上的图形垂直方向幅度的大小。

(7)影像极向开关。用来改变屏幕上所显示的曲线波形正负极性。当开关在"+"位置时,波形曲线向上方向变化(正极性波形);当开关拨向"-"位置时,波形曲线向下方向变化(负极性波形)。当曲线波形需要正负方向同时显示时,只能让开关在"+"和"-"位置往复变动,才能观察曲线波形的全貌。

(8)y 轴输入插座。由被测电路的输出端用电缆探头引接至此插座,使输入信号经垂直放大器后,便可在显示屏上显示出该信号的曲线波形。

2)扫频部分

(1)波段开关。输出的扫频信号按中心频率划分为三个波段(第 Ⅰ 波段 1～75 MHz,第 Ⅱ 波段 75～150 MHz,第 Ⅲ 波段 150～

300MHz),可以根据测试需要来选择波段。

(2)中心频率度盘。能连续地改变中心频率。度盘上所标定的中心频率不是十分准确,一般是采用边调节度盘边看频标移动的数值来确定中心频率的位置。

(3)输出衰减(dB)开关。根据测试的需要,选择扫频信号的输出幅度大小。按开关的衰减量来划分,可分粗调、细调两种。粗调有0dB、10dB、20dB、30dB、40dB、50dB、60dB 共 7 挡,细调有 0dB、2dB、3dB、4dB、6dB、8dB、10dB 7 挡。粗调和细调的总衰减量为70dB。

(4)扫频电压输出插座。扫频信号可由插座输出,可用 75Ω 匹配电缆探头或开路电缆来连接,送到被测电路的输入端,以便进行测试。

3)频标部分

(1)频标选择开关。有 1MHz、10MHz 和外接三挡。当开关置于 1MHz 挡时,扫描线上显示 1MHz 的菱形频标;置于 10MHz 挡时,扫描线上显示 10MHz 的菱形频标;置于外接时,扫描线上显示外接信号频率的频标。

(2)频标幅度旋钮。调节频标幅度大小。一般幅度不宜太大,以能观察清楚为准。

(3)频率偏移旋钮。调节扫频信号的频率偏移宽度。在测试时可以调整适合被测电路的通频带宽度所需的频偏,顺时针方向旋动时,频偏增宽,最大可达±7.5MHz 以上;反之则频偏变窄,最小在±0.5MHz以下。

(4)外接频标输入接线柱。当频标选择开关置于外接频率挡时,外来的标准信号发生器的信号由此接线柱引入,这时在扫描线上显示外频标信号的标记。

3. BT-3 型频率特性测试仪的主要技术性能

1)中心频率

中心频率为 1～300 MHz,分三个波段。

(1)Ⅰ波段:1～75MHz。

(2)Ⅱ波段:75～150MHz。

(3)Ⅲ波段:150～300 MHz。

2)扫频信号

(1)扫频频偏:最小扫频频偏小于±0.5MHz,最大扫频频偏大于±7.5 MHz。

(2)扫频信号寄生调幅系数:扫频频偏在±7.5 MHz 范围,不大于±7.5%。

(3)扫频信号非线性系数:扫频频偏在±7.5 MHz 范围,不大于±20%。

(4)输出阻抗:扫频信号的输出阻抗为 75Ω。

(5)扫频信号的衰减有两种:

①粗衰减:0dB、10dB、20dB、30dB、40dB、50dB、60dB 步进。

②细衰减:0dB、2dB、3dB、4dB、6dB、8dB、10dB 步进。

3)频率标记

频率标记有 1MHz、10MHz 及外接三种。

4)显示部分

(1)垂直输入灵敏度:不低于 250 mm/V。

(2)检波探头的输入电容:小于 5 pF(最大允许直流电压为 300 V)。

4. BT-3 型频率特性测试仪的使用方法

1)仪器使用前的性能检查

(1)探头及电缆的选择。BT-3 型频率特性测试仪附有三种探头,如图 1-16 所示。

①输入探头(检波头)。适用于被测网络输出信号未经过检波电路时与 y 轴输入连接。

②开路头。适用于被测网络输入端具有 75Ω 特性阻抗时,将扫频信号输出端与被测网络输入连接。

③输出探头(匹配头)。适用于被测网络输入端为高阻抗时,用此匹配(探头内对地接有 75Ω 匹配电阻)将扫频信号输出端与被测

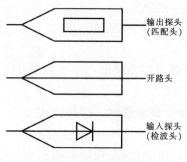

输出探头
(匹配头)

开路头

输入探头
(检波头)

图 1-16　探头和电缆

网络输入连接。

除此之外,扫频仪还配备有输入电缆,用于被测网络输出信号经过检波电路时与 y 轴输入连接。

(2)检查显示系统。将仪器插头插入交流电源插座,接通电源预热 10 min。在预热过程中,可调节"辉度""聚焦""y 轴位移"旋钮,使屏幕上显示亮度适中、细而清晰、可上下移动的扫描基线。

(3)检查内频标。将"频标选择"开关置于 1MHz 或 10MHz 内频标,在扫描基线上可出现 1MHz 或 10MHz 的菱形频标,调节"频标幅度"旋钮,菱形频标幅度会发生变化。使用时频标幅度应适中,调节"频偏"旋钮,可改变各频标间的相对位置。

(4)零频标的识别方法。频标选择放在"外接"位置,"中心频率"旋钮置起始位置,适当旋转时,在扫描基线上会出现一个频标,这就是零频标。零频标比较特别,将"频标幅度"旋钮调至最上方仍出现。

(5)1MHz 和 10MHz 频标的识别方法。找到零频标后,将波段开关置于Ⅰ,"频标幅度"旋钮调至适当位置,将频标选择放在 1MHz 位置,则零频标右边出现的频标依次为 1MHz,2MHz,3MHz…将频标选择放在 10MHz 位置,则零频标右边出现的大频标依次为 10MHz,20MHz,30MHz…两个大频标之间的频率间隔为 10MHz,两个小频标之间的频率间隔为 1MHz。

(6)波段起始频标的识别方法。"频标幅度"旋钮调至适当位置,频标选择放在 10MHz 位置,"频率偏移"最小。将波段开关置于Ⅱ,旋转"中心频率"旋钮,使扫描基线右移,移到不能再移的位置,则屏幕中对应的第一个频标为 70MHz,从左到右依次为 80MHz,90MHz…,150MHz。将波段开关置于Ⅲ,识别频标的方法相同,此时频标为 140~300MHz。

(7)零分贝的校正。利用频率特性测试仪测量网络的增益,应进行零分贝的校正,具体方法:将"输出衰减"的粗细衰减旋钮均置"0dB","y 轴衰减"置于 1 位置,分别将输出匹配探头和输入检波探头的探针与外壳连接在一起,调节"y 轴增益"旋钮,使扫描基线与扫频信号线间的距离为整刻度(如垂直高为 6 格),并在"y 轴增益"旋钮处做标记。在测量网络的增益时,将"y 轴增益"旋钮调到标记处。

2)使用方法

按上述方法对仪器的主要性能进行检查,证明仪器工作正常之后,可以开始使用该仪器进行测量。下面以某高频放大器(不具有检波器)频率特性曲线的测量为例,说明仪器的使用方法:

(1)将扫频输出电压通过输出电缆加至被测高频放大器的输入端。

(2)"y 轴衰减"置于 1 位置,"输出衰减"置 20dB 或 30dB。

(3)"波段"开关根据被测高频放大器的工作频率或频带,置于相应位置。

(4)用输入检波探头将被测高频放大器的输出信号经检波后接入 y 轴输入端,按图 1-17 连接电路。

(5)频标选择置 1MHz 或 10MHz 位置。

(6)调节"中心频率""频率偏移"旋钮,并适当调节"输出衰减"及"y 轴增益"旋钮,使屏幕上显示的图形大小、位置适当,便于观测。

(7)适当调节"频标幅度"旋钮,使频标易读。此时屏幕上显示的带有频标的曲线,即被测高频放大器的频率特性曲线。

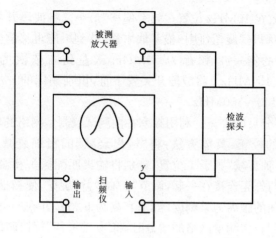

图 1-17　高频放大器频率特性曲线的测量

第三节　彩色电视机故障检修

一、彩色电视机维修基本要求

电视机的品牌、型号以及内部电路等虽然千变万化，但是其基本组成部分和工作原理都是相同的，因此维修电视机的基本要求、维修方法和测试仪器的应用都基本相同。如果能够熟练地掌握一两种电视机的维修方法，就可以举一反三，应用到其他电视机的维修工作中去。

（一）维修基本要求

1. 熟悉电视机的工作原理

在进行电视机维修之前，首先要对电视机的基本工作原理有一个明确的了解，如：电视机由哪些单元电路组成；各个单元电路在电视机工作中的作用；电视信号的组成和信号流程；显像管荧光屏上是怎样显示出正常的彩色和图像的；扬声器是怎样发出与图像相协调的伴音的,等等。

在电视机维修工作中,不管是什么型号的电视机,基本上都可按照电路结构及信号流程进行思考、分析、检查和测试,因此,就需要对彩色电视机的工作原理和各部分电路的功能以及它们之间的关系,有一个明确清晰的了解,从而能够熟练地进行电视机的维修工作。

在动手修理一台电视机的时候,除了对电视机的工作原理有基本的了解外,还要敢于实践。因为,无论故障简单或复杂,只要掌握了电视机的工作原理和判断故障的规律,就能一步一步地缩小故障范围,通过各种检测手段找到故障元器件或电路,并予以排除。

2. 勤于思考,善于总结经验

在电视机的维修工作中,不可避免地会碰到各种各样的故障现象,在故障排除前或排除后,都应勤于思考。在排除故障之前,如果能仔细地分析故障产生的原因,就能较快地找到故障元器件,把故障排除;如果事先不能做到用电路原理对故障现象做出深入的分析和判断,在事后也要努力用电路的基本工作原理对故障现象做出解释。养成勤于思考的良好习惯,是不断取得进步的可靠保证,是不断提高技术水平、提高维修能力的有效途径。

善于总结经验是从事电视机维修工作的技术人员不断提高技术水平的又一个十分重要的环节。

(1)注意积累原始资料。维修人员要有一个专门的记录本,把故障现象、维修方法、维修步骤、造成故障的原因、各种测试数据等及时记录下来,最好把维修过程中走过的弯路,即曾做过哪些错误的分析和判断也记录下来。维修工作中得到的一些具体的测试数据是十分宝贵的,在以后的工作中非常有用。

(2)归纳故障规律。经过一段时间的实践之后,对于一些常见的故障,就要总结一下它们的规律。同样的故障现象,可能有几种不同的原因;另一方面,同一个部件,由于损坏的程度和性质不同,表现出来的故障现象也不同。

对于不同厂家生产的不同型号的电视机,或者不同电路结构的电视机,要分别总结、归纳常见故障及其修理方法。只有经过归纳,才能更好地摸出规律,提高维修技能。

3. 练好基本功

在彩色电视机维修中,应练好以下基本功:

(1)焊接技术和拆装集成电路的技术。焊接的基本要求是焊接的端点要刮干净并镀锡,焊点圆滑光亮,焊接牢固,无虚焊。拆装集成电路的要求是安装时无虚焊,拆卸时无断脚。要求电烙铁温度适当,焊接时间恰当,不损伤元器件和电路板,不遗留焊锡,不黏连电路。

(2)元器件和机械部件的拆卸和安装技术。要求先后顺序合理,小心谨慎,不损伤元器件和电路板;拆下的元器件最好顺次放置,怎么拆下来的还要怎样装回去;电路接线不能连接错误,不能造成人为故障。有些特殊组装的电视机,拆卸更需要有一定的经验,要仔细观察,不能盲目动手。

(3)电路图识读技术。第一层次是根据原理图能把电路走通,找到相应的元器件位置并了解其作用;第二层次是在没有原理图的情况下,能把电路走通,根据实际电路,把原理图画出来,如果能做到这一点,是技术相当熟练的标志;第三层次是对一部从未接触过的电视机,在没有原理图和任何资料的情况下,能根据电视机基本原理走通实际电路,并画出相应的原理图,这是理论与实践相结合的体现。

(4)仪器使用和测量技术。在维修工作中,合理的检测和准确的调试是不可缺少的,因此要求维修人员能熟练使用电视机维修中所需的仪器和仪表,并根据故障维修的需要来选择合适的仪器、仪表,进行有关的测量和调试。

(5)元器件代换技术。在维修工作中,如果没有相同的元器件可以更换故障元器件,这时就要求维修人员有选用其他元器件进行代换的能力。

(6)电路改造技术。在电视机电路中的某些元器件、组件损坏或电路工作制式不同的情况下,往往需要对原电路进行改造,这是一种较高级的维修技术。

4. 理论联系实际是学习维修的重要环节

要把经验上升到理论高度,用已经学过的电视机的基本工作原理和各种有关电路的工作原理,来分析和解释各种故障所表现出来的现象。经常进行这样的故障分析,是把学到的理论和实践相结合的演练,可以加深对电视机原理和工作过程的理解。这样使理论应用到实践,又从实践上升到理论上来,不断地重复这个过程,就是不断提高水平的过程。

（二）维修前的准备工作

维修前应做好如下准备工作:

（1）维修前,最好能准备好待检修的彩色电视机图纸,包括电原理图及印制电路板图等,从而了解该机的信号流程及正常状态下各点的工作电压和波形,给维修提供便利。

（2）维修前,应向用户了解电视机的损坏经过,以及用户的接收条件和市电电网波动情况,这样有助于对故障的判断。

（3）在打开电视机后盖及拆卸机器的某一部件时,必须弄清它的装配结构,必要时做记录。绝不能乱拆乱卸,造成不必要的损坏。

（4）准备好必要的维修工具及仪器、仪表,如万用表等。有条件时,准备好彩色图像信号发生器及扫频仪和示波器。

二、彩色电视机维修注意事项

（一）检修注意事项

检修的目的是要快速排除故障,在检修时,若不谨慎从事,很可能使小毛病变成大毛病,使简单故障变成复杂故障,从而使故障范围扩大,所以在检修过程中应注意以下事项:

（1）开始检修前,应阅读该电视机检修手册中"安全预防措施"与"产品安全性能注意事项"等内容。

（2）检修时,应先检查电视机的电源插头是否正确地插在符合要求的电源插座里；天线或馈线是否正确连接好；各旋钮调节是否正确；熔丝容量是否合适；元件接插件是否接触良好，有无相碰、断线和烧焦的痕迹。

（3）在开机烧断熔丝时，若未查明原因，不应急于换上熔丝通电，特别是不能用比原来容量大的熔丝或铜丝替代，否则，可能会使尚未损坏的元器件（如电流调整管、行输出管、主色输出管等）损坏。如果不通电无法发现故障，可换上相同规格的熔丝试一下，此刻要掌握时机，观察故障现象。

（4）当行振荡电路停振时，整机电流显著减小，电源电压将因此上升。这时应将电源电压调低或接上假负载，再进行检修，以免烧坏元器件。

（5）显像管的高压必须保持在额定值，绝不允许超过。如果检修后电压超过额定值，就会损坏显像管或高压电源，而且可能产生超剂量的 X 线，危害人体健康。所以电源或行扫描电路修复后，需要检查高压的数值。

（6）当扫描电路不正常，屏幕上呈现一条水平亮线或垂直亮线时，应将亮度关小后再进行检查，以免烧伤屏幕。

（7）检测中要细心，测试表笔或测试线夹不要将相邻点短路，否则会引起新的故障。测试集成电路引脚时尤其要注意。

（8）通电检查时，如发现冒烟、打火、焦臭味、异常过热等现象，应立即关机检查。

（9）检修时，不可盲目调试机内可调元件（如磁芯、磁帽、可变电阻、电位器等），否则，一旦调乱，没有仪器很难恢复，会使那些本来无故障的部分工作失常。

（10）不能使用"放电法"判断行输出电路是否有高压，以免损坏行输出管。

（11）在检修经过长时期使用的电视机，或机内已积满灰尘的电视机时，应先除尘，并将所有接插件或可调元件用四氯化碳或酒精清洗一下，镀银簧片可用橡皮擦亮。这样往往能起到很好的效果，有些故障也会因此而排除。

（12）如果要使用某些仪器（除万用表外）来检修开关电源式的彩色电视机，必须在电视机与市电电源之间接入 1：1 的隔离变压器。否则，会因电视机底板带电而烧坏机内元器件。

（13）在测试集成块引脚间电压时，一定要特别小心，以免测试表笔使引脚短路，造成意外的损坏。

（14）更换元器件前，要先断开电源。在竖起印制电路板进行通电检查时，要注意电路板与显像管管座电路是否有触碰短路现象，最好用绝缘物隔开。

（二）更换元器件时的注意事项

更换元器件时，应注意以下事项：

（1）元器件的拆装。电视机的故障大部分是因某些元器件损坏而造成的。检修时，常常需要将某些元器件焊下焊上，进行检测和更换，对于无损坏的元器件应及时、正确地恢复原位，特别要注意集成电路和晶体管的管脚、电解电容器的正负极不能焊错。

（2）元器件的替换。更换元器件时，应以相同规格的良品元器件替换。更换电路图上标注的重要元器件时，应该用厂家指定的替换元器件。因为这些元器件具有许多特殊的安全性能，而这种特殊性能在表面上往往看不出来，手册中也不注明，所以，即使使用额定电压或功率更大的其他元器件替代，也不一定能得到指定元器件所具有的保护性能。

由于电视机元器件规格繁多，在备件不齐的情况下，便要用其他规格的元器件代换。一般来说，应选用性能指标优于原来的元器件换上；对于电阻、电容等元件，可用串联或并联暂时替代，有了相同规格的元器件时，再换上。

（3）集成电路的更换。集成电路损坏后，一定要用同型号的或可直接代换的集成块更换。更换集成块时，务必确定正确的插入方向，切不可将管脚插错，也不可将引脚片过度弯折，以免损坏集成电路。

拆装集成电路时,烙铁外壳不可带电,宜用 20～35W 的小型快速电烙铁,烙铁头应锉尖,以减小接触面积。焊接时动作应敏捷、迅速,以免烫坏集成电路或印制板。焊锡也不要过多,以防焊点短接电路。要从底板上取下集成块时,可用合适的注射针头,先将集成块的各脚悬空,然后用起拔器或用小螺钉旋具轻轻从两端逐渐撬起来,将它取下。插入集成电路之前,应将各引脚孔中的焊锡去掉,并用针捅孔,使各孔都穿通后,再插入集成电路,然后逐个焊好。

(4)晶体管的更换。更换晶体管最好用相同型号的管子,或者用晶体管对换表中所列功能相同的管子。对于功率管,其耐压和功耗应符合要求。

更换高频头内部的晶体管时,必须使管脚引线与更换前保持同样长度,因为过长的引线会影响电路的高频性能。

(5)线圈、变压器的更换。因为各种电视机所用线圈、变压器的参数不尽相同,所以更换时应该用与原机相同规格的线圈或变压器。但是这些元器件在原机中一般都已调整过,因此换上同规格的元器件后,电视机可能仍不能正常工作,故在更换线圈、变压器后,需做适当的调整。

若无成品更换而需自行制作时,则应该用同样线径的导线,按同样的工艺绕制和处理,以确保参数相同,绝缘性能良好。应特别注意其引出头位置要与原来相同。

(6)彩色显像管的更换。彩色电视机通常采用自会聚彩色显像管,其偏转线圈是由厂家配套供应的,并已事先调整到最佳状态。显像管衰老或损坏时,需用同规格的显像管连同偏转线圈一起更换。如果只更换显像管,则更换后需要进行色纯与会聚的严格调整。

(三)其他维修注意事项

维修人员必须养成良好的安全工作习惯,如单手操作、及时复原等。工具和元器件应放在工具盒内,以便在出现紧急情况或技术疏忽的瞬间,能迅速找到工具和元器件,防止故障的产生。

三、彩色电视机故障检测流程和检测方法

(一)故障检测流程

彩色电视机的维修过程包括:观察故障现象,分析故障原因,判断故障部分;检测故障点,查找故障元器件,对故障元器件进行修理或更换,然后进行必要的调整,使之恢复良好的性能。

彩色电视机一般由电源电路、扫描电路、图像通道(包括稳定和显示电路)、彩色电路、伴音电路五大部分组成。在维修过程中,对于任何故障,其检修流程(按电路来分)均应遵循图 1-18 所示的规则:一修电源,二修光栅故障,三修图像及其稳定电路故障,四修彩色电路,五修伴音故障。下面分别予以介绍。

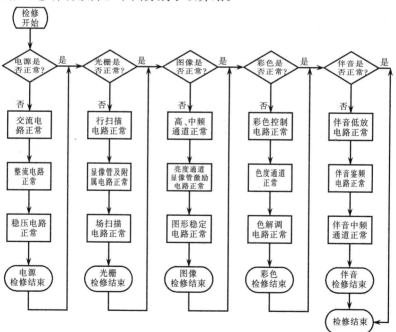

图 1-18 彩色电视机故障检修流程

1. 一修电源

电源电路是电视机各部分电路进行正常工作的保证,因此,在修理电视机时,应先检查电源电路,主要检查输出的电压是否正确、是否稳定;对稳压范围的大小、纹波电压的大小等情况,如果电路未发生较大故障,可暂时不检查。这样的检查不仅对电源电路有故障的电视机是必须的,而且对那些粗看起来不像是电源问题的故障机也是十分必要的。

如果一台电视机,电源电路和其他电路同时发生故障,则应先修好电源电路。在维修电源电路时,应该先修交流输入电路,再修整流滤波电路,最后修稳压电路。对于开关电源电路,也是要先修交流输入电路、市电整流滤波电路,再修开关部分电路、稳压电路,最后修输出部分的几个整流、滤波电路。

2. 二修光栅电路

光栅是电视机显示图像的基础,没有光栅,即使图像信号完全正常,也不能显示出图像来,所以在电源电路工作正常的情况下,第二步应该修理光栅扫描电路的故障。

光栅显示电路通常由行扫描、场扫描、显像管及其外围电路组成。检修时应先修行扫描电路,因为它除了提供行扫描偏转电流外,还要提供显像管各极所需的电压,以及提供场扫描电路及其他电路的工作电压,若行扫描电路工作不正常,显像管和场扫描等电路也不能正常工作;其次是修理显像管及其外围电路的故障,使显像管能够发光;在行扫描电路的作用下,如果出现一条水平亮线的现象,则最后再修场扫描电路的故障,使荧光屏上出现正常的光栅。

3. 三修图像及其稳定电路

电视机的光栅正常之后,才能进一步检修通道及图像稳定电路的故障,这些电路包括高频调谐器电路,自动选台及遥控电路,图像中频电路,视频检波及放大电路,自动增益控制电路(AGC),自动行频控制电路(AFC),亮度信号放大处理电路等。检修时,应先修图像通道,可以从高频头(调谐器)→图像中放→检波及视放→亮度信号(Y)电路→矩阵和显像管,逐级进行检查;也可以从后向前逐级检查。待图像通道正常后,再修 AGC、ANC、AFT 等有关图像质量和稳定的电路故障。彩色电视机的自动选台和遥控电路的故障,应与高频头部分密切配合进行检修。

4. 四修彩色电路

彩色电路主要指彩色信号解码器电路。影响彩色有无和质量好坏的还有高频电路和图像中频电路。在维修有关彩色电路的故障时,如果检测解码器电路直流工作状态后未发现问题,就要检查彩色全电视信号从中频输出时是否正常,是否有彩色成分,然后再检查解码器电路中的色度信号放大处理电路和副载波恢复电路。

5. 五修伴音电路

伴音电路包括伴音中放、鉴频电路、音频放大及输出电路。检修时,应先修音频放大和输出电路,再修伴音中放和鉴频电路。因为从后向前逐级处理,可以从扬声器中听到声音的好坏,以便于对故障进行判断故障。

(二)故障检测方法

1. 信号输入法

图 1-19 是信号输入法的示意图。信号输入法是检修彩色电视机的有效方法之一。它是把信号源的信号输入到故障机电路中的某点,然后用示波器在该点之后按信号流程逐点检查,这样便可探测到故障部位。这种方法要求维修人员熟悉彩色电视机的工作原理及其信号流程,还应该明白电路上的哪些点应该输入什么信号、多大幅度、输入点的阻抗以及如何输入等。在没有标准电视信号发生器时,可利用工作正常的彩色电视机作为信号源。可从工作正常的电视机调谐器输出端取出电视中频信号,作为电视中频信号源;从其中频通道输出端取出视频全电视信号,作为视频信号源;以中频通道输出的6.5 MHz 信号作为第二伴音中频信号源。根据需要,分别输入故障机的中频通道、视频通道和伴音中频通道,以检查和判断这些电路的

故障部位。但这时应注意采取必要的隔离和适当的耦合方法,否则会烧坏机器。对于视频放大电路和伴音放大电路,也可用人体感应的 50 Hz 信号注入来检查。方法是用手握住调整用的起子(手指要接触金属部分),去碰触视频电路放大器输入端,这样就把感应的 50 Hz 信号输入进去了。如果视频放大电路工作正常,屏幕上会出现明显的黑白相间的条纹;如果伴音放大器和输出电路工作正常,扬声器会发出 50 Hz 交流声。在采取这种输入法时,应注意输入点电压,且应单手操作,以免受电击。

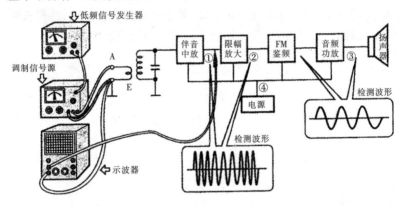

图 1-19　信号输入法示意

不管使用哪种方法检测彩色电视机,都必须注意人身安全和设备安全。一般彩色电视机因使用无变压器的开关电源,常使印制板地线带上市电电压,因此在维修时需使用电源隔离变压器将其与市电隔离开来。开关电源的地线带市电电压,在电路板上标为热区;其他部分的地线不会带高压,标为冷地,所以在维修中不要将电源地与主印制板地直接相连。

2. 波形检查法

波形检查法如图 1-20 所示。波形检查法就是通过示波器直接观察有关电路的信号波形,并与正常波形相比较,这样即可分析和判断出故障部位。波形检查法一般分两种:一种是利用扫频仪观察频率特性和增益；另一种是在注入彩条信号或接收电视台信号时，用示波器观察电路各测试点的电压波形。无疑后一种是比较直观形象的方法。很多彩色电视机原理图上都标出了各关键测试点的正常信号波形，这是波形检查法的有利条件。即使没有波形资料，也可根据一般原理推测出大体正常的波形。有的彩色电视机原理图上未标出测试点的正常波形，这就需要自己去收集和测绘，或利用同型号的另一台正常彩色电视机测试点的波形作为基准。通过比较，会发现各类电视机测试点的安排都是大同小异的，也就是说，彩色电视机中需要检测的波形基本上都是类似的。了解这一点并熟悉各点应出现的正常波形是非常有用的，使用波形检查法能大大提高其工作效率。

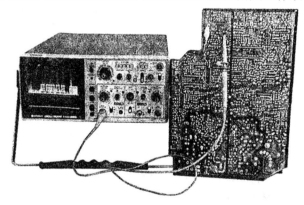

图 1-20　波形检查法

为了测量准确，在用示波器测量时，要先用示波器的标准信号（0.5 V 1000 Hz 的标准信号）进行校正，将探头接到标准信号输出端，校正后再去测量实际信号。示波器的校正如图 1-21 所示。

例如，利用示波器观察电视机场、行振荡器或输出级的波形，就可以很方便地判断出振荡器是否振荡，输出波形是否失真（即线性不好），从而迅速地找到故障部位。又如，从彩色电视机屏幕上看到彩色不正常时，首先应怀疑色解码电路可能有故障，可利用示波器观察输入到色解码电路的色信号是否正常，由此可以判断是色解码电路

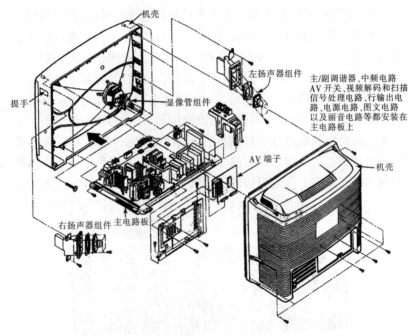

机壳

左扬声器组件

主/副调谐器、中频电路、AV 开关、视频解码和扫描信号处理电路、行输出电路、电源电路、图文电路以及丽音电路等都安装在主电路板上

提手

显像管组件

AV 端子

机壳

右扬声器组件　主电路板

图 1-21　示波器的校正

之前的电路还是色解码电路出故障。若此点波形正常,再观察提供给解码电路的色同步信号和 4.43MHz 的色副载波振荡信号是否正常。若检测正常,再观察解码器输出的色差信号是否正常。若不正常,就可判断是解码器损坏,需更换。可见,波形检查法是一种检修彩色电视机的行之有效的方法。

　　各种彩色电视机的波形(在图纸上标出的波形)都是在接收标准彩条信号的条件下测量的,在检修时可用录像机或影碟机播放一个彩条信号作为信号源。

3. 测电压、电阻法(万用表检修法)

　　用万用表测量电阻值来判断故障的方法如图 1-22 所示。在工作状态下测量电路的电压值,在断电状态下测量电路对地的电阻值,然后用测出值与标准值进行比较,即可判断是否出现故障。这种方法一般在检修中用得比较多,因为它对条件的要求不高,有一块好一点的万用表即可。

图1-22 用万用表测量电阻值

例如,用万用表的直流电压挡可以测量电视机电源电路的直流输出电压以及各晶体管和集成电路的工作电压,可以测量显像管各脚的供电电压(在测阳极高压时,应加高压测试笔或用高压表)。将测得的电压值与电原理图上标注的正常电压值进行比较,即可找出故障部位。在测量中要注意的是,有的管脚电压有静态电压和动态电压之分。所谓静态电压,是指无电视信号时的工作电压;动态工作电压就是指有电视信号时的工作电压。在电路图中,一般用括号表示动态值。

四、彩色电视机维修后的调试

彩色电视机的调试包括图像中频的调整、伴音中频的调整、色纯度的调整、会聚的调整、白平衡的调整及图像中心、幅度、线性的调整。

（一）图像中频的调整

采用不同机芯的彩色电视机,由于电路结构上的差异,其图像中频的调整方法也有所不同。下面以三洋 83P 机芯和松下 FM11 机芯为例,介绍图像中频的调整步骤与方法。

1. 三洋 83P 机芯图像中频的调整

调整图像中频时,首先断开电源线,将频段开关置于 VHF 低频段;将外接直流稳压电源的＋15.5V 输出电压接在＋12V 稳压集成电路 78M12 的电压输入端(行输出电路中的 B5 电压端);将直流稳压电源的＋4.5V 电压接在"TP-C"测试点(图像中放集成电路 M51354 的 2 脚)上;将扫频仪通过 10kΩ 电阻器的输出端用带匹配衰减器的探头接至高频调谐器的"TP"端,输入端通过 10kΩ 电阻器接到"TP-F"全电视信号测试点上;将直流稳压电源的＋12V 电压接到电视机的主板插头"KK-16"端。

调节 M1354 的㉖脚、㉗脚外接线圈的磁心,使 38MHz 位置的特性曲线最大。再调节 M51354 的㉒脚接线圈的磁心,使 31.5MHz 位置的特性曲线为最小。再用一只 100Ω 电阻器将主板上"TP-D1"和"TP-D2"两测试点(即 M51354 的㉖脚与㉗脚)短接后,调节高频调谐器上的中频变压器(IFT),使 38MHz 在曲线的 43％处,31.5MHz 在曲线的 45％处即可。

2. 松下 M11 机芯图像中频的调整

在调整松下 M11 机芯彩色电视机的图像中频时,应先将频道预选器的选台按键全部置于断开位置;然后将高频自动增益控制(RF AGC)微调电阻器按顺时针方向旋到底,将 AGC 偏置电压接到 TPA2 测试点上,将扫频仪的输出端与高频调谐器的 TP 测试点相连,将扫频仪的输入端与电视机 TPA12 测试点相连。关闭 AFC 控制开关;调节扫频仪输出电平和电视机 RF AGC 电压,使扫频仪上的中放特性曲线达到 $1V_{P-P}$,再调整高频调谐器中混频线圈的磁心,使中放特性曲线为正常波形即可。

（二）伴音中频的调整

调整伴音中频时，可接收本地一个信号较强的电视节目，然后调节伴音鉴频线圈的磁心（松下 M11 机芯中的 L201、东芝 X-56P 机芯中的 L602、日立 NP-8 机芯中的 L402），使伴音声音最大且不失真；再接收其他频道的电视节目，调节鉴频线圈，使各频道的伴音俱佳即可。

（三）色纯度的调整

彩色电视机要求彩色显像管的三个电子束均能准确地射到各自对应的荧光物质上，在无电视信号或接收黑白电视信号时，应出现不带任何颜色的黑白画面。若屏幕上黑白画面不够纯净（这种现象在更换显像管后容易出现），在自动消磁电路完好的情况下，则是色纯度出现了误差，应进行适当的调整。

调整三枪三束显像管的色纯度时，可缓慢地旋动套在管颈上的两个色纯磁环（由带有磁性的金属片制成），使三个电子束的扫描轨迹发生适当变化，直至屏幕上的色纯度良好为止。

单枪三束显像管的色纯度磁铁装在一个塑料壳内，用改锥即可进行调整。

（四）会聚的调整

会聚是指显像管中红、绿、蓝三种基色的重合，它又分为动会聚和静会聚。若显像管会聚不好，则会出现图像模糊不清或彩色镶边等现象。在调整显像管会聚前，应将色纯度先调好。下面介绍自会聚显像管的会聚调整方法。

1. 静会聚的调整

自会聚显像管的静会聚是通过调节两片四极磁环和两片六极磁环的相对位置来实现的。静会聚磁环通常与色纯度磁环组装在一起。

调节静会聚之前,应用电视信号发生器给电视机加入方格信号;将电视机的色饱和度旋钮调至最小,亮度和对比度旋钮调在正常使用时的位置。调整四极磁环可以控制红电子束和蓝电子束作上下左右的相对移动(对绿电子束无影响),使两个基色重合在一起。调节六极磁环可以使红、蓝电子束作同方向的等量位移,使三个基色重合在一起。

2. 动会聚的调整

自会聚显像管采用了特殊的偏转线圈,在调整动会聚时,只要改变偏转线圈在显像管上的相对位置,即可使屏幕边缘的图像得到重合。调整好偏转线圈的位置后,应在偏转线圈与显像管锥体之间插入两或三个固定橡皮楔,使偏转线圈固定好。

(五)白平衡的调整

所谓白平衡,是指三种基色按一定比例合成的色光。在接收黑白电视信号时,无论对比度和亮度如何变化,黑白画面均不带任何颜色。白平衡调整则是使三个电子束的截止点和调制特性接近一致,使三个电子束电流的比例接近于实际要求的比例。在实际维修时,白平衡的调整可分为暗平衡(静态平衡)调整和亮平衡(动态平衡)调整。

1. 暗平衡的调整

在进行白平衡调整之前,应先打开电视机预热 10 min 以上,使机内元器件达到热稳定状态。

将机内主板上的维修开关打开,使屏幕上呈现一条水平亮线(无维修开关的电视机,可将场振荡变压器或谐振电容器短路,使场扫描电路停止工作)。将三只暗平衡电位器逆时针旋到底,将两只亮平衡电位器旋置中间位置,调节行输出变压器上的加速极电压调整电位器,使屏幕中心的亮线刚好能看见。调节任一只暗平衡电位器,使屏幕上出现一条单基色水平亮线;再调节另两只暗平衡电位器,使三基色水平亮线重合为白色亮线。接通维修开关(或恢复场扫描电路,使之正常工作),并调整亮度电位器,若荧光屏上出现微弱的白光栅,则说明暗平衡已调好;若光栅仍带有底色,则应重复调节各暗平衡电位器。

2. 亮平衡的调整

调好暗平衡后,加大对比度和亮度,同时用信号发生器为电视机加入彩条信号。调整亮平衡电位器,使彩色中的白色条在高亮度状态仍为标准白色。将对比度和亮度关小,检查低亮度时白色条是否偏色。若白色条不管在任意亮度和对比度下均为标准白色,则说明电视机的白平衡已调好,否则应重新调节暗平衡或亮平衡。

(六)图像中心、幅度、线性及聚焦的调整

1. 图像中心的调整

用信号发生器为电视机加入电子圆或方格加圆图案信号,然后分别调节行中心电位器和场中心电位器,使画面位于屏幕正中即可。

2. 幅度的调整

用电视信号发生器为电视机分别加入方格加圆信号或黑白棋盘格图案信号,然后分别调节行幅度电位器和场幅度电位器,使屏幕上的方格均匀而不失真即可。

3. 线性的调整

用信号发生器为电视机加入方格加圆或棋盘格图案信号,然后分别调节行线性电位器和场线性电位器,使屏幕上的图案线性良好、不失真即可。

4. 聚焦的调整

用信号发生器为电视机加入横线条或竖线条信号,然后调节电视机行输出变压器上的聚焦电位器,使屏幕上的线条清晰、聚焦良好即可。

第四节　彩色电视机的日常维护及保养

合理的日常维护及保养对减少彩色电视机的故障,提高彩色电视机的使用寿命是非常重要的。作为维修人员,应了解彩色电视机的日常维护及保养事项,以便用户询问时能详细地告知。

一、彩色电视机的使用注意事项

(1)搬运或连接电视机时,要轻拿轻放,避免强烈的震动,尤其是彩色显像管,应特别注意。此外,还要注意不要划伤、撞伤机壳与荧光屏,以免影响美观和使用。

(2)在收看电视时,忌频繁地开、关机。否则易使显像管灯丝受损,缩短电视机使用寿命。

(3)收看时,应将防尘罩或遮挡布全部打开,以利散热;关机后,则应立即罩上电视机罩。

(4)忌将电视机长期搁置不用。特别是夏季,最好每周开几次,以避免因受潮而降低电子元件的绝缘性能。

(5)电视机忌带"病"工作。如果发现电视图像缩小或增大,亮度变亮,并出现白色回扫横线,机内产生臭氧味或内部打火、有异常声音等,应立即停止收看,并及时检修。

(6)雷雨天忌收看电视,以防雷击等意外事故。

(7)电视机在不收看电视节目时,不要长时间处在待机状态下工作,应关掉电源。

(8)不要把电视机放置在密封的柜子里,收看时要注意散热。

(9)电视机切忌离电扇太近,电扇转动引起的震动会影响电视机显像管的寿命。

(10)电视机最好远离光源、热源。忌放在与暖气、炉火、电炉靠近的地方,也不要放在靠近热源、灯光或阳光直射的地方,以免加速老化。

(11)彩色电视机最忌磁场干扰,否则显像管的部件会因磁场影响而被磁化,从而使色彩紊乱,因此彩色电视机的放置应远离电冰箱、洗衣机、电动车、微波炉等易产生磁场的家用电器。

(12)彩色电视机应朝南或朝北安放,此时显像管内电子束的扫描方向与地球的磁场方向相一致,能获得最佳的图像色彩。电视机不要经常改变方向,方向移动一次,机内自动消磁电路要用较长时间才能达到稳定。

二、彩色电视机的日常维护

(1)由于静电高压等因素的影响,彩色电视机容易吸尘。灰尘的堆积会造成荧光屏的反差增大,亮度减弱,芯板上元器件的绝缘电阻减小,引起短路、高压打火、损坏器件等故障。因此,除平时应保持电视机的外观清洁并加盖防尘罩外,还必须定期给彩色电视机除尘。

(2)在日常养护彩色电视机时,可用干布轻擦屏幕及机身,不要使用有机溶剂擦洗机器及屏幕。在擦机前,先应拔掉电源;擦屏幕时,要使用柔细的毛巾。平日,要尽量避免水或其他的液体溅到机身或屏幕上。当有异物掉入彩色电视机时,应首先关闭电源,拔下插头,并请专业维修人员开机检查。

(3)带遥控的电视机关机时,应关掉电源开关,拔去电源插头。因为遥控关机不是把电视机与电源完全切断,此时荧光屏虽然不亮,但是有部分电路还在工作。如此长期使用,不仅会增加电耗,而且会影响安全。另外,遥控器长期不用时,应取出电池,以防电池流液腐蚀电极。

(4)彩色投影电视机与普通电视机不同,它采用光学聚焦投影成像的方式成像,镜头的位置相当精确,因此在移动彩色投影电视机时要特别注意避震问题。移动时切忌上下颠簸机身,并要随时注意避免屏幕剐蹭。另外,即使移动的距离很近,也应先拔下电源插头再移动。

(5)在机器调试之前,要认真阅读使用手册,并定期对机器进行常规检查。彩色投影电视机相对于普通彩色电视机来说,功率要大一些,因此用户应正确使用交流电源线。在长时间外出或者旅行时,要拔下机器的主电源插头。当使用遥控器关机后,仍会有少量的电流流过电视机内部的电路。当有事外出或者要长时间关闭彩色投影电视机时,请关闭机器上的主电源开关,并拔掉交流电源线。如果电源线或电源插头出现异常情况,一定要请专业人员进行检修。当遇到阴雨天气时,最好预先拔掉电源插头,以防雷击。此外,在拔插头时,应手捏插头进行插拔,切忌拽线插拔。

(6)对于液晶彩色电视机而言,建议在常温/常湿环境下工作,高温/高湿会影响液晶显示器的寿命,低温会影响亮度和响应时间。电视机若长时间不用,请关闭显示器电源,拔掉电源插头。不要让液体溅入显示器内部,如需清洁,请关闭电源,将清洁剂喷射在软布上,然后轻轻擦拭。

第二章　普通彩色电视机的维修

第一节　高频调谐器的维修

一、高频调谐器的结构组成与工作原理

(一)高频调谐器的作用与性能要求

高频调谐器又称高频头,其作用是将天线接收到的高频电视信号进行选频、放大和变频,输出所需要的符合要求的中频信号(图像中频、色度中频和第一伴音中频)。

高频头是电视机电路的最前端器件,其性能优劣对电视机的图像与伴音质量有较大影响。因此,对高频头有如下几个方面的要求:

(1)频率范围要能够覆盖所有广播电视节目的频率。

(2)具有良好的选择性,要求其频带宽度大于或等于 8MHz。

(3)具有 AFT 控制功能,能够接受 AFT 控制电压的控制,以实现自动频率微调控制。

(4)具有一定的 AGC 控制范围,要求高频头具有 20dB 的 AGC 控制能力。

(5)具有一定的功率增益,要求其功率增益在通频带范围内达到 20～25dB。

(6)本振辐射要小,对外形成的干扰要尽可能小。

(二)高频调谐器的结构组成与工作原理

电调谐式高频头的组成如图 2-1 所示,它包括 UHF 段和 VHF

段两部分,其中每一部分都包含有输入回路、高频放大器、本振、混频和中频放大等电路。通常,在 U 段工作时,由 V 段的混频级兼作 U 段的一级中频放大器,以提高 U 段的增益。

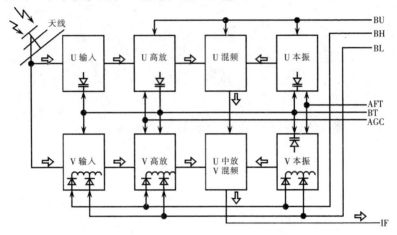

图 2-1　电调谐式高频头的组成框图

在电调谐式高频头中,有三个调谐回路:输入调谐回路、高放调谐回路和本振调谐回路。对这三个调谐回路频率的控制都是通过改变变容二极管两端的反向偏置电压实现的。

由天线接收到的高频无线电信号,首先经输入回路选择出需要的电视信号,然后送到高频放大器进行第二次选频,对选择出的某电台信号直接送变频器电路,与本机振荡器产生的本振信号进行混频,产生出中频载频信号后,送中频放大电路做进一步处理。

遥控彩色电视机的高频头与普通彩色电视机的高频头的不同之处在于:普通彩色电视机的频段转换电压、调谐电压等均由选台板所提供,而遥控电视机的频段转换电压、调谐电压等均通过微处理器进行控制。

(三)调谐器相关电路分析

调谐器(高频头)及其外围电路如图 2-2 所示,整个高频头都封装在一个金属屏蔽盒中,盒上有一个天线信号输入插口。在盒的下面设有六个引脚和两个空脚,并焊装在主电路板上。

(1)IF 端。IF 端是高频头的中频信号输出端,天线信号在高频头中经高放和混频(变频)后,变成中频信号,由此端输出。中频信号输出后,经 C114、R112 送到中频放大器 Q 101 的基极(Q101 又称预中放),耦合送到声表面波滤波器 Z101,然后再送到 IC201 的中频电路。

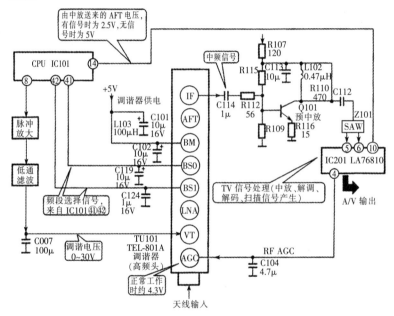

图 2-2 调谐器及其外围电路(TCL-2116)

(2)BM 端。BM 端是高频电路的电源供电端,+5V 电源通过 LC 滤波电路加到此端。

(3)BS0、BS1 端。BS0 和 BS1 是频段选择信号的输入端。当进行调谐选台的时候,微处理器 IC101㊶、㊷脚的频段选择信号分别送到 BS0 和 BS1 端。CPU 送入的是二进制信号,在高频头内部设有转换电路,将二进制信号转换成 V_L、V_H 和 U 段的控制电压加到相应的电路中,使高频头工作在所选择的频段上。

(4)VT端。VT端是高频头调谐电压的输入端,由微处理器IC101⑧脚输出的调谐电压(脉宽调制信号 PWM)经接口电路变成0～30V 直流电压后加到此端。VT 电压加到高频头中的变容二极管上,以改变调谐和本振中的谐振频率。

(5)AGC端。AGC端是由中频通道送来的自动增益控制电压输入端。当接收电视节目时,中频通道设有 AGC 检测电路,它通过对视频信号的检测,形成中频 AGC 电压去控制中放的增益;高频AGC 送到高频头中,去控制高频放大器的增益,使放大器输出的信号稳定。

二、高频调谐电路故障检修

1. 高频调谐电路的故障现象

高频调谐电路出现故障时,一般表现为如下几种现象:

(1)无图像、无伴音,各个频段都收不到电视节目。

(2)整机灵敏度低,画面不清晰(无彩色),有雪花噪声干扰。

(3)图像漂移(即跑台现象)。

(4)收不到某波段的节目。

(5)某一频段中的高端或低端收不到电视节目等。

2. 高频调谐电路的关键检测点

高频调谐器内部损坏或高频调谐器的外围电路发生故障时,均可出现以上现象,在检修时应加以区分。如果高频调谐器内部有问题,一般采用更换的方法解决,而不予修理。

高频调谐器及外围电路即高频调谐电路,这部分电路的关键检测点如图 2-3 所示内部。下面介绍各关键点的检测方法。

(1)高频调谐器和波段译码器的供电电压。

高频调谐器的供电"BM"端子、波段译码器的供电"VCC"端子,这两点的供电电压是否正常,对高频调谐器电路能否正确工作起着关键作用。若供电电压丢失,高频调谐器就会停止工作,出现收不到节目的现象,此时荧光屏上只有淡淡的雪花点,有蓝屏功能的机器将出现蓝屏现象。高频调谐器的供电电压有+5V 与+12V 之分。

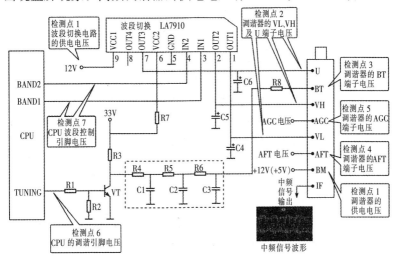

图 2-3 高频调谐电路的关键检测点

(2)频段切换电压(VL、VH 与 U 端子电压)。

这三个端子的电压与机器的工作波段相对应。若机器工作于 VL 波段,则 VL 端子就为高电平(等于调谐器的供电电压);同理,若机器工作于 VH 或 U 波段,则 VH 或 U 端子就为高电平。任何时刻,这三个端子只能有一个为高电平,且这三个端子电压能按波段的不同而进行转换。例如,将机器置 VH 波段时,VH 端子就应转换为高电平。若不能转换,就会出现收不到 VH 段节目的现象。对于只有 L/H 和 U/V 两个频段切换引脚的高频调谐器,正常时应为一高一低或两者都为高电平。

(3)调谐电压(BT 或 VT 端子电压)。

该端子电压用来控制机器的工作频道,当机器处于某波段时,若该端子电压低,机器就工作于该波段的低频道;若该端子电压高,机器就工作于该波段的高频道。在某个波段的最低频道时,VT 端子电压往往接近 0V;在某个波段的最高频道时,VT 端子电压往往接近 32V。

在搜索节目时,VT 端子电压会从 0V 向 32V 变化,每一个波段均如此。因此,可以根据这一特点来判断有无调谐电压送至 BT 端子。在调谐时,若 BT 电压不变,说明无调谐器电压送至 BT 端子,此时出现收不到节目的现象。在收看某一频道节目时,BT 端子电压应稳定不变。若 BT 端子电压不稳,就会出现跑台现象;若调谐时 BT 电压变化范围变窄,会出现收台少的现象。当 BT 电压涌降到规定值(一般为零点几伏)时,可能出现低端节目收不到,当 BT 电压不能升到规定值(一般为 30V 左右),可能了同岁高端节目收不到。

BT 电压异常,有可能是调谐器 BT 端子内部电路漏电,也可能是调谐电压形成电路或 PU 有故障而引起的。

(4)高频调谐器的 AFT 端子电压。

AFT 端子电压用来稳定本振频率,它能体现调谐准确度。在调谐器和中频通道采用 12V 供电时,AFT 端子的静态电压为 6V 左右,动态电压为 2~8V 之间的某一值。在调谐时,用万用表测量该端子电压,应大幅度摆动;若不摆动,说明 AFT 电路有问题。在收看某一频道节目时,该端子电压应基本稳定;若不稳定,就会产生跑台现象。

目前绝大部分遥控彩电都采用数字式电路,中放电路输出的 AFT 电压送往 CPU,有些机型使用的高频调谐器无 AFT 端子;有些机型虽有 AFT 端子,但一般是用分压电阻对 12V 电源电压进行分压后,得到一个 6V 左右的固定偏压,加到高频头的 AFT 端。

(5)高频调谐器的 AGC 端子电压。

AGC 端子电压用来控制调谐器内部高放电路的增益。当中频通道和调谐器采用 12V 电压供电时,AGC 端子在无信号或弱信号时的电压为 6~6.4V(采用 5V 供电时,AGC 端子在无信号或弱信号时的电压为 3.5~4V);强信号时,AGC 端子电压下降,信号越强,电压下降越多,但一般不会低于 2V。当 AGC 电压不正常时,轻则引起图像不清晰,重则无图像。

(6)CPU 的调谐端子电压。

CPU 的调谐端子一般标有"VT"(或"BT""TUNER""TUN-ING")的字样。在调谐时,CPU 的调谐端子电压应在 0～5V 变化;若不变化,说明 CPU 内部或调谐端子外部电路有故障。在收看某频道节目时,调谐端子电压应稳定不变;若不稳定,则会出现跑台现象。

(7)CPU 的波段控制引脚电压。

CPU 的波段控制引脚有两个或三个,分别标为 BAND1、BAND2 或 VL、VH、U。在切换波段的过程中,这两个或三个引脚的电压组合要能跳变;若不能跳变,说明 CPU 内部有问题。

3. 高频调谐电路的常见故障分析和检修思路

(1)无图像、无伴音,各频段均收不到电视节目。

如果光栅正常,但无图像和伴音,说明扫描电路工作正常,故障应发生在公共通道。但故障是否在高频调谐器及外围电路,还需进行判断。判断方法如下所述。

绝大多数遥控彩电设有蓝屏功能,当碰到无图像、无声故障时,应先取消蓝屏功能,再根据障碍现象判断故障范围(有关蓝屏的取消方法,将在遥控电路的检修中进行介绍)。

取消蓝屏功能后,焊开高频调谐器中频输出点与中放的接点,用万用表或金属工具碰触中放通道的中频信号输入端,如果光栅上有明显的雪花点闪动,表明中放通道基本正常,故障很可能在高频调谐器及外围电路。这部分电路的检修流程如图 2-4 所示。

(2)整机灵敏度低、画面不清晰,有雪花、噪声干扰。

造成此类故障的主要原因及排除故障方法如下:

①接收的信号太弱,应对信号输入线或天线进行检查。

②AGC 电压不正常,导致高放 AGC 启控过早。静态时,调谐器的 AGC 电压应为 6～6.4V(针对 12V 供电的调谐器而言);若太低,说明高放 AGC 启控过早。

③调谐器本身有问题,如本振频率偏移、灵敏度下降等,应更换

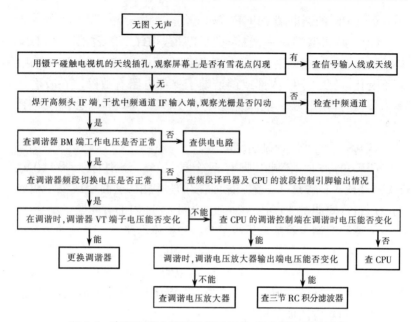

图 2-4　高频调谐电路导致的无图像、无声故障检修流程

调谐器。

（3）跑台（逃台）。

跑台也称为逃台、频漂、图像漂移。它的故障现象：刚开机时彩色、图像和伴音均正常，但连续收看时间一长，图像彩色、伴音质量逐渐变差，随后消失。有时重调谐率微调后，又可捕捉到图像和伴音，过一段时间后再次跑台。

①外部电路故障：将调谐器的 BT 脚和 AFC 脚暂时与线路脱离开，再测外部提供的 BT 电压是否波动。若电压仍然不稳，可确定是由外部电压故障引起的，应重点对三节 RC 积分滤波器中的电容进行检查。如果 AFT 电压不稳定，应重点检查中频通道的 AFT 中周及图像中周。

②高频调谐器内部故障：若高频调谐器的 BT 脚与外电路脱离开后，测试时发现外部提供的 BT 电压回升，且十分稳定，说明电压

波动是由于高频调谐器内部故障引起的。可用万用表判断高频调谐器的 BT 脚是否漏电。高频调谐器内部漏电引起的跑台,一般应更换高频调谐器。

(4)某一频段收不到电视节目。

由于只有一个波段收不到节目,而其他两个波段皆正常,说明调谐控制是正常的,应重点检查波段切换电压。可先将电视机调至故障波段,测量调谐器的波段控制电压是否正常。若不正常,应查波段切换电路;若正常,应更换调谐器。

(5)某一频段的高端或低端收不到电视节目。

对于此类故障,主要是检查调谐器电压的变化范围是否变窄。可焊开高频调谐器的 BT 引脚,测量外部提供的 BT 电压在搜索时是否能达到 0.5～30V。如果能够达到,表明选台电路正常,故障在高频调谐器内部;反之,故障在调谐电压形成电路。

第二节　中频通道的维修

一、中频通道的结构组成与工作原理

(一)中频通道的结构组成

中频通道由前置放大器、中频滤波器、中频放大器、AGC(自动增益控制)电路、ANC(自动噪声控制)电路、AFT(自动频率微调)电路、视频检波器和预视放等电路组成,见图 2-5。

1. 中频滤波器

在高频调谐器与中频放大器之间,通常接有中频滤波器,它具有选频和滤波的作用。彩色电视机中使用的中频滤波器主要有分立元件滤波器(由电感器和电容器等串、并联组成的吸收回路)、集总滤波器(由印制电感器和高频瓷片电容器等组成)和声表面滤波器三种,其中声表面滤波器最常用。

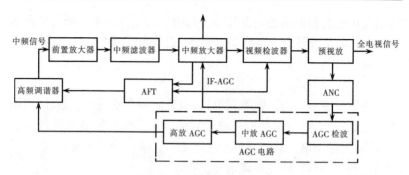

图 2-5　中频通道电路的组成

彩色电视机中使用的声表面滤波器与黑白电视机中使用的声表面滤波器内部结构相同，只是黑白电视机中使用的声表面滤波器有37MHz(旧)和38MHz(新)两种规格，而彩色电视机中使用的声表面滤波器均为38MHz。

2. 前置放大器

为了补偿声表面滤波器的插入损耗，实现高频调谐器与中频放大器之间的良好匹配，通常在高频调谐器的中频输出端与声表面滤波器之间增加了一级由三极管和有关外围元件组成的前置放大器(也称预中放级)，如图 2-6 所示。

高频调谐器输出的中频信号，先经前置放大器放大及声表面滤波器选频、滤波后，再送往中频放大器。

3. 中频放大器

中频放大器简称中放，是一个多级的高增益放大电路，分立元件中频放大器有三级参差调谐放大器和三级宽带放大器等几种结构，集成中频放大器的基本单元是增益受中放 AGC 电压控制的差分放大器。

中频放大器决定着整机灵敏度、选择性等主要指标，它要有40dB 以上的放大增益；应适应残留边带传输特性的要求；对图像信号中的高、低频分量有较好的兼顾；对 31.5MHz 的伴音中频要进行适度衰减，以避免色度中频与伴音中频产生的 2.07MHz 差频信号

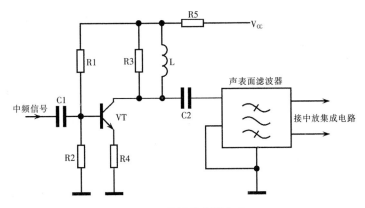

图 2-6　前置放大器电路

对视频信号产生干扰；中放电路要有自动增益控制，稳定性要好。

4. 视频检波器

视频检波器的作用是从中频放大器放大输出的中频信号中取出复合全电视信号。

分立元件视频检波器是用两只二极管作视频检波器，它采用亮度分离方式（用一个检波器检出伴音信号和色度信号，用另一个检波器检出视频信号）或伴音分离方式（用伴音检波器检出伴音中频信号，用视频检波器检出彩色全电视信号）工作。

集成视频检波器采用双差分同步检波器，它需要输入两路信号：一路为中频放大器输出的待检波的中频信号；另一路为限幅放大后的等幅波中频信号（该信号作为同步检波器的开关信号）。检波后获得彩色全电视信号与 6.5MHz 第二伴音中频信号（该信号由38MHz 图像中频信号与 31.5MHz 伴音中频信号差频后产生），再经预视放电路放大后输出。

5. AGC 电路

AGC（自动增益控制）电路由 AGC 检波、高放 AGC（RF-AGC）、中放 AGC（IF-AGC）等电路组成。

AGC 检波电路将彩色全电视信号中的同步头电平切割下来，并对其进行放大和平均值检波,用产生的 AGC 电压通过中放 AGC 电路和高放 AGC 电路分别控制各级中频放大器和高频调谐器中高放管的放大增益。

AGC 电路有键控型 AGC、峰值型 AGC、平均值型 AGC 和放大型 AGC。中频集成电路中的 AGC 电路多采用带黑白噪声抑制的键控型 AGC 电路。

6. AFT 电路

AFT 电路也称自动频率微调电路,由限幅放大器、移相器、鉴频器和直流放大器等电路组成。

鉴频器也称栅检波器,集成中频电路中通常采用双差分鉴频器。它也需要输入两路信号:一路是经限幅放大器限幅放大后的图像中频信号,另一路是经过移相器移相 90°后的图像中频信号。两信号在鉴频器内进行频率、相位比较,用产生的误差电压去自动控制高频调谐器中本机振荡信号的频率。

7. ANC 电路

ANC(自动噪声抑制)电路由白噪声抑制电路和黑噪声抑制电路组成。

白噪声是指比白电平幅度还要大的干扰尖脉冲信号,它在光栅上将产生比正常白色还要白的噪声点。黑噪声是指超过消隐电平、比黑电平还低的干扰脉冲,它除了会在光栅上产生黑噪点外,还会影响同步电路的正常工作。

自动噪声抑制电路通常是将视频信号中的干扰脉冲切割下来,经过倒相后再叠加到原视频信号中,利用此相位相反的脉冲信号把原干扰脉冲抑制掉。

8. 常用的中放集成电路

彩色电视机的中频通道电路普遍采用集成电路。例如,松下 M11机芯和 M12 机芯采用 AN5132,东芝 X-53P 机芯、X-56P 机芯和胜利 X-53P 机芯、X-56P 机芯均采用 TA7607AP,东芝 L851 机芯、胜利 CX-MⅢ芯采用 TA7680AP,三洋 83P 机芯采用 M51354AP,日立 NP8 机芯采用 HA11215,日立 NP80C 机芯、NP82 机芯采用 HA11440,索尼 XE-3 机芯采用 CX20015,飞利浦 CT 机芯采用 TDA3541,夏普 NC-1T 机芯采用 IX0388CE,夏普 NC-2T 机芯采用 IX0718CE(与 TA7680AP 内电路相同),夏普 NC-3T 机芯用 IX0602CE。

(二)中频通道的工作原理

1. 视频同步检波器的工作原理

视频同步检波器的功能是将调制在载波上的视频信号检测出来,目前都采用集成电路来完成这一任务。视频同步检波器的电路框图如图 2-7 所示。

来自调谐器的中频信号首先送到集成电路 AN5110 的①脚和㉘脚,在 IC 内进行中频放大,然后经过⑦脚和⑨脚的外接干扰噪波吸收电路,分别送到图像中频放大器和中频载波放大器。图像中频信号放大后,送到同步检波器;中频载波放大器把图像载波从图像中频信号中(经谐振选频)提取出来并进行放大,再经限幅处理后将中频载波信号也送到同步检波器。这样,使图像中频信号与其载波信号保持了同频同相的关系,以适应同步检波器的要求。同步检波器完成对视频信号的检波。

2. 消噪电路的工作原理

这里的噪声是指大幅度的脉冲干扰,如电火花、雷击等产生的电磁场通过调谐器和中频放大电路后,与视频信号同时被检波出来。如果不把这些脉冲干扰去掉,它们进入同步分离电路后,将破坏行、场振荡器的同步工作。在中频系统采用峰值 AGC 检波时,此干扰将严重破坏中频电路的工作。因此,在中放 AGC 电路之前还加有噪声抑制电路,它把这些干扰脉冲从视频信号中抑制掉。噪声抑制电路的形式是很多的,其作用原理都是设法将视频信号中超过某电压的干扰脉冲切割下来,经过倒相后又叠加到原视频信号中,由于干扰脉冲的极性相反,正好把原干扰脉冲抑制掉。

噪声通常分为白噪声与黑噪声两类,白噪声是指视频信号中比

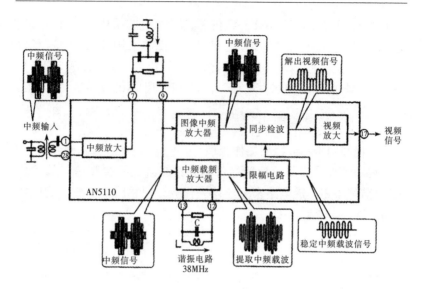

图 2-7　视频同步检波器的电路框图

白电平更"白"的干扰脉冲。当输出的白噪声干扰脉冲达到或超过一定的电压(6.2V)时,白噪声抑制电路可切出此脉冲,并于倒相之后又混入此信号中。结果,干扰脉冲就被抑制掉了。

黑噪声是指超过消隐电平,比黑电平还"黑"的干扰脉冲。一般来说,只有超过同步头的黑干扰脉冲才能被抑制掉。

3. AGC 与 AFT 电路工作原理

1) AGC 电路工作原理

图 2-8 为 AGC 电路的实例。检波后的视频信号首先送入键控式噪声抑制电路,而后送入 AGC 电压产生电路。生成后的 AGC 电压分别送去控制中放 1 和中放 2 的增益。当信号强时,控制电压下降,使中放增益下降;当信号弱时,控制电压上升,使中频增益上升,达到稳定视频信号幅度之目的。为了使 AGC 电压控制稳定而平滑,特增设了 C1、L1、C2 等滤波电路,其中 L1 用于防止同步脉冲前沿引起的瞬态振荡现象,而 C2 则滤去 AGC 电压中的高频成分。

中放 AGC 电压经过 R1、C3 滤波之后,又送入高放 AGC 电路。

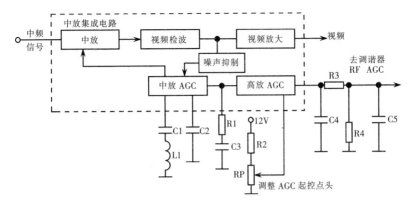

图 2-8 AGC 电路实例

高放 AGC 的输出控制电压,经过 C4、R3、R4、C5 等组成的平滑滤波电路之后,又去控制调谐器高放级的增益。当信号弱时,控制电压升高,使高放增益提高;当信号强时,控制电压下降,使高放增益降低,从而保持了视频振幅的稳定性。

另外,有 +12V 的电压通过电阻 R2 和电位器 RP 的分压,送入高放 AGC 电路。改变此电压,可以改变高放 AGC 的起控点(提前或延迟),即改变了高放级的延迟控制特性。

2)AFT 电路工作原理

像分立元件电路一样,集成电路自动频率微调电路也是为了克服本振频率偏移而设置的,AFT 原理方框图如图 2-9 所示。在具有视频同步检波的中放集成电路中,已经得到了图像中频载波(38 MHz),它经过缓冲输出后,进入 AFT 电路,再经过限幅放大后进入鉴频器。鉴频器的主要作用:当此中频载波频率和标准中频值一致时,就输出一个零误差信号;若此中频偏离标准中频值时,就输出一个正的或负的误差信号,并经过直流放大器后去控制本机振荡器中的变容管,进行频率微调,使中频信号频率自动回到标准值(但还有一定的剩余频率误差)。电路不断地检测误差,不断地进行微调,是一个动态的自动控制过程。这样,在收看节目时,由于温度等变化所引起的本振漂移将自动得到补偿。

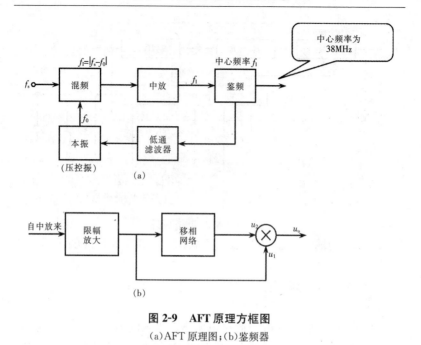

图 2-9　AFT 原理方框图

(a)AFT 原理图；(b)鉴频器

二、中频通道的故障检修

(一)图像中频处理电路的常见故障

图像中频处理电路的故障不仅影响图像,还影响伴音,并对彩色也有影响。在分析图像中频处理电路的故障时,应根据看到的图像质量缺陷和听到的伴音优劣与有无进行分析、判断,并初步确定故障范围与大致部位。

需要指出的是,某些故障现象是公共通道中许多电路所共有的,如高频头、前置中频放大器、声表面波滤波器、图像中频放大器、视频检波、预视放及 AGC 等电路中任何一部分发生故障,都可能产生所有频道无图像、无伴音、仅有光栅的现象。本节在分析故障时,只对图像中频处理电路可能存在的故障进行讨论。

1. 前置中频放大电路及 SAWF 的故障现象

当前置中频放大电路及声表面波滤波器（SAWF）出现故障时，将有如下现象。

（1）有光栅，无图像、无伴音，雪花噪点稀少。

故障现象：开机后，光栅正常，各频道均收不到电视信号，屏幕上雪花噪粒子淡、稀、少，无伴音；或者某些频道能收到图像，但图像淡，雪花噪点显著。

故障原因分析：前置中频放大电路（预中放）常见故障是前置放大管开路或击穿，声表面波滤波器常见故障是内部开路或短路，这两种情况都会使图像通道被切断，出现有光栅、无图像、无伴音的现象。前置中频放大电路中，发射极电容开路或集电极电感开路，将使前置中频放大电路增益下降，在信号较强的条件下，有时能收到较淡的图像、无彩色，雪花噪粒子明显。

（2）图像、声音不同步。

故障现象：当收看电视节目时，若将图像调谐到最佳效果，则无伴音或伴音小或伴音失真；而当伴音调到最佳效果时，则图像不清晰或不同步或无图像。

故障原因分析：声图不同步的故障原因主要是声表面波滤波器不良造成的。

2. 集成电路 TA8690AN 的故障现象

集成电路 TA8690AN 中包括中频放大、视频检波及放大、AGC 及 AFT 电路。TA8690AN 集成电路出现故障时，将有如下现象。

（1）有光栅，无图像、无伴音、无雪花噪点。

故障现象：开机后，光栅正常，各频道均收不到电视信号，屏幕几乎无雪花噪点，且光栅白、淡，无伴音。

故障原因：这是比较典型的图像中频处理电路故障。在公共通道中，中放电路的增益达 50～60dB，一旦图像中频放大电路、视频检波电路或视频放大电路发生故障，将使图像及伴音信号中断，而呈现有光栅、无图像、无伴音、无雪花噪点的故障现象。

（2）图像上部扭曲、不稳定。

故障现象：接收电视信号时，伴音正常，图像对比度强、上部扭曲；严重时，行、场均不同步，图像杂乱无章。

故障原因：这种故障现象是图像中频处理电路内 AGC 电路发生故障时所特有的。

在集成电路内，消噪电路的另一路输出是加到中放 AGC 电路的，以便形成 IF AGC 信号，控制中放的增益。同时，还从中放 AGC 电路分出一路，作为射频自动增益控制源 RF AGC。由于中、高放同时加入了 AGC 电路，所以较好地保证了彩电在接收强弱信号时整机灵敏度的稳定性。AGC 电路发生故障时，使高频头内高放电路失控或图像中频集成电路内中放电路失控，一般有如下情况：

①彩电高频头上的高放管都采用双栅场效应晶体管，故 AGC 均为负向 AGC。当 AGC 输出电压过高时，会使 RF AGC 失控或 RF AGC 与 IF AGC 都失控。一般若只有 RF AGC 失控，仅图像上半部扭曲；若 RF AGC 与 IF AGC 均失控，则整幅图像杂乱无章。

②当 AGC 输出电压过低时，则使高频头内高频放大电路的增益或图像中频放大电路增益下降。若仅 RF AGC 电压低，则故障现象为图像淡、雪花噪粒子明显；若 RF AGC 与 IF AGC 电压均低，则将呈现有光栅、无图像、无伴音、无雪花噪点或图像与行、场均不同步的故障现象。

（3）图像暗淡，左右杂乱扭动，不能形成清晰稳定的图像。

故障现象：接收强信号时，出现杂乱扭曲现象；偶然出现图像无彩色或彩色不正常。接收弱信号时，有时可出现稳定的图像，有彩色，但噪点大。

故障原因：初看这种故障现象与 AGC 电路不起控制作用的故障相似，但进行调整时却不起作用，其实质是中放电路失谐故障。

中放电路失谐，就是中频放大器谐振回路的元件损坏或变质，使中放频率曲线产生异变，从而造成电视机不能正常工作。由于色度信号在图像信号的高频端，而且频带又窄，中放回路只要有轻微的失谐，色度信号就会受到较大的影响，引起图像信号的高频成分不足，使彩色不正常。这时极易造成误判，以为是色度通道的故障。

中放电路失谐后，荧光屏上反映的故障现象是多种多样的。失谐严重时，故障现象较为复杂。修理这类故障时，可以使用扫频仪检测中放频率特性曲线，通过观察中放频率特性曲线的形状，能够直观、准确、快速地确定是不是中放失谐。

（二）图像中频处理电路故障检修方法

综上所述，图像中频电路故障一般表现为无信号时屏幕噪波点稀薄或无噪波，有信号时无图像等。比较常见的检查方法是用小螺钉旋具的金属部分碰触 TA8690AN 的第⑨、⑩脚，屏幕应有较大的干扰噪点。若有噪点，说明 TA8690AN 内部电路基本正常。可再碰触 Z201 输入端，正常时也应有较大的干扰噪点。若无，多为 Z201 不良；若有，应检查预中放、高频头及天线端子。若干扰⑨、⑩脚无噪点，应测量 TA8690AN 的㊹脚供电电压及⑥、⑦、㊺、㊻、(51)等脚的外围电路是否正常。若正常，应考虑是否为 TA8690AN 本身不良。

1. 电压法检测图像中频处理电路

（1）通过测量预中放管各极电压来判断预中放级电路的工作情况。一般预中放管基极电压为 1.1V 左右，发射极电压为 0.4～0.6V，集电极电压为 8.4～11V。

（2）检测中频处理集成电路各引脚的电压。其中包括中频 IC 工作电压 V_{cc}、中频信号输入引脚电压、视频检波相关引脚的电压、AGC 相关引脚的电压及视频输出端电压等。通过检测以上关键点的电压，缩小故障范围进行检查。要注意的是，图纸上标示的电压多为有信号接收状态下的电压，即动态电压，它会因接收节目信号的不同而稍有不同，应注意积累经验，以帮助判断。

2. 替换法检测图像中频处理电路

声表面波滤波器性能变差会影响图像的质量，可用替换法来进行判断，或采用以下方法来判断：断开声表面波滤波器的输入、输出端,然后用一只 $0.01\mu F$ 的瓷介电容代替它,看图像及声音是否恢复正常。若图像和声音恢复正常,可判断故障在声表面波滤波器;否则,故障不在声表面波滤波器。

3. 波形法检测图像中频处理电路

用示波器检测中频处理电路各测试点的波形,因公共通道的信号走向是由前往后,各级之间不存在信号反馈,因此,测试时可以直观地判断出测试点及以前电路是否正常。

4. 信号注入法

其方法是:用手握金属镊子,触动中频 IC 视频信号输出端、中频信号输入端、声表面波滤波器输出输入端、预中放集电极/基极、高频头 IF 输出端和天线输入端。一般来讲,触动中频 IC 视频信号输出端、中频信号输入端时,屏幕上的反应较为明显,而声表面波滤波器输入端的反应不如输出端,预中放的集电极亦不如基极,高频头天线输入端强于 IF 输出端。这些试验的结果若正常,可判断公用通道各级放大器及级间的信号传输电路正常,但不能说明高频头的选台、中频信号的频率选择及相关的元件是否正常,如 38MHz 中周、声表面波滤波器等。

5. 检查 38MHz 中周和 AFT 中周

检查 38MHZ 中周内和 AFT 中周内是否有谐振电容,检查该电容器是否发黑、变质,以判断中周是否损坏。

三、中频通道常见故障检修实例

(一)TB1240 单片机的中频电路介绍

TB1240 单片机的中频电路如图 2-10 所示。

(1)图像中频电路出现故障时,其外部特征是有光栅、无图像、无伴音;或有光栅,但图像伴音质量差。如果通过操作遥控器,可使屏幕字符显示正常,但始终无法调出正常的图像和伴音,其故障点可能存在于图像中频电路。可继续操作遥控器检测、分析故障点的大致

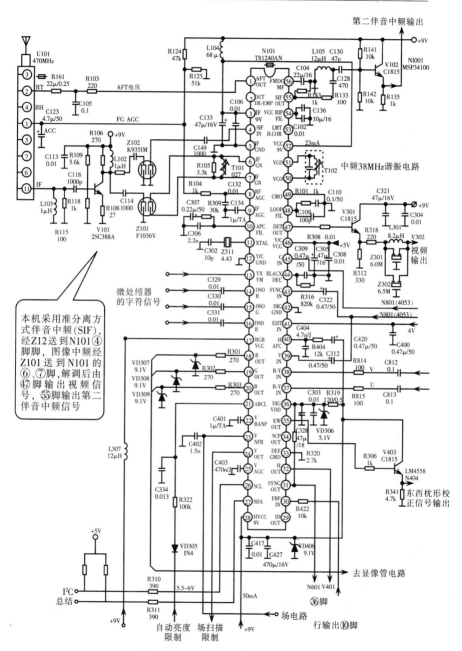

图 2-10 TB1240 单片机的中频电路

部位。若取消蓝屏静噪功能后,屏幕出现密集的噪波点,则故障点可能在高频调谐器电路或天线输入回路;若屏幕噪波点稀少,则故障点可能在与 TB1240N 集成电路有关的中频电路。

(2)TB1240N 的③、⑰、㉘、㉒脚为 9V 供电电源,㊱、㊻脚为 5V 供电电源。在检查以上脚位电压正常的情况下,可将 TB1240N 的⑥、⑦脚接地,测量⑨脚直流电压,应为 7.5V 左右,正常接收时⑨脚的中频 AGC 电平在 3.8～7.5V;测量⑧脚直流电压值,应为 4.5V 左右,正常收看时⑧脚的射频 AGC 电平应在 2～4V。若以上参数不正常,则可通过 I²C 总线调节来合理设置参数,以提高图像质量。假如接收中等强度信号时,图像存在较多噪波点,则可在服务模式上适当提高射频 AGC 值,加大高放电路增益,使噪波点消失或减少。

(3)高频调谐电路中的调谐放大三极管和供电电路的稳压管、分压电阻以及预中放电路的三极管和声表面波滤波器均是易损件,可按常规电压检测法和电阻测量法进行检测,判断是否存在失效元件。若集成电路外围元件正常,可怀疑为 TB1240N 内部硬件故障,可用代换法检修。

(4)通过电压测量法检查 TB1240N 集成电路各脚位电压时,注意不要用万用表去测量 TB1240N⑪脚电压,因为变动⑪脚电压可能使再生副载波频率受到影响,从而导致行输出三极管击穿。

(二)检修实例

【实例1】海信 TC-2989 电视机图像伴音噪声大。

故障现象:播放影碟机节目时正常,收看电视节目时图像及伴音均不良。

故障分析:收看电视节目时伴音及图像均不正常,应检查中频电路。海信 TC-2989 彩色电视机的中频电路如图 2-11 所示,该机可接收多制式电视节目,N101(TDA9808)为中频电路,N102(TC4052BP)为制式切换开关。

视频图像信号经检波后由 N101⑨脚输出,通过不同制式的第二

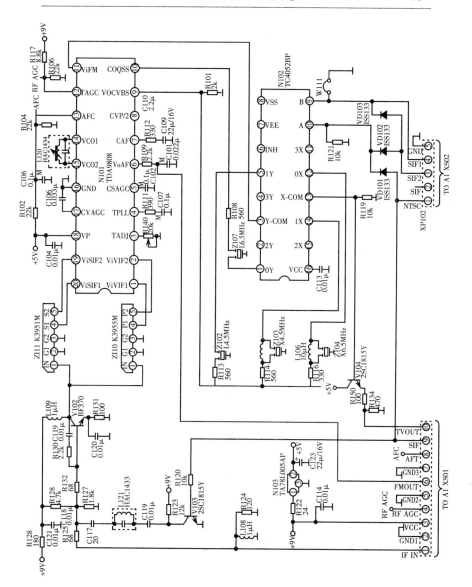

图 2-11 海信 TC - 2989 彩色电视机的中频电路

伴音中频吸收电路后送入 N102,经切换后由 N10213 脚输出视频图像信号。伴音信号由 N101⑥脚输出。如伴音与图像均不良,应重点检查 N101。

故障检修:参照图 2-11 试微调 N101③脚的 AGC 调整电位器 R140,无改善,则恢复原状;试微调 N101⑭、⑮脚外的中频谐振线圈 L120,有改善,但不能到最佳状态。更换 L120 后重新微调,图像与伴音均恢复正常,故障排除。

【实例 2】康佳 A1488N 彩色电视机接收电视节目时,图像正常,但伴音不良。

故障现象:伴音噪声大,声音不清晰。

故障分析:康佳 A1488N 彩色电视机的中频电路采用准分离方式,调谐器输出的中频信号分别送到图像中频电路和伴音中频电路,应重点检查伴音中频电路及低频放大电路。

康佳 A1488N 的伴音中频解调电路如图 2-12 所示,伴音中频信号由调谐器输出,经预中放后分成两路,伴音中频信号经声表面波中频滤波器 Z102,将中频送到 N102(TDA9801)的①、②脚,在 N102 中进行中频信号放大和解调(检波),将第二伴音中频信号提取出来,

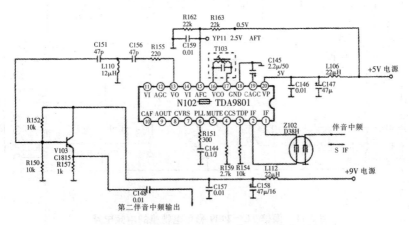

图 2-12　康佳 A1488N 的伴音中频解调电路

再由 N102⑬脚输出,经 V103 缓冲放大后,作为第二伴音中频信号输出,并送往音频信号处理电路(包括普通伴音和丽音),进行处理和放大。

故障检修:重点检查 Z102、N102、T103 和 V103,微调 T103 有改善;用无感应螺丝刀仔细微调 T103 的磁芯,使伴音达到最佳状态,故障排除。

第三节　伴音电路的维修

一、伴音电路的结构组成与工作原理

(一)伴音电路的作用与要求

伴音电路的作用是对第二伴音中频信号进行放大、鉴频、低频放大和功率放大,推动扬声器发声。对伴音电路不但要求有一定的输出功率、足够的信号带宽、失真度小,还要能对不同的伴音制式自动转换。

(二)伴音电路的结构组成及工作原理

伴音电路的组成框图如图 2-13 所示,它包括伴音制式转换电路、伴音放大、鉴频、低放和功放电路等。

1. 伴音制式转换电路

对第二伴音中频的选择切换一般有两种方式:一种方式是对第二伴音中频信号进行再混频。在图 2-13 中,利用一个振荡器产生出0.5MHz 的正弦振荡信号,该信号与预视放输出的第二伴音中频信号(6.5 MHz 或 6.0MHz)混频,在混频电路后接一个频率为6.5MHz或 6.0MHz 的选频器(选择与伴音中放电路工作频率相同的频率,为分析方便,假设选频器工作频率为 6.0MHz)。这样,无论输入的是 6.5 MHz 还是 6.0MHz 的第二伴音中频信号,混频后都会

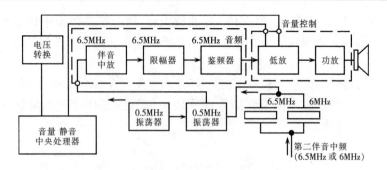

图 2-13   伴音电路框图

有 6.0MHz 的第二伴音中频信号产生。

另一种方式是通过串接在伴音通道上的两个滤波器来实现第二伴音制式的切换,其电路模型如图 2-14 所示。

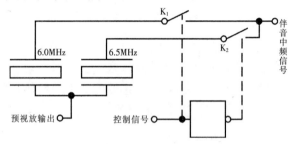

图 2-14   伴音制式转换电路

在预视放电路的后级并接有 6.5 MHz 和 6.0MHz 两个滤波器,每个滤波器分别串接一个电子开关后,再并联接入伴音通道。电子开关受来自微处理器相关控制端输出电平的控制。这样,可以通过微处理器输出电平的高低来对伴音制式进行转换。

2. ATT(自动电子音量控制)电路

对分立元件的电视机,音量控制是通过调节电位器衰减实现的;而对遥控电视机,它是通过直流控制电压来实现对音量控制的,通过调节直流控制电压来改变放大器的电流分配,进而改变放大器的增益,实现对放大器输出信号控制的目的。遥控电视机的音量控制信号由微处理器提供。

3. 静噪电路

电视机在开启电源或切换频道时,扬声器会产生"噗噗"声。对此过程如不采取措施,不但会在扬声器中流过很大的电流,使扬声器的可靠性降低,而且使人感到很不舒服,因此,在新型电视机中都采用了静噪电路。

实现静噪的方式有很多,一般都是在需要静噪期间短路音频信号的某一部分电路短路,从而使噪声不能到达扬声器。图 2-15 为常用的伴音静噪电路模型。

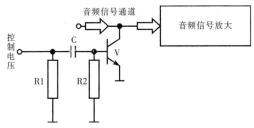

图 2-15　伴音静噪电路模型

图 2-15 所示的静噪电路模型中,在音频信号的通道上接一个电子开关(由三极管组成)。当接通电源或转换频道时,电子开关导通,音频信号通道上的噪声信号通过电子开关到地,扬声器不会发出任何声音。经延时一定时间后,电子开关自动断开,有用的音频信号可顺利到达扬声器,这样就可实现在开启电源或转换频道时对伴音的静噪作用。电子开关的控制信号可用来自行输出变压器的逆程脉冲或其他控制信号。

(三)实用伴音电路分析

图 2-16 为康佳 T5429D 彩色电视机的伴音通道组成。

由 LA7688N 的⑧脚输出的彩色全电视信号和第二伴音中频信号,经过 V184 缓冲放大后,从其发射极输出。由于第二伴音信号与彩色全电视信号的频谱不同,因此,采用由 C201、L201 和 C202 组成

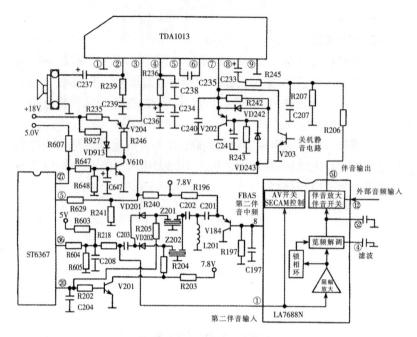

图 2-16 实用伴音通道电路

的高通滤波器即可把第二伴音中频信号取出来。滤波后得到的第二伴音中频信号经过伴音制式切换电路后，送到 LA7688N 内部的伴音限幅放大电路，放大后的信号一路直接送鉴频解调电路，另一路送锁相环电路。锁相环电路根据输入信号的相位，锁定内部压控振荡器的振荡频率，从而获得一个相位稳定的开关信号（频率为6.5 MHz 或 6.0MHz）。此信号经-90°移相后，也送到同步鉴频电路。鉴频器利用 PLL 电路的稳定开关信号，将第二伴音中频的频率变化转换成相位的变化，然后再利用双差分模拟乘法器电路的鉴相特性，把相位变化转换为幅度的变化，即所需要的音频信号。㉒脚外接去加重电容，用以消除载波干扰，恢复音频信号原来的幅频特性。

鉴频后得到的音频信号从㉑脚输出，经 R206、R245、C233 输入到伴音功放集成电路 TDA1013 的⑧脚。来自微处理器 ST6367⑤

脚的音量控制信号经 R269、R241、R242 送 TDA1013 的⑦脚。经功率放大并受 ATT 控制后的音频信号从 TDA1013 的②脚输出到扬声器。

另外，该电视机对第二伴音中频的切换和 TV/AV 选择的切换都是通过微处理器 ST6367 来实现的。其中，ST6367 的⑳脚为第二伴音制式切换控制端，㊱脚为 TV/AV 切换控制端。

当 ST6367 的⑳脚为高电平时，屏幕显示为 SYS-1，此时 V201 饱和导通，VD202 截止，VD201 导通，经高通滤波器得到的 6.5MHz 第二伴音中频信号可经 Z201 带通滤波器，经 C203 送到 LA7688N 的①脚内部的伴音限幅放大电路。同理，当 ST6367⑳脚的输出为低电平时，屏幕显示为 SYS-2，此时 V201、VD201 均截止，VD202 导通，6.0MHz 的第二伴音中频信号可通过 C203 送到 LA7688N 内部的伴音限幅放大电路。

当 ST6367 的㊱脚输出为低电平时，LA7688N 内部的 AV 开关处于关闭状态，接到 LA7688N⑫脚上的外部音频信号不能送进内部的伴音通道，此时 LA7688N(51)脚输出的是 TV 伴音信号；当 ST6367 的㊱脚输出为高电平时，LA7688N 内部的 AV 开关打开，①脚内的伴音限幅放大、鉴频等电路均处于关闭状态，此时(51)脚送出的是由外部输入的伴音信号。

二、伴音电路的故障检修

（一）伴音电路的故障原因

1. 无声故障

无声故障是指图像正常而无声音的情况，造成这种现象有以下几方面的原因：

（1）电源故障。伴音通道既有电压放大电路，也有功率放大电路，由多组电源供电，若缺某一供电电源，则会无声。这只要测量有关电压，就可准确判断。

（2）从产生第二伴音中频信号至扬声器的通道中，某串联元件开路或并联元件短路，都将中断信号传递，造成无声。

（3）有关选频回路严重失谐，如 6.5MHz 滤波器、鉴频调谐回路失调等，将无法检出声音信号。

（4）电子衰减器直流控制电压失常，出现故障的部位可能是直流音量控制电位器损坏；或是因静噪、静音电路故障，使其固定于静噪或静音状态；也可能是微处理器控制电路输出的音量控制电压通路故障。对无声故障的检查、排除，宜采用从输出电路级逐级向前输入信号的方法来进行，有经验的也可用改锥逐级碰触各级输入端，根据扬声器发出的噪声大小来判断故障位置，并做相应处理。

2. 声音小故障

凡造成上述无声现象的故障部位都可以酿成声音小的故障，可采用处理无声故障的方法，检查声音小的故障。此外还要注意，在设有中频变压的电路中，31.5MHz 伴音中频点若压缩过低，也会造成声音小，可通过调节中频耦合变压器或吸收回路线圈来排除故障。

3. 声音失真

一般原因：一是鉴频电路故障，主要是鉴频线圈失谐；二是音频放大电路有故障，特别是分立元器件的功放电路，部分元件损坏、工作点漂移及反馈电路中断等造成的非线性失真，都会造成声音失真。

（二）伴音电路的故障分析

音频信号处理电路如图 2-17 所示，音频功率放大电路如图 2-18 所示。这部分电路是由音频信号处理电路 IC601（AN5891K）、音频主功率放大电路 IC602（TDA8944）和低音功放电路 IC603（TDA8945）等部分构成的。

伴音解调和外部输入的音频信号经 AV 切换电路后，形成两个声道的信号（L、R）。这两个信号分别送到音频信号处理电路 IC601（AN5891K）的③脚和㉒脚，由微处理器电路 IC201 输出的 I²C 总线控制信号加到 IC601 的⑭脚（SDA 信号）和⑬脚（SCL 信号）。IC601

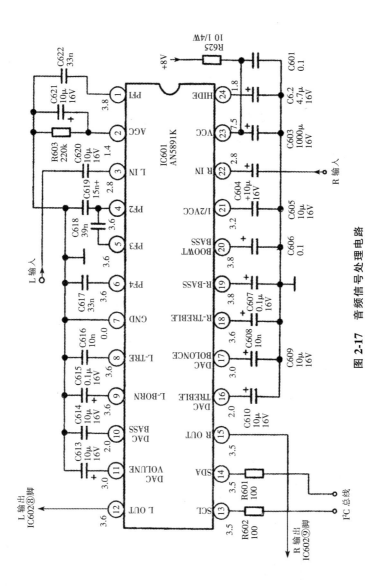

图 2-17 音频信号处理电路

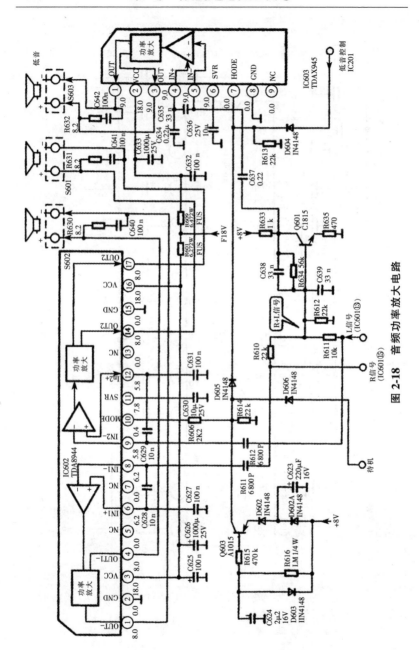

图 2-18　音频功率放大电路

对输入的 L、R 信号进行处理,包括音量、音调、立体声等处理。处理后,分别由⑫脚和⑮脚输出 R、L 信号,作为主声道的信号,分别送到 IC602 的⑨脚和⑧脚。IC602 对这两个声道的信号进行功率放大,放大后,⑭、⑰脚输出送到右扬声器;①、④脚输出到左扬声器。

左声道和右声道的输入信号分别由 R610、R611 输出,再经低通放大器 Q601 输出重低音信号,然后送到 IC603 的④和⑤脚。IC603 为重低音功率放大器,它的输出为①、③脚,接到低音扬声器上。

音频电路有故障,通常表现为无伴音、音质不好或有交流声。应先查供电,如供电失常,则会引起无声。其次是检测信号波形,波形消失的部位往往是发生故障的部位。通常可以用感应法进行检查,用螺丝刀或镊子触碰集成电路的信号输入端,正常时扬声器会有噪声;如无噪声,则表明有故障。

三、伴音电路常见故障检修实例

【实例 1】TCL-2980 彩色电视机伴音不良。

故障现象:收看电视节目时只有一个声道有声音。

故障分析:应分别检查两个声道的信号流程,音频电路的信号流程如图 2-19 所示。

TDA9859 为一般高保真(HiFi)电视伴音信号处理器,具有 I²C 总线控制接口,为㉜脚双列直插塑料封装结构,图 2-20 为 TDA9859 集成电路内电路方框图。TDA9859 具有以下基本功能:

(1)具有多信号源选择功能,可以切换六个音频信号输入端,即可以切换三个立体声信号源或六个单声信号源。

(2)具有交叉开关功能,即能把各自的输入信号切换到各自的输出端。

(3)具有内接扬声器通道的输出口,也有外接声音的 SCART 连接器输出口。

(4)可以选择空间立体声(对具有左、右声道的信号源)或虚拟立体声效果(对具有单声道的信号源)。

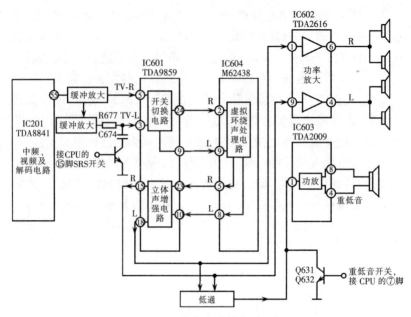

图 2-19　音频电路的信号流程

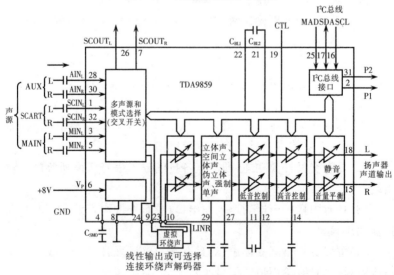

图 2-20　TDA9859 集成电路内电路方框图

(5)可以外加音频环绕声解码器,适用于 4：2：4 传输方式的信号源,即音源为四路信号(L、R、C、S),传输为两路信号,最后再通过解码器还原出四路环绕声信号。

(6)具有两路一般用途的模拟输出口,它可以作为立体声信号输出,也可以作为双语音信号输出。

(7)所有功能都能被 I^2C 总线控制,实现信源选择、强制声音模式(立体声、空间立体声、伪立体声、强制单声)、低音、高音、平衡、音量等调整、切换功能。

图 2-21 为 TDA9859 的应用电路图。电视机接收的伴音信号分别由③、⑤脚输入,⑨、㉔脚输出线性的 R、L 声道信号,并进入 SRS 音效处理电路。经处理后的 R、L 信号再由⑩、㉓脚进入集成电路内,继续完成音量控制、立体声模式控制、高低音及左右声道平衡调整等处理,再由⑱、⑮脚输出,进入音频功率放大器。TDA9859 引出脚的符号和功能见表 2-1 所列。

表 2-1　TDA9859 引出脚的符号和功能

引　脚	符　号	功　能
①	AIL	左声道输入
②	P1	空　脚
③	TVL	TV 左声道输入
④	CSMO	基准电压的平滑滤波电容
⑤	TVR	TV 右声道输入
⑥	VP	电源电压
⑦	VO6	空　脚
⑧	GND	接　地
⑨	LINE-R	主通道输入,右声道
⑩	V18	接 SRS
⑪	CBR1	低音电容连接器 1,右声道
⑫	CBR2	低音电容连接器 2,右声道
⑬	VO8	空　脚
⑭	CTR	高音电容连接器,右声道

续表

引　脚	符　号	功　能
⑮	R-OUT	接功放
⑯	SCL	串行时钟输入,I²C 总线
⑰	SDA	串行数据输入,I²C 总线
⑱	L-OUT	接功放
⑲	CTL	高音电容连接器,左声道
⑳	VO7	未连接
㉑	CBL2	低音电容连接器 2,左声道
㉒	CBL1	低音电容连接器 1,左声道
㉓	V17	接 SRS
㉔	LINE-L	接 SRS
㉕	MAD	模式地址选择输入
㉖	VO5	空　脚
㉗	CPS2	伪立体声电容 2
㉘	A2L	AUX 输入,左声道(辅助)
㉙	CPS1	伪立体声电容 1
㉚	A2R	AUX 输入,右声道(辅助)
㉛	P2	空　脚
㉜	AIR	右声道输入

下面分别介绍各部分的功能:

(1)声源选择开关。TDA9859 能把三个立体声信号源 AUX、MAIN、SCART 或六个单声信号源来的输入信号选择并切换到 SCART 接口或驱动扬声器的功率放大器。主声道(线性输出)可以在集成电路外部绕过,即从⑨、㉔脚输出,经过信号处理后又回到⑩、㉓脚。这样便于声音信号作线性输出,也便于插入环绕声解码器。在本机芯中插入了 SRS 虚拟环绕声处理器,也可以在 4∶2∶4 环绕声信号处理中,由两路传输信号解出四路环绕声输出。

(2)扬声器通道。扬声器通道的音量控制分为公用的音量控制和左右声道的音量控制。公用音量控制同时控制左右声道的音量

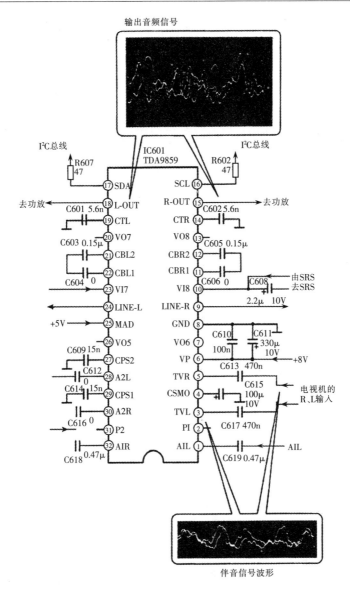

输出音频信号

伴音信号波形

图 2-21　TDA9859 的应用电路

（－40～＋15dB）；单独控制左、右声道的音量控制范围为－23～0dB,高音部分可控制范围为－12～＋12dB,低音部分可控制范围为－15～＋19dB。每步进为 2dB。

（3）效果控制。具有立体声、环绕立体声、单声等三种声效模式，以及静音效果。

（4）I²C 总线控制。所有控制量的预置值都被存储在副地址寄

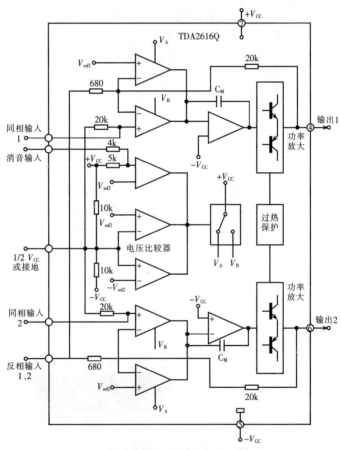

图 2-22　TDA2616Q 双声道功放内部电路框图

存器中,通过红外遥控器或面板按键,可以控制寄存器中的数据,使各模量的控制变得十分简单、方便。

故障检修:参照图 2-19 查 IC601⑮、⑱脚输出的 R、L 声道的信号输出,正常;查 IC602①、⑨脚的输入信号,正常(TDA2616Q 双声道功放的内部电路框图如图 2-22 所示);查 IC602⑥、④脚输出的音频信号,④脚输出正常,⑥脚无输出,表明 IC602 有故障,更换 TDA2616Q 后,故障排除。

第四节　视频、色解码电路的维修

一、视频、色解码电路的结构组成与工作原理

PAL 视频、色解码电路的功能是把视频全电视信号解调成红、绿、蓝三基色信号,或三个色差信号和一个亮度信号,提供给显像管。

(一)色度电路的构成和工作原理

图 2-23 是 PAL 视频(亮度)、色度信号处理电路的功能方框图。在图中,上面的是色度信号处理电路,视频全电视信号通过 4.43MHz 带通滤波器后,分离出色度信号。色度信号进入受自动增益控制的带通放大器,放大后分两路:一路去副载波恢复电路的色同步选通电路;一路去受自动消色控制(ACK)的色度信号放大电路,然后进入梳状滤波器。梳状滤波器包括一个一行超声波延时线,一个加法器和一个减法器。

梳状滤波器的信号流程:色度信号一路直接到加/减法电路,另一路经过一行超声波延时线后到加/减法电路。直通的色度信号和延迟一行的色度信号,在加法电路中分离出 V 信号(含 R-Y 信号),在减法电路中分离出 U 信号(含 B-Y 信号)。进入加减电路的直通信号和延迟信号幅度要相等,否则会造成爬行现象。V、U 信号分别被放大后,V 信号去 V 同步检波器,在 V 副载波参与下检出

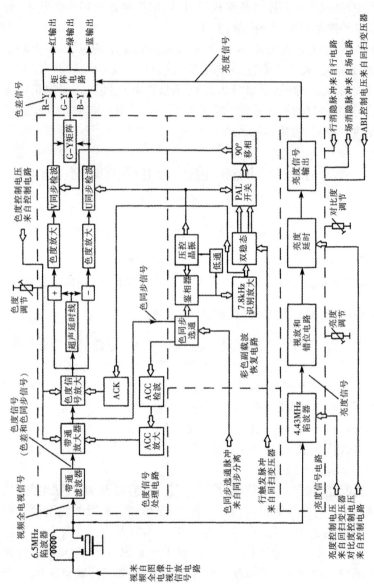

图 2-23　色度、亮度信号处理电路的功能框图

R－Y色差信号；U信号进入U同步检波器，在U副载波参与下检出B－Y色差信号，再经色差矩阵变换，就可得到G－Y信号。三个色差信号送到显像矩阵电路，与亮度信号一起可获得三基色信号，再送到显像管的R、G、B三个阴极。

上述解调过程需要有ACK(自动消色控制)电压、ACC(自动色度增益控制)电压及同步解调需要的0°相位的U副载波和90°相位的V副载波，它们都来自色同步基准色度副载波产生(恢复)电路。这个副载波的频率和相位必须与发射端完全相同，否则不能还原彩色图像或使图像质量变差。该电路就是把行同步肩上(代表发射端副载波频率和相位)色度信号基准的色同步信号取出，控制由石英晶体组成的压控振荡器，使振荡产生的4.43MHz左右的载波的频率和相位与之完全一致，并把0°和90°相位的副载波送到V、U同步检波器。其过程是色度放大器输出的色差、色同步信号送入色同步选通电路，在外来色同步脉冲的控制下，取出色同步信号，送入鉴相器。同时晶体振荡器产生的副载波也送到鉴相器，由于色同步是逐行倒相信号，鉴相器将会产生逐行倒相的半行频(7.8kHz)的方波，一路经平滑(低通)滤波后，产生直流电压(APC电压)去控制晶振电路，使输出载波与色同步信号同频、同相；另一路去触发双稳电路，控制PAL开关逐行倒相。这样，就使已同步的压控振荡器输出4.43MHz色副载波，经PAL开关及90°移相电路，做±90°移相后加到V同步检波器，以适应V信号的逐行倒相。由压控振荡器直接输出的另一路，送到U同步解调器。控制PAL开关的双稳态触发器，是在7.8kHz识别信号和回扫变压器送来的行触发脉冲共同控制下工作的，若缺少行触发脉冲，PAL开关的工作不会正常，有可能产生无彩色的故障。

(二)亮度信号处理电路

视频全电视信号通过4.43MHz陷波器去掉色度信号成分，取出亮度信号。经过放大、延时，由亮度输出电路供给矩阵电路，用以形成三基色信号。亮度信号可独立形成黑白图像,控制亮度信号的增益即为对比度调节,控制亮度信号的钳位电平(即控制亮度信号放大器的静态直流电位)即为(背景)亮度调节。此外,亮度电路还受行、场消隐脉冲的控制,以隐去回扫线;同时还受自动亮度控制(ABL)电压控制,故 ABL 电路故障也会出现亮度失控。

图 2-24 是长城牌 JTC471 型(东芝四片机)彩色电视机的亮度通道电路实例。

从中频通道检波输出的视频全电视信号经 6～5MHz 的陷波后,加到 Q201 的基极,Q201、Q202 构成直接耦合视频放大器电路。放大后的视频信号从 Q202 的射极隔离输出,然后分别送到亮度通道、色度通道和扫描电路。亮度信号经 Q203、Q204 放大,并经 W201 延迟、Q205 放大,最后由 Q205 的发射极输出。对比度控制电路(由 R256 及 G210 组成)加到 Q203 的基极,亮度控制电位器 R257、副亮度电位器 R255 加到 Q204 的基极。

1. 亮度和对比度调整

改变对比度通常是改变视频放大晶体管的负反馈量(改变放大器的增益),即改变视频信号的幅度。

亮度(含副亮度)调整电路,是将视放晶体管的基极通过电位器接到自动亮度控制(ABL)电压上,改变电位器可以使晶体管基极直流电压发生变化。由于亮度电路从本级到输出级都是直接耦合的,因此本级晶体管电压的变化也会使显像管的阴极电压发生变化,从而使得图像的亮度发生变化。

2. 回扫线消除电路

它是利用行、场回扫脉冲来控制视频放大器消除回扫线的电路。从行回扫变压器取得行脉冲,从垂直输出电路取得场脉冲,分别经过整形,使其有合适的幅度,且脉宽与消隐期相等。两个脉冲都加到 Q205 的基极,在行、场脉冲到达时,Q205 截止,使显像管的阴极电压上升,电子束流截止,从而消除了回扫线。

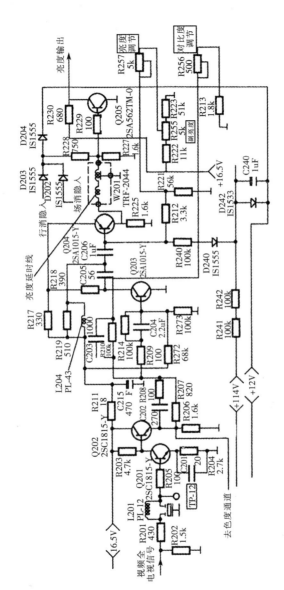

图 2-24　长城牌 JTC471 型彩色电视机亮度通道电路

3. 直流恢复电路(消隐电平钳位电路)

在亮度通道中,通过电容耦合会使信号中的直流分量丢失,从而使原来的图像明暗受到影响。图 2-25 给出的几种画面情况,就是丢失直流分量的例子。

从图中可看出,由于电容耦合失去了直流成分,三种画面在显像管上就会出现很大的亮度失真。因此,必须恢复直流电平,让视频信号的消隐电平保持住。

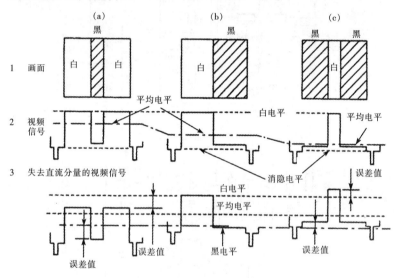

图 2-25 图像平均亮度与视频信号的平均电平的关系

直流电平恢复电路的原理见图 2-26。正极性的视频信号加到输入端Ⓐ,在Ⓑ点上加钳位脉冲,这个钳位脉冲是由行脉冲延迟 $5\mu s$ 后形成的,它刚好对应消隐电平的时刻。Q2 为视放晶体管,Q1 为钳位晶体管。当钳位脉冲到达时,Q1 饱和导通,使其集电极的电压被钳位到Ⓔ点;Q2 的基极电位几乎等于Ⓔ点电位(仅差饱和压降 0.1V)。当没有钳位脉冲时,Q2 变成截止状态,电容器 C 上的电荷放电。选择适当的放电电阻值,使Ⓓ点的电压可以保持到下一行,即下一个钳位脉冲的到达,这样就可以使视频信号中的消隐电平保持在一定的水平上。调节可变电阻 WR,就可以微调消隐电平的值,即微调图像的亮度。

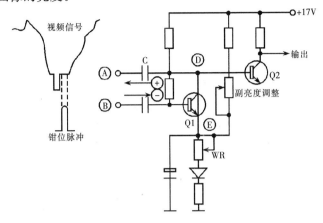

图 2-26　直流电平恢复电路

5. 自动亮度限制(ABL)电路

自动亮度限制电路是自动对显像管的最大亮度进行限制的电路,是使整个亮度电路形成一个大的负反馈环路,自动地稳定亮度通道的直流电平。图 2-27 是自动亮度限制电路的环路示意图。从图中可见,行回扫变压器次级高压线圈的负端接一只电容器,当高压线圈为显像管提供束流时,高压线圈的负端就会为电容器充电,充电的极性为上负下正。此电压经电阻接到 Q3 的基极上,这样就形成了一个负反馈环路。当显像管的束流异常增大时(图像变亮很多),由 115V 电源流过 120kΩ 电阻的电流增大,电阻上的压降亦增大,从而使高压线圈负端上的电容器的负电压变大。此电压反馈到 Q3 的基极,使基极电压下降。此电压的变化经 Q3、Q5、Q6 三次反向放大后,加到显像管的阴极上,从图中的符号不难看出,Q3 基极电压下降会使显像管阴极电压上升,这样的负反馈作用,可达到束流稳定(即亮度稳定)的目的。

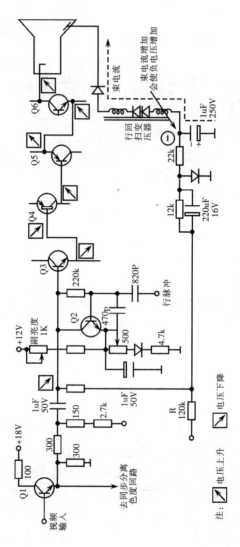

图 2-27　自动亮度限制（ABL）电路

二、视频、色解码电路的故障检修

(一)解码电路常见故障及检测方法

1. 解码电路常见故障

彩色解码电路的常见故障有由色度通道引起的无彩色、彩色色调不对、缺色、爬行等故障;由亮度通道引起的亮度信号丢失、光栅亮度异常(太亮或无光)、彩色镶边及对比度不够等。

2. 解码电路的检测方法

(1)直流电压检测法。直流电压检测法是检修集成电路的重要方法之一,与其他集成电路一样,当集成化的彩色解码器电路出现故障时,有关引脚的电压会发生异常。

(2)示波器检测法。用被测电视机接收彩条信号,再用示波器跟踪检测彩条信号在解码过程中的波形变换,可以准确而有效地反映出解码电路各部分的工作状态。这种检测方法对于维修彩色电视机是非常实用的。

在检修过程中,根据解码电路原理图,逐点观察以下各关键点,并进行分析和判断:

①观察彩条的彩色全电视信号,以确定是否有正常的彩色全电视信号输入。

②观察从彩色全电视信号中分离出来的色度信号的波形,确定解码集成电路中是否有色度信号输入,是否滤除了亮度信号。

③观察放大后的色度信号波形,以判断集成电路内部色度带通放大部分工作是否正常。

④观察色同步信号处理电路的有关波形,以判断色同步信号处理电路工作是否正常。

⑤观察延时解调器有关波形(F_u、F_v),判断延时分离电路工作是否正常。

⑥观察色副载波恢复电路的有关波形,以判断色副载波振荡电

路工作是否正常。

⑦观察色差信号波形,判断解码集成电路是否输出正常的色差信号。

⑧观察亮度通道有关波形,判断亮度通道能否输出正常的亮度信号。

⑨ 观察三基色信号波形,判断输入彩色显像管的三基色信号是否正常。

一般各种型号的彩色电视机电原理图上都标有许多关键点的波形,如彩条的全电视信号波形,色度信号和色同步信号波形,F_u 和 $±F_v$ 信号波形,色差信号和基色信号波形,等等。这些波形的幅值在不同的机型中有一定的差异,但其基本形状及达到基本形状后能够反映出的问题是一致的。检修时可以参考这些波形,进行对比。

(二)TA8690AN 单片机芯解码器故障检修

1. 亮度信号处理电路检修

亮度信号处理电路常见故障的特征为彩斑图像、光栅暗、伴音正常。这是一种典型的丢失亮度信号的故障,在图 2-28 所示电路中,当有视频信号输入时,亮度信号将通过亮度通道送入 TA8690AN,其㉛脚上有峰值为 1.5V 的亮度信号波形。因此,这时应先用示波器观察㉛脚是否有正常的信号波形。影响亮度 Y 信号的因素还有 TA8690AN 的㊴脚的对比度控制电压,对比度控制电压不仅直接加到集成电路内部的对比度控制电路,而且直接加到彩色控制电路。检修时,可以利用这一点来判断故障范围。通过操作并调大对比度控制功能,来观察色饱和度是否有明显的变化,即屏幕上的彩斑图像是否有浓淡的变化。若无任何明显变化,说明对比度电路不良。

ABL 电路不良也会造成光栅暗故障。正常工作时,VD207 负端电压为 10V 左右,正端电压为 4V 左右,二极管 VD207 不导通,对亮度无影响。当 VD207 失效,电阻 R273、R265 阻值变化时,将使 VD207 的负端电压下降;当负端电压比正端低 0.7V 时,VD207 导

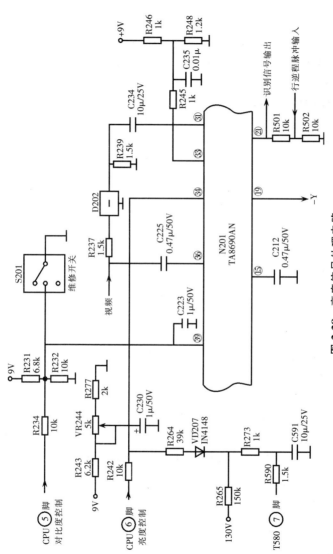

图 2-28 亮度信号处理电路

通,将使 TA8690AN 的㉞脚电位受到影响而出现光栅暗故障,此时应重点检查 ABL 电路中 VD207、R273、R265。

TA8690AN 的⑮脚外接电容 C212 漏电,即使是轻微漏电或㉑脚无黑电平钳位脉冲输入,也会造成亮度信号丢失。电容 C212 开路以后,会产生满屏的横白条干扰。只有在⑮、㉑脚工作正常的条件下,TA8690AN 的⑲脚才输出亮度信号。

2. 色度信号处理电路检修

色度信号处理电路故障可分为四类:无色、色偏、色弱、色同步消失。这些故障可以利用彩条信号发生器进行检测,基本方法如下:

(1)连接彩条信号发生器的输出端到电视机天线输入端。

(2)调整信号发生器,使之产生 NTSC(或 PAL)制彩条信号。

(3)将彩色电视机的色度与色调旋钮调至中间位置。

(4)用示波器检测电路中有关色度信号流程的各个测试点,并注意其相应症状。

1)无色故障的检修

对于采用大规模 IC 的电视机,主要电路都集成在 IC 之中,所有 IC 的输入输出信号都是可以检测的。对于无彩色的故障,应分别检查色度信号、消隐信号以及基准色副载波振荡信号,例如可以检测基准色副载波振荡信号和三个色差输出信号。

检修时,应首先检查视频检波的输出,检测 TA8690AN 的相关各脚有无色度信号波形,以及外接消色滤波电容 C221 是否正常。如果视频检波的输出信号中无彩色信号,则故障不在色度信号处理电路;如果视频检波的输出有正常的彩色信号,而显示图像无色彩,则故障是在色度信号处理电路。其次,应检查色副载波电路,特别是 TA8690AN 的脚外接振荡元件是否正常。最后检查 PAL/NTSC 制式转换电路是否正常。

如果在上述检查过程中,发现有任何信号不良或信号失落,都应当逆信号流程查到信号源。例如,如果延迟同步信号(D 同步脉冲)失常,则 TA8690AN 中的色同步选通门不能开通,色度信息也不能通过。如查彩色全无,检测 IC 所有的输入信号都正常,则故障是在集成电路内部;还可以检查亮度和色度控制信号,如果色度信号控制完全关死,彩色电路就不会工作了。

　　2)色偏故障的检修

　　色偏也称彩色失真,它是指图像的彩色不逼真,偏向某一种颜色;或将色饱和度调至最小时,显示的不是黑白图像,而是带有某种固定的彩色;还有一种现象是彩色不逼真,但将色饱和度电位器关至最小时,却是黑白图像。

　　前两种故障现象的原因:R、G、B 各电子枪阴极已发生不同程度的老化,导致白平衡发生偏离;R、G、B 末级视放发射极电路中的电位器位置变动、阻值变化或接触不良;集成电路、末级视放管老化,特性参数变化。第三种故障现象的原因则可能是某基色信号丢失或副载波相位失真。

　　检修彩色失真故障时,应首先对彩电进行消磁处理;然后,按色偏故障检修顺序流程图进行检查,如图 2-29 所示。输入信号最好选用彩条信号,观察图像彩色变化时要仔细,必要时可使用放大镜靠近荧光屏进行观察。根据彩条变化情况判断出故障部位后,再用万用表或示波器进行检测,从而找到故障元件。

　　色偏的最大可能故障部位是色解码电路,色偏故障的检修程序实际上与无彩色故障的检修程序基本相同。遇到故障时,应先检查色解码电路的输出。

　　如果色解调器的输入是正常的,但某一个色解调器无输出,显然故障就出在该色解调器。如果解调器有输出但相位不正确,很大可能是色解调级调整不良(对于可调整的色解调器);如果色解调器的输出是正确的,那么故障是在 B－Y、G－Y 或 R－Y 色差放大器(矩阵放大器),或是在显像管电路。

　　3)"彩色爬行"故障的检修

　　"彩色爬行"是一种具有水平粗糙结构的条纹状彩色图像,这种条纹在屏幕上逐渐向上移动,很像百叶窗,所以又称"百叶窗式

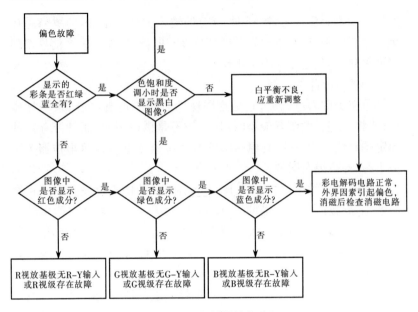

图 2-29   色偏故障检修流程

干扰"。

这种故障是 PAL 制彩电所独有的,其根本原因是梳状滤波延时解调器工作不正常,使蓝、红两色差分量不能彻底分离,产生 F_U 与 $\pm F_V$ 信号之间互相串色干扰。本来红差分量 $\pm F_V$ 是逐行倒相的,送入红差 R−Y 同步解调器的副载波也是逐行倒相的;而蓝差分量 F_U 的相位是恒定的,送到蓝差 B−Y 同步解调器的副载波相位也是恒定的。因此,若相位恒定的 F_U 信号串入 $\pm F_V$ 电路中,则由逐行倒相副载波解调后输出的串色将是逐行改变极性的;若逐行倒相的 $\pm F_V$ 信号串入 F_U 电路中,由恒定相位副载波解调后的串色,也将保留其原有的逐行倒换极性的性质。由于显像管的亮度既与亮度信号有关,又与色差信号有关,当色差信号中混有逐行反极性的串色成分而电平逐行有增减时,显示的亮度电平将逐行有强弱变化。当其差别达到一定程度时,人眼就可觉察屏幕上出现了亮、暗间隔的行结构水平条纹;由于隔行扫描的原因,这种行结构又逐场向上移动一行。这种向上缓慢移动的明暗相间的行结构就是"爬行"现象。出现在大块彩色部分的低频串色,可引起大面积爬行;而存在于垂直彩色边缘部分的高频串色,则可引起边缘爬行。

实际电路中的主要原因是梳状滤波器分离性能不佳。当 F_U 与 $\pm F_V$ 互串比达到 10：1 时,就有明显的爬行。基准副载波不正交也会引起串色,最终引起彩色爬行。

这种故障需要检查的范围很小,主要检查梳状滤波器的输出波形。波形失真时,应精确调整梳状滤波器中幅度平衡电位器,使直通信号与延时信号幅度相等;精确调整相位平衡电感线圈,使直通信号包络与经过延迟的上一行信号包络在时间上对齐。调整两种平衡元件时,信号应有变化;若无变化,则元件可能损坏,必要时更换延时线或解码集成电路。

对于色弱的故障,应当首先检测色解调器的输入端。如果可以测得信号,应当查看色解调器输入信号的幅度,并与技术手册对照。注意从基准色副载波振荡器来的信号幅度是固定的,而从色带通放大器来的信号幅度是可变的,可通过色饱和度调整电位器来调整该信号幅度。

有时,可以预先将色饱和度调深一些(深于中间值),以便产生正常的信号波形。如果色度调到最大时信号仍然很弱,则应检查送到带通放大器的信号。

三、视频、色解码电路常见故障检修实例

这里以长城牌 TJC-512 型彩色电视机的亮度/色度电路为例,介绍视频、色解码电路故障的检修方法。

长城牌 JTC-512 型彩色电视机视频、色度信号处理电路如图2-30所示。若伴音正常,图像亮度或彩色不正常,则可能是亮度或色度电路故障。亮度故障会引起有伴音、无图像、彩色失真,无光栅、伴音正常,满幅白光,亮度失控,图像模糊,串色及重影等现象。若色度通道或色副载波恢复电路故障,则会引起无彩色、彩色时有时无、爬

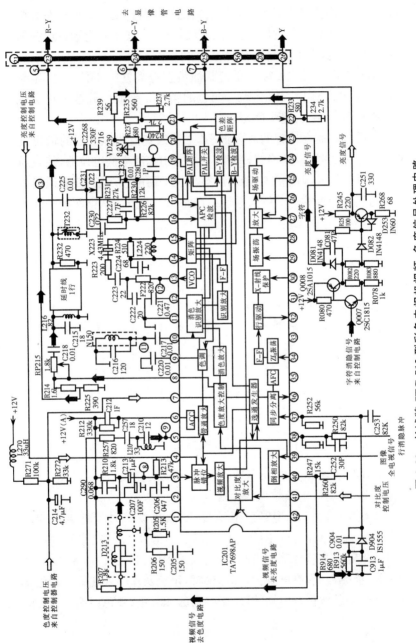

图2-30　长城牌 JTC-512 型彩色电视机视频、色度信号处理电路

行、彩色失真等现象。

(一)无彩色故障的检修

屏幕上出现黑白图像,调节饱和度电位器仍无彩色,但伴音正常,这种故障一般出在色度通道和色度副载波恢复电路,造成此故障的原因有:

(1)色度信号在某处被切断或短路。色度信号一般要经过放大、自动消色(ACK)和自动色度控制(ACC)电路、同步解调器及矩阵等电路的处理,与亮度信号混合后输出三基色信号,在显像管的荧光屏上呈现彩色。其中任意环节开路,均会使输出无彩色。

(2)消色电路故障。TA7698AP 的㉚脚外接电路开路,使行同步脉冲没有延时;或㊳脚开路而没有行逆程脉冲输入;或⑫脚外接滤波电路短路,使⑫脚电压降低,都会引起消色电路故障而丢色。同样,TA7698AP 的⑬~⑯和⑱脚外接电路有故障,使色副载波恢复电路停振;识别与消色电路的两个输入信号缺少一个,均会使消色电路动作,关断色度放大器。

(3)集成电路内部色通道或色副载波恢复电路损坏,也会出现上述故障。

故障检修:在检查集成电路的工作状态时,为缩小检修范围,常采用关闭消色电路的方法,即在 TA7698 的⑫脚与 12V 电源之间,跨接一只 20kΩ 电阻,使⑫脚的电压升高至 9V,使消色电路关闭,强行接通色度通道。若此时有了彩色,则故障在消色电路。对于非消色电路故障,检测的重点是信号通道和压控晶体振荡器。若荧光屏上出现滚动的彩色干扰条纹或色调不正确的彩条,应重点检测 APC鉴相器、色同步选通和 APC 开关等电路。对于时而正确时而不正确的彩条,应重点检测消色电路。

无彩色故障的具体检修方法如下:

(1)色度通道的检测。用示波器观测 TA7698AP㊳脚,是否有全电视信号;㊵脚是否有负极性的彩色全电视信号;⑤脚是否有包括同步信号在内的色度信号。若⑤脚波形不正常，则说明故障在R257、C257、L210等。若⑤脚波形正常，再检测⑧脚波形是否正常。若波形不正常，则说明故障在色度带通放大器部分。判断有无色度信号，也可以用有无彩色信号的动态变化来检测：TA7698AP的⑧脚直流电压，在接收黑白信号和彩色信号时的变化可以用万用表测出，这是判断有无色度信号输出的有效方法。调节饱和度时，⑦脚电压应随之变化。若关闭了消色器后，调节饱和度时，⑦脚电压仍无变化，则可能是色饱和度调节电路的问题。

（2）压控振荡器的检测。经过以上检测，若认为色度信号能够进入同步检波器，此时光栅仍无反映，则应重点检测副载波振荡器是否停止振荡。对于正常振荡，TA7698AP的⑬、⑭、⑮脚均可用示波器测出副载波的波形（其中⑬脚最大）。色度副载波从⑬脚输出，若停振则检测不到副载波，应检查振荡器的正反馈回路：R222、C223、C222、R223和晶体管X223是否有损坏。

（3）APC鉴相器检测。APC鉴相器的故障可反映在TA7698AP的⑯、⑬脚的直流电压上。正常情况下，⑯、⑬脚之间的电压差值应小于0.5V或相等。若两脚之间电压差大于0.6V，说明两脚间的元件损坏或集成电路内部出现故障。此电压对控制压控振荡器产生影响，使振荡频率偏离正常值太远或停振。

（4）色同步选通电路检测。TA7698AP色解码器中，色同步选通是在集成电路内部形成的，且形成过程中还需要行同步脉冲和行逆程脉冲。行逆程脉冲从㊳脚输入，行同步脉冲从内部同步分离电路送来。

①同步分离电路出现故障的检测：同步分离电路在集成电路内部，分别送给AFC鉴相器和色同步信号选通脉冲发生器。出此故障时，光栅正常但图像行不同步，无彩色。用万用表测⑫脚电压为6V，表明已进入消色状态。消色器进入消色状态的原因是因选通脉冲发生器无行同步脉冲信号输入，不能产生色同步选通脉冲，进而不能产生色同步信号；消色与识别电路中无色同步信号输入，导致消色器进

入消色状态。

②行逆程输入电路出现故障时的检测：TA7698AP 的㊳脚为行逆程脉冲信号输入端。行逆程脉冲用于激励双稳触发器，选通脉冲用于选出色同步信号。因此，㊳脚外围电路出现故障，不仅影响 PAL 开关正常工作，还会影响到色同步选通脉冲电路，导致自动消色电路启动，呈现无彩色故障。

③色同步选通电路工作检测：检测 TA7698AP㊲、㊱、㊳脚的电压，目的是判断电路中是否有正常的行同步脉冲。而选通电路是否正常工作，有无色同步信号选出，还需要检测⑩和⑦脚的电压。⑩脚外接的 N150 组成色同步谐振电路，对色同步信号谐振。若色同步信号已选出，则⑩脚上就有同步信号波形，用示波器可以测得。也可以通过检测⑦、⑫脚的电压来判断，若色同步选通和 PAL 开关均能正常工作，则⑦脚电压能随饱和度的调节而变化，⑫脚电压就应能达到 9V 左右。

④消色电路的检测：如果经过上述各脚波形和电压的检测均未发现问题，拆除⑫脚所加的 $20\text{k}\Omega$ 电阻后仍无彩色，那么，应考虑消色电路本身是否有问题。检测⑫脚外接的滤波电容 C221，若 C221 漏电使电压无法升高到 9V，则会导致消色电路始终处于消色状态。

（二）彩色不同步或色调失真故障的检修

彩色不同步或色调失真的故障现象为荧光屏上呈现出滚动的彩色干扰和失真的色调，在采用 TA7698AP 的彩色电视机中，一般很少出现此类故障。因为色同步的有关电路出现故障会导致消色电路的启动，自动关闭色度通道，因而最初的故障是无彩色，当关闭消色电路后，此类故障才在屏幕上表现出来。造成彩色不同步的原因是由于接收机所恢复的色副载波不能被色同步信号锁定，即不能实现两者之间的同频、同相，使同步解调器不能正常检波。常见的故障是：

（1）自动相位控制电路故障，因而对色度副载波振荡器恢复的副载波失去控制能力。

（2）色度副载波振荡器的有关元件质量差，使色度副载波产生的自由振荡频率偏离太大，超出锁相电路的捕捉范围。

（3）色度同步分离电路故障（包括无选通脉冲输入），色同步信号丢失，造成 APC 鉴相器中无色同步，无法锁相。

（4）彩色图像的色调失真，可能是由于 PAL 开关不工作，同步检波器不能输出正确的逐行倒相的色差信号所致。若 PAL 开关的引出脚（㊳脚）无行逆程脉冲输入，则双稳态电路不能准确地输出半行频开关信号，PAL 开关就不能逐行倒相。其检测方法与无彩色相同。

（三）彩色爬行故障检修

彩色爬行故障是指在显示彩色图像时，某些部分的色度出现明暗间隔均匀的横条，且这些横条向上或向下蠕动，像百叶窗式的干扰，也称为"百叶窗故障"。爬行现象是 PAL 制彩电特有的现象，多是由色解码器电路故障引起的。可能引起爬行故障的具体电路是延时解调器和 PAL 开关电路。延时解调器电路调整不当或元件性能变化，就会使 U 信号中混进 ±V 信号，±V 信号中可能混进 U 信号。这两种情况对荧光屏上的影响是使亮度、色调和饱和度逐行变化，出现较亮和较暗间隔的行结构。这种由于隔行扫描引起的行结构逐行向上移动，给人的感觉是缓慢地向上爬行。

此故障判断的方法是人为地断开耦合电容 C225，这时可能会有以下三种情况：

（1）荧光屏上的爬行情况毫无变化，说明故障在直通信息支路中，此时只有延时信息送入同步检波器。

（2）荧光屏上的彩色全部消失，出现黑白图像，说明延时信号支路有故障。

（3）爬行现象更严重，彩色并不消失，说明延时解调器中原直通支路和延迟支路都有输出。

调节直通信号幅度的大小,观察爬行现象是否得到改善;再调节延时信号相位补偿线圈 T215 的磁芯,观察爬行现象是否能够得到改善,从而判断造成爬行的原因是幅度不等还是相位关系不对。爬行故障可以用示波器检查和调试。具体方法:用标准彩条信号,先调节亮度和饱和度,使其处于中间位置;对比度处于最大,用示波器观察 TA7698AP㉒脚输出的 B－Y 波形。如果幅度和相位调整不当,输出的波形就不正常。当水平线条显得很粗且有虚影,表明相位补偿线圈 T215 未调好;当波形在黑条位置的时基上有输出(不是零),表明延时信号幅度调节电位器 RP215 未调好。通过对 T215 和 RP215 的精心调节,使波形正常,爬行故障立即消除。

（四）彩色时有时无故障的检修

当接收彩色节目时,黑白图像和伴音均正常,但彩色时有时无。此类故障出在彩色解码器电路,可采用无彩色故障的检修方法。导致此故障的原因有三:

(1)色饱和度调节电路接触不良。

(2)色度信号通道时通时断,或信号幅度不稳定。

(3)色同步选通脉冲形成电路或行逆程信号输入电路时通时断或处于临界工作状态。

在检修时,先用敲击法排除因元件接触不良造成的故障;然后,用示波器检测集成电路中色度信号输入端的信号波形、色同步选通脉冲输入端信号波形和双稳态输入端的行逆程脉冲波形。不仅要注意观察波形是否时有时无,还要注意其幅度值是否偏低。因为集成电路中的选通电路若处于临界状态,则双稳态电路处于临界状态,就会导致消色电路间断性关闭和开启,图像上的彩色即会时有时无。

（五）亮度通道故障的检修

亮度通道出现时有时无故障的可能原因及检修方法如下:

(1)亮度信号丢失,使图像无亮度和层次感,彩色暗。此时,亮度通道由集成电路内部及外围组成,若出现亮度信号丢失,而末级视放又能工作(有信号到达荧光屏)的故障,其故障点一般在隔直流耦合电容 C213 之前、色度信号分离电路之后。原因是隔直流电容断开了前后级之间工作点的相互关联,故此部分电路元件开路或短路,会改变本级直流工作点或使亮度信号丢失。检修方法是用示波器检测 TA7698AP㊴脚的输入波形和㊷脚的输出波形,即可判断这一部分电路是否正常。也可以用万用表检测㊴、㊷、①、㊶脚的直流工作电压来判断:在正常情况下,㊷脚的工作电压应在 6V 以上;若下降为 4.5V 以下,应检查外围元件,并考虑集成电路内部的对比度放大部分是否损坏(用电阻检测法判断)。如果 12V 电源下降到 9V 左右,也会导致亮度通道增益下降,使图像的对比度和清晰度下降。如果亮度延时线 D213 延时不准确,将会出现着色不准的故障。①脚为内部放大管的发射极,其电压为 4V 左右,外围元件出现开路故障,将会改变放大器的静态工作点,使此脚电压发生异常,且使负反馈量变化。㊶脚接对比度调节电路,调节时电压在 2～10V 变化,若测得电压异常,对比度就不可能正常。

(2)光栅亮度异常故障。由亮度通道故障造成光栅亮度异常,有别于扫描电路所造成的光栅亮度异常。因亮度信号加到三个视放输出管的发射极,若亮度通道出现故障,可能使三管同时截止或饱和,造成三个阴极的直流电位过高或过低,出现无光或太亮或无图的故障现象。此类故障一般是亮度通道后级有问题引起的。因为后级均为直接耦合,如果有元件损坏,不仅会使亮度信号丢失,而且会导致该级以后的直流工作点的变化,使亮度输出端的直流电压太高或太低,从而导致光栅亮度异常。检修时可用万用表测量三个末级视放管的发射极电压,正常时为 7V 左右;随着亮度的调节,可在一定的范围内变化。若电压太高或太低,且调节亮度时毫无反应,则表明故障在亮度通道中。如果发射极电压偏高,荧光屏无光,可用 100Ω 左右的电阻将亮度信号输出端对地瞬时短路。若短路瞬间光栅出现,则进一步证实故障在亮度通道。如果光栅太亮且亮度信号失控,或光栅亮后一瞬间立即消失,用万用表测得输出端的电压只有 3～4V,则故障在亮度通道。长城牌 JTC-512 型彩色电视机的 C213 之后的各级均采用直流耦合,因此无论外围元件还是内部电路出现故障,都会导致㉓脚直流电位的变化,从而导致光栅太亮。如果与亮度通道有关的各引出脚直流电压基本正常,荧光屏上呈现出亮度信号丢失的故障特征,则应考虑耦合电容 C213 是否开路,方法是用一只 0.22～0.47μF 的电容跨接在㊷脚和③脚之间,若黑白图像恢复正常,则说明分析正确。

(3)彩色镶边故障。彩色镶边的故障现象可能由多种原因引起。由亮度通道引起的彩色镶边,其故障特征是套色不准,当饱和度调到最低时,荧光屏上能够显示正常的黑白图像;但逐渐调大饱和度时,即会发现彩色图像与黑白图像不能重合。这是由亮度延时线延时不准确造成的,换新的延时线即可修好。

第五节　扫描电路的维修

一、扫描电路的结构组成与工作原理

(一)扫描系统的作用与要求

扫描系统的作用是为行场偏转线圈提供线性良好、幅度足够、被行场同步信号同步的锯齿波电流,形成扫描光栅。另外,扫描系统还要提供显像管工作所需要的高压、中压和低压电源以及行、场逆程脉冲。

对扫描系统,除要求其与发送端同步外,还要求锯齿波电流线性良好,幅度适当。此外,还要求扫描系统的工作安全、可靠。

(二)扫描系统的结构组成

扫描系统的组成框图如图 2-31 所示,它包括同步分离电路、行扫描电路和场扫描电路三大部分。

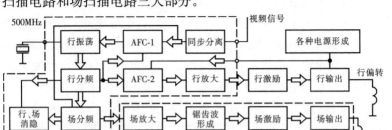

图 2-31　扫描系统组成框图

　　从预视放电路输出的彩色全电视信号,直接送到扫描系统中的同步分离电路。经同步分离电路分离出复合同步信号后,再经积分电路分离出场同步信号送场振荡器,经微分电路分离出行同步信号送行 AFC 电路。由场振荡器输出的场频矩形脉冲,经锯齿波形成电路后,变换为锯齿波脉冲,然后送场激励电路放大,再送场输出级进行功率放大,得到的锯齿波脉冲电压加到场偏转线圈两端,并在场偏转线圈中形成锯齿波电流,控制电子束作垂直方向上的偏转。

　　经行 AFC 同步后的行同步脉冲送行振荡器,行振荡器输出的方波脉冲经激励后,送到行输出放大器进行放大。行输出级的输出信号一方面加到行偏转线圈,形成行锯齿波电流,控制电子束作水平方向上的偏转;另一方面,通过行输出变压器的各次级绕组输出,得到显像管工作所需的电压和电视机其他相关电路工作所需的电源电压。

(三)同步分离电路的结构组成与工作原理

1. 同步分离电路的作用与组成

　　同步分离电路的作用是从彩色全电视信号中取出复合同步信号,分别去控制行、场扫描电路的频率,以满足行、场同步的要求。

　　同步分离电路由幅度分离电路和宽度分离电路组成。

2. 幅度分离电路

由于复合同步信号处于视频信号 $75\%\sim100\%$ 电平的位置,当视频信号幅度为固定值时,可以利用一个切割电路,采用幅度分离方法,将复合同步信号从全电视信号中分离出来。但由于视频信号幅度很容易受外界干扰而发生变化,这样就必须采用对峰值钳位的方法进行幅度分离。另外,如果视频信号不是从中放通道的 ANC 电路后面取出的,还要在进行同步分离前加噪声抑制电路,以去掉全电视信号中混入的大于复合同步脉冲的干扰信号。

3. 宽度分离电路

由于行、场同步脉冲宽度(行同步脉冲宽度是 $4.7\mu s$,场同步脉冲宽度是 $160\mu s$)的不同,可以利用宽度分离电路将场同步脉冲信号从复合同步信号中分离出来。脉冲宽度分离方式有时也称为频率分离。

宽度分离电路由积分电路完成。因为行、场同步脉冲宽度的不同,在积分电路的电容元件上得到的输出电压幅度就不同,经过积分电路后,就可以把脉冲宽度的差别变为信号幅度的差别,实现行、场同步脉冲的分离。实际电路中,一般采用两级 RC 积分电路,就可实现较好的分离效果。

(四)行扫描电路的结构组成与工作原理

1. 行扫描电路的作用与组成

行扫描电路的作用是为行偏转线圈提供行频的锯齿波电流,以控制电子束做水平方向的扫描。此外,还要求为显像管和整机各有关电路提供工作电源及行逆程脉冲。

行扫描电路由行 AFC 电路、行振荡电路、行推动电路和行输出电路等组成。

2. 行扫描电路的工作原理

在行扫描电路中,行 AFC 电路的作用是将行输出级送来的行逆程脉冲经积分电路形成锯齿波电压后送鉴相器,与同步分离电路分离出的行同步脉冲在鉴相器中进行相位比较,用所产生的误差电压去控制行振荡器的振荡频率。AFC 电路是一种锁相环路。

行振荡器是一个压控振荡器,由行振荡器产生一个频率为 15 625 Hz 的矩形脉冲,供给行推动电路,使其工作在开关状态。目前的电视机中,一般采用 503 kHz 振荡器分频得到行频信号。

因为行输出电路工作在大电流、高电压状态,其功耗很大。另外,由于行频较高,行偏转线圈对行频呈感性负载。这样,要想在行偏转线圈中得到锯齿波电流,就必须对行偏转线圈施加矩形脉冲,因此,要求行输出管工作在开关状态。行激励电路的作用是对行振荡信号进行整形和前置功率放大,去控制行输出管按照行频规律进行截止与导通工作。

为满足上述要求,在行激励级输出端与行输出级之间都采用了脉冲变压器,一方面可以实现阻抗匹配,使行输出管可以从行激励级获得最大的功率输出,保证行输出管充分的导通与截止,减少行输出管的功耗;另一方面可以实现反向激励,使行激励管与行输出管在同一时间只有一个是导通的,这样就可避免变压器感应出的高反电动势击穿行输出管。

在行输出电路中,逆程电容与偏转线圈组成振荡回路,并在行输出管截止期间产生自由振荡。电视机显像管所需要的各种高压都是通过行输出变压器对行逆程脉冲升压,再进行整流得到的。新型电视机均采用一体化多级一次升压行输出变压器。通过理论分析可知,逆程峰值电压与电源电压成正比,与逆程振荡时间和逆程电容的容量成反比。

3. 实用行扫描电路分析

图 2-32 为 T5429D 彩电的行扫描电路组成。图中,行振荡器、行 AFC 电路、行预激励电路均集成在 LA7688N 的内部,行激励级、行输出级由分立元件电路构成。

由 LA7688N 的㉓脚外接 503 kHz 陶瓷振荡器,配合内部电路构成压控振荡器,振荡频率为 32 倍的行频。经 1/16 分频后,形成 2

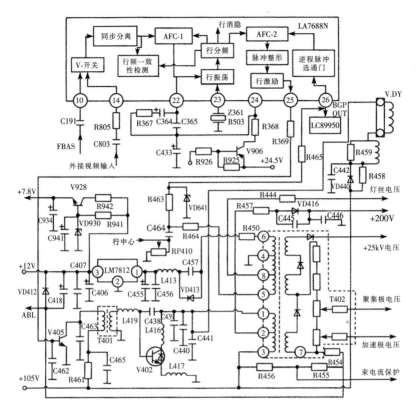

图 2-32 行扫描电路组成

倍行频信号,目的在于实现场分频的准确性。再经 1/2 频后,得到行频 15 625 Hz 或 15 734 Hz。

同步分离电路送来的行同步信号送到行 AFC-1,与行振荡器输入的行振荡信号进行相位比较,用输出的误差电压去控制振荡电路的时间常数,进而改变振荡频率,使之与行同步信号完全一致。

在 LA7688N 内部增加了行频一致性检测电路,目的在于检测电视是否已经输入 TV 或 AV 信号,电视机是否处于同步状态。经行频一致性检测电路和行 AFC-1 双重校正控制后的行振荡信号被送往行 AFC-2 电路,2 倍行频在 AFC-2 中进行 1/2 分频,得到行频振荡信号。AFC-2 的作用是稳定和控制输出的行激励脉冲的相位，以保证图像的线性不随亮度变化而变化。行频脉冲的相位可通过调节进入㉖脚行逆程脉冲积分电路的时间常数来实现，通过调节与C464 相串联的电位器 RP410，可以微调行扫描的中心，即光栅的中心位置。

LA7688N 内部的脉冲整形电路，作用是将行分频来的行频正弦波整形为行频开关脉冲。行频脉冲从 LA7688N 的㉕脚输出，经电阻 R369 到行激励管 V405 的基极。接在其集电极上的电容 C463 用以防止高频谐波干扰而产生的振铃现象。V405 工作在开关状态，经V405 放大后的行频开关脉冲，以反极性激励方式经行推动变压器T401 的次级送到行输出管 V402 的基极，以控制 V402 工作在开关状态。C439、C440、C441 为逆程电容。行激励级 V405 的供电由 B＋电压通过 R461 降压后提供，行输出级 V402 的供电由 B＋电压经行输出变压器的初级绕组提供。

当 LA7688N 的㉕脚输出正脉冲时，行输出管导通，行输出变压器储能；当㉕脚输出负脉冲时，行输出变压器储存的能量通过其次级绕组释放。行变压器的②脚输出的是 B＋直流电压与行逆程的正脉冲电压，经 VD416 整流、C446 滤波后得到的＋180V 电压为末级视频放大器提供电源；行输出变压器的⑤脚输出的行逆程脉冲一方面送到微处理器的㉖脚作为行同步脉冲信号，另一方面送到VLA7688N 的㉖脚作为内部选通门的选通脉冲；行输出变压器的⑥脚通过保险电阻 R450，由 VD413 整流、C455 滤波后，得到＋15V 电压，再经三端稳压集成块 LM7812 后，输出＋12V 电压，作为高频头的电源和场扫描输出电路的中点电压，同时还经过由 V928 组成的有源滤波器得到＋7.8V 电压，为小信号处理芯片 LA7688 提供电源电压；行输出变压器的⑧脚输出为显像管灯丝提供脉冲电压；行输出变压器的⑦脚为次级高压绕组的接地端，R454 为阳极高压束电流取样电阻。另外，行输出变压器还有三根直接引出线，其中的红色（粗）线为高压线，接显像管的高压阳极；橙色（中）线为聚焦极电压线，为电子枪提供聚焦极电压;灰色(细)线为加速极电压线,为电子枪提供加速极电压。

(五)场扫描电路的结构组成与工作原理

1. 场扫描电路的作用与组成

场扫描电路由场振荡器、锯齿波形成电路、场推动电路和场输出电路等构成。

场扫描电路的作用是为场偏转线圈提供一个频率为50Hz、线性良好、幅度足够的锯齿波电流,以控制电子束作垂直方向的扫描。场扫描电路同时还要向消隐电路提供场消隐脉冲。

2. 场扫描电路的工作原理

场振荡器的作用是产生一个与场同步脉冲同频的场振荡脉冲信号。场振荡脉冲一方面可以由晶体振荡器和分频电路产生,另一方面也可通过对行频进行再分频产生。

由于场偏转线圈在场频下基本呈现阻性,因此,为了在场偏转线圈中得到锯齿波电流,必须对其施加锯齿波电压,这就需要在场振荡器后增加锯齿波形成电路。利用积分电路可以将矩形脉冲波形变换成锯齿波脉冲。

由锯齿波形成电路输出的锯齿波电压加到场激励级进行放大和线性补偿后,送到场输出级进行功率放大。场输出级的工作状态相当于低频功率放大器,工作在大功率放大状态。

3. 实用场扫描电路分析

图 2-33 为 T5429D 彩电的场扫描电路组成。

图 2-33 中,由行振荡器产生的 503 kHz 信号经 1/16 分频后,得到 2 倍行频信号;该信号经 1/625 或 1/525 场分频后,可获得 50Hz 或 60Hz 的场频脉冲。从同步分离电路分离出复合同步信号,再经场同步分离电路(积分电路)分离出场同步脉冲,作为场分频电路同步开关控制信号,控制场频脉冲,并使其同步。

LA7688N 的 ㉑ 脚为场同步信号识别端子。场激励信号从

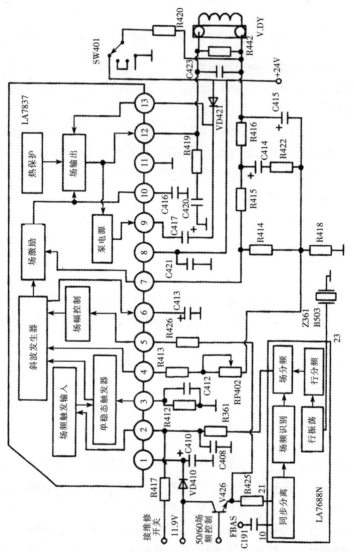

图 2-33　场扫描电路组成

LA7688 的⑳脚输出,经 R361 后送入场输出集成电路 LA7837 的②脚,经内部场频触发输入电路、单稳态触发器和斜波发生器电路处理后,形成场扫描锯齿波电压,并受 50Hz/60Hz 的场频控制。然后通过激励放大器送到互补推挽功率放大器的输出级进行功率放大,从LA7837 的⑫脚输出场锯齿波电流,经场偏转线圈、C415、R418 到地,形成回路。

为了改善场扫描的线性,稳定放大器的工作状态,在场输出电路中引入了负反馈。其中,R418 为场偏转线圈串联电流负反馈电阻,在 R418 两端形成的锯齿波电压经 R422、C414 的串联电路接LA7837 的⑦脚负反馈输入端,作为交流电压负反馈信号。通过R414 还可以获得适当的直流电压负反馈信号。在 LA7837 的⑫脚与⑦脚之间接有 C423、R442、R416、R415,以取得交直流并联电压负反馈。

LA7837 由两组电源供电:前级小信号电源为+11.9V,由①脚输入;后级推挽功率放大器的电源为+24V,由⑧脚输入。自举泵电源的高压端为 ⑬ 脚,在场逆程期间峰值电压为+50V。另外,LA7837 的③脚外接的是单稳态电路的触发定时元件;④脚外接场幅调整元件,通过调节 RP402,可以改变场幅的大小;⑤脚为 50Hz/60Hz 场频控制端;⑥脚外接的是锯齿波形成电容;⑨脚为泵电源提升端;⑩脚外接负反馈消振电容;⑪脚接地。

二、扫描电路的故障检修

(一)同步分离电路故障检修

同步分离电路发生故障时,会使行、场都不同步,这种故障与AGC 电路故障所造成的行、场都不同步故障现象有所不同。AGC电路发生故障,使高频调谐器和图像中频放大电路的增益变得过大时,会使晶体管处于饱和,导致同步信号压缩,这往往使行、场都不同步,且图像对比度通常显得过强。但是,当不能得到稳定的图像时,很难确定图像对比度是否过强,因此,对于行、场都不同步的故障,应首先检查同步分离电路,然后再检查 AGC 电路。

同步分离电路的检查,可以用万用表测量集成块同步分离电路输入及输出端的直流电压与同步信号电压(用万用表附加检波器测量)。若同步分离输入端直流电压正常,且输入信号电压正常,则其前面电路正常,故障可能是同步分离电路;再从同步分离电路输出端有无同步信号电压可以判断同步分离电路工作是否正常。若用示波器测量波形法检查,则可迅速确定故障部位。

(二)行扫描电路故障检修

1. 检修行扫描电路的注意事项

彩色电视机行输出级电路供电电压一般在 100V 到 150V,甚至更高,行输出变压器产生的电压就更高了。所以,检修行扫描电路时要特别注意:①行输出级工作的电压高、电流大、功耗大,是电视机中故障率最高的电路,检修中注意防止触电,尽量采用单手操作法检修和测量。②阳极高压、聚焦极电压一般不用万用表测量;行管集电极上有上千伏的脉冲电压,用万用表测量时要先放上表笔再开机,否则会出现拉弧现象;不能直接用示波器测量行输出管集电极的波形。③行输出级和电源联系紧密,往往行输出级出现故障,也影响电源正常工作,要注意区分是电源故障还是行输出级故障。④行扫描电路的工作除受到行同步电路、行振荡电路、行激励电路、行输出电路、行输出变压器等影响外,还受到供电电压、X 射线保护电路、行输出级负载电路的影响,因此,维修中要注意它们之间的关系,分清楚故障原因,少走弯路。⑤在检修一条亮线的故障时,因为电子束集中轰击荧光屏中央的一个狭小区域,很容易造成这个区域的荧光粉烧伤,使荧光粉的发光效率降低,留下烧伤的痕迹,因此,在检修过程中要调低亮度。如果亮度降不下来,应该检查 ABL 电路和显像管电路,甚至降低加速极电压,使屏幕上只出现能够看得见的一条暗线。

2. 检修行扫描电路的方法

(1)直观检查法。

采用这种检查方法时,应重点检查行输出变压器及其附近的元器件,看是否有烧焦、变色、炸裂等现象。

(2)在路电阻检测法。

为了避免开机就烧元器件,在通电之前,要进行在路电阻检查。所谓"在路",是指不拆下元器件,而在电路板上测量关键点的对地电阻,看是否符合正常值要求,看有无直流短路性故障存在。一般先测行输出管集电极对地电阻:将机械万用表红表笔接地,黑表笔接行输出管集电极,测得的电阻应在 3kΩ 以上。不同机型测得的阻值会有差异,但不能小于 1kΩ。若小于 1kΩ,则应重点检查以下元件:

①行输出管 c、e 极间是否击穿;

②阻尼二极管是否击穿;

③逆程电容或 S 校正电容是否击穿漏电;

④行输出变压器是否击穿。如果行输出管集电极对地电阻正常,为了确保安全,还需要检查输出变压器次级绕组各直流供电电路的对地电阻,以免因为负载太重而烧坏行输出管。检测时仍然将机械万用表红表笔接地,用黑表笔去测量。一般加速极电压输出端对地电阻应大于 3MΩ;190～200V 视放供电端对地电阻应大于 250Ω;12～25V 各低压供电端对地电阻应大于 250Ω。如果某一路输出端对地电阻太小,则应检查该路整流二极管是否击穿,滤波电容是否严重漏电,负载是否短路或损坏。

(3)直流电流检测法。

如果以上两步检测均未发现故障点,则可以试通电作进一步检测。由于故障原因不明,通电时应持谨慎态度,手不离开电源开关,以便随时断电。为了进一步弄清故障,最好在通电时监测行输出级电流,可将电流表串接在行输出变压器初级绕组进线端测量;也可以在行输出变压器初级进线端的限流电阻两端并接电压表,测量该电阻两端电压,然后用欧姆定律计算出行输出级电流。一般来说,

37cm 彩色显像管的行电流为 300～350mA,47cm 彩色显像管的行电流为 350～400mA,54cm 彩色显像管的行电流为 400～500mA。屏幕越大,行输出级电流就越大。维修中要注意积累经验,如果检测中发现行输出级电流很大,甚至超出正常值一倍以上,就应考虑行输出变压器是否匝间局部短路;行偏转线圈是否局部短路;行、场偏转线圈之间是否漏电。在原因不明的情况下,每次通电时间要短,并注意观察通电时间内有无异常反应。

(4)直流电压检测法。

在进行电压检测时,应首先测量行输出管基极电压,在行扫描电路工作正常时,行输出管基极应为负电压,一般为 $-0.3～-0.5V$。若行输出管基极无负压,则为行激励脉冲没有到达输出管基极,应重点检查行振荡和行激励级;若行输出管基极有负压,则应重点检查行输出级。可进一步测量行输出管集电极电压,行输出管的集电极电压近似等于行输出级供电电压。若行输出管集电极无电压,则应检查限流用的熔断器电阻是否熔断,行输出变压器初级是否开路。若发现熔断器电阻熔断,一般是由于行输出级电流太大造成的,应待查明原因后,才可以再次通电。

由于多数彩色电视机在扫描集成块内都设置有 X 射线保护电路,因此,在试通电时,如果行输出级不工作,则应首先查一查 X 射线保护电路是否起控。由于 X 射线保护电路起控,需要一定时间,所以可以测量开机瞬间关键点的电压,根据其是否正常来判断。在排除 X 射线保护电路起控后,再检查其他电路。

(5)dB 电压检测法。

dB 电压检测法就是用万用表的 dB 挡来判断有无脉冲电压的测试方法,又称非正弦波交流电压检测法,是在没有示波器的情况下判断有无交流信号的方法。具体的方法是用万用表的 dB 挡(交流电压挡),将红表笔插到 dB 孔测量。没有 dB 孔的万用表,就用一只 $0.1\mu F$ 到 $0.47\mu F$ 的电容器,耐压要大于被测量电路的峰值电压,电容器的一端焊接到电路的"地"上,另一端接到黑表笔,红表笔接测试点,用交流电压挡测量某点对"地"的脉冲电压。注意用 dB 法测量到的 dB 电压值,只是用来估计脉冲电压的幅度或者判断有无交流信号的存在,并不是信号电压的高低。

用 dB 挡可测量集成扫描电路的行频脉冲输出脚输出的行频脉冲、行激励级集电极的行频脉冲、行输出管基极输入的行频脉冲、行输出管集电极的逆程脉冲(这里的 dB 电压为几百伏,测量时要注意 dB 挡内的隔离电容器的耐压问题)。通过测量这些点的 dB 电压,就可以估计行频脉冲的幅度和有无。通过测量场扫描中场输出级、场偏转线圈上的 dB 电压,可以知道场扫描有没有形成场频脉冲锯齿波。这是在业余情况下测量脉冲电压的好方法,应注意积累测量经验和测试数据,以便今后维修。如行激励级集电极的 dB 电压,若激励级供电 100 伏以上,则集电极的 dB 电压就应该为 70V 到 130V;若供电电源为 50V 以下,则集电极的 dB 电压就小于 50V。行输出管基极的 dB 电压一般为 3V。

(6)示波器关键点波形测量法。

电视机行、场扫描电路从振荡级到激励级,再到输出级,都存在着信号的传递,可以通过测量这些点有没有信号波形的传递及波形的形状和幅度,就能够清楚地知道电路的工作状态。

以上维修方法并不是在维修每个故障时都会用到,应灵活应用。

3. 行扫描电路的关键检测点

行扫描电路的关键检测点如图 2-34 所示。

(1)集成电路的行脉冲输出引脚(A1 点)。

集成块内经行激励电路整形、放大后的行频脉冲,从集成块的行脉冲输出引脚(A1 点)输出,直接耦合至行激励管 VT1 的基极。由于该脚至 VT1 基极采用的是直接耦合形式,故用万用表测量行激励管 VT1 基极直流电压的大小,就可以判断 A1 点是否有行频脉冲输出。正常时,A1 点直流电压为零点几伏。当 A1 点无行频脉冲输出时,A1 点直流电压为 0V。因此,从 A1 点直流电压的测量就可以确定故障在 A1 之前的电路,还是在 A1 之后的行激励与行输出电路。

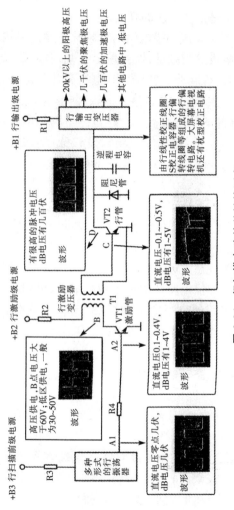

图 2-34　行扫描电路的关键检测点

另外,A1 点有无行脉冲输出,也可用万用表 dB 挡(或直流电压挡附加行频检波器)测量,或用示波器观察输出信号的波形来判断。

(2)行激励管 VT1 集电极(B 点)。

行激励管 VT1 集电极(B 点)的直流电压应明显低于它供电的电源电压(有些采用一百多伏供电,而有些采用几十伏供电),而又往往高于 10V。若该点直流电压正常,则表明行激励及行振荡电路基本正常;若 B 点直流电压等于给它供电的电源电压,则表明行激励管 b-c 结开路或行振荡电路停振;若 B 点直流电压等于 0V,说明行激励管供电有问题,或行激励变压器初级开路,也可能是 VT1 已击穿短路。用万用表 dB 挡测 B 点时,指针应有较大角度的偏转;若不偏转,说明 B 点无行脉冲输出。

(3)行激励管基极(C 点)。

C 点是行激励变压器的输出端,也是行激励管的基极。正常时,该点的直流电压应为负值。测量该点直流电压时,若表针反偏,说明该点有行脉冲,否则无行脉冲。用万用表 dB 挡或示波器也能检测该点有无行脉冲,但 C 点脉冲应明显低于 B 点。

(4)行激励管 VT2 集电极(D 点)。

行激励管 VT2 集电极(D 点)的直流电压基本等于＋B1 电压,同时有很高的 dB 脉冲值。通过测量该点的直流电压,可以判断行激励管的供电是否正常;通过测量该点的 dB 脉冲,可以判断行输出电路是否工作。判断行输出级是否正常工作还有以下一些方法:直接观察显像管灯丝是否点亮;用示波器观察行输出变压器灯丝绕组是否有 20 多伏峰值的行逆程脉冲。以上方法只要选择一种,就可判断出行输出级是否正常工作。

(5)判断行输出变压器是否有高压的方法。

①用专用高压测试表笔,直接测量显像管高压嘴内的高压。

②手持较长纸条,使纸条自然下垂,离荧光屏 3～5 cm 的距离;然后再打开电视机的电源开关,观察纸条是否被吸至荧光屏上。如能则说明有高压,否则无高压。

③手持试电笔接近行输出变压器的高压输出线(应保持一段距离),试电笔氖管如发光,表明有高压;否则为无高压。

4. 行扫描电路常见故障分析与检修

行扫描电路的常见故障有无光栅、无伴音,垂直一条亮线,行幅不足,图像行中心偏左或偏右,行不同步,光栅暗等。

(1)无光栅。

①故障分析:

无光栅故障是行扫描电路最典型、最常见的故障。其故障部位很多,有行扫描电路、高压与束电流自动保护电路、电源、视频放大电路及显像管电路。这里只分析行扫描引起的无光栅。

对于无光栅故障的观察一定要仔细,要开大亮度来看有没有很暗淡的光点、亮线,有就不属于无光栅故障。无光栅也无亮点是因显像管不具备发光的条件,是没有显像管工作需要的高压、中压及灯丝电压,这些电压都需要行扫描电路提供。行振荡、行激励、行输出电路都有可能产生此故障。可能的故障部位及原因如下。

a. 行振荡器停振:没有行频脉冲信号送到后级,后级无法正常工作。

b. 行激励级损坏:常见行激励管损坏、行激励管集电极电阻器损坏、激励变压器损坏等。

c. 行输出级故障:这是最常见的原因,因为行输出级工作在高电压、大电流的条件下,行输出级出故障的概率必然就大。常见的有行输出管、阻尼二极管、逆程电容器、S校正电容器、行输出变压器等击穿或者短路,这些都会导致无光栅故障,往往同时会导致行输出级的供电电压下降,因此要注意区分是电源故障还是行输出级故障。

②检修思路和方法:

当电视机出现无光栅故障时,由于故障范围比较宽,要注意区分故障是否在行扫描电路中。对于公共通道、伴音电源由开关电源直接提供的机型来说,如果伴音正常,证明电源电路是基本正常的,而没有光栅,故障就在行扫描电路及显像管和显像管的附属电路;如果是"三无"(无光栅、无图、无声)故障,就要考虑电源是否有故障,很多时候是因为行扫描电流过大,导致电源工作不正常。对于公共通道、伴音电源由行输出变压器提供的机型来说,如果伴音正常,证明行扫描电路是基本正常的,而没有光栅,故障一般在显像管和显像管的附属电路;如果是"三无"故障,故障点应在电源或行扫描电路。要判断电源工作是否正常,办法很简单,就是用假负载代替行输出级,若电源输出电压恢复正常,则故障在行输出级。具体做法:断开行输出级,往往都有一只限流电阻器或者一个滤波电感器,直接断开它就可以了,用假负载代替(比较好的是用一只 60～100W/220V 的白炽灯代替,其发光的强弱就能够初步估计电压的高低,一端接地,一端接行输出级供电端)行输出级。如果你不愿意去找限流电阻这类元件,更简单的方法就是找到行输出管,短接行输出管基极与发射级,让行频脉冲信号不能够送到行输出管,把假负载接到集电极与地之间就可以了。

行扫描电路引起的无光栅故障检修:首先,用在路电阻检测法,检查有没有短路性故障,排除短路性故障后,再进一步通电检查;其次,用电流检测法看行输出级有没有交流短路故障,再用关键点电压检测法、dB 电压检测法、示波器关键点波形测量法,找到故障部位,确定故障元件。

③检修步骤:

下面就结合图 2-34 讲述具体检修步骤。

a. 用直观检查法看限流电阻器、行输出变压器、行输出管、阻尼二极管、逆程电容器等有没有明显的损坏痕迹。

b. 用在路电阻检测法检查行输出管集电极(D 点)对地电阻值,应该大于 3kΩ。如果小于 3kΩ,就要检查行输出管、阻尼二极管、逆程电容器、S 校正电容器、行输出变压器等元件是否有短路或者漏电现象。如果有,就更换或者处理。

c. 通电测量行输出级供电点＋B1 处的电流,正常情况下应该在几百毫安范围内,如果太大就意味着行输出级有交流短路现象,常见的是行输出变压器线圈局部短路、行偏转线圈局部短路等,建议替换后重测。如果电流小,则进入下一步检测。

　　d. 测量关键点直流电压、dB 电压及波形(实际应用时可以用其中的一种或者两种,不是都要求用到),判断故障所在电路的大致范围。

　　Ⅰ. 测量行激励级基极(A2 点)的直流电压、dB 电压及波形,判断故障在行扫描前级还是在行扫描后级。A2 点测量出的参数正常,说明故障在行扫描后级电路;不正常,故障就在行扫描前级及行扫描前级与行激励级基极间的耦合回路中,可进一步测 A1 点,就能够确定故障的位置了。

　　Ⅱ. 集成电路的行振荡器的检查。检查涉及行扫描的几个关键引脚,一般是行扫描集成块的供电引脚＋B3 电压,行振荡器引脚及外围元件(有的是振荡电容器,有的是石英晶体谐振器)。检测这些引脚的直流电压和在路电阻值。若外围元件正常,就是集成块故障。如果行振荡器不能够输出行频脉冲,要注意是不是因为 X 射线保护电路起控或者误动作。判断方法:一是可以测量在开机瞬间有没有行频脉冲信号输出,有输出,就是保护电路动作造成;开机瞬间也没有行频脉冲输出就在行振荡器电路本身。二是断开保护电路重新测量;要注意断开行扫描后级电路(比如不给行输出级供电,就是断开＋B1 与行输出级的连接,而改用假负载代替＋B1 的负载。当然也可以直接断开行激励级的集电极供电),因为不断开行扫描后级,就可能产生过高的电压,从而损坏其他元件等。行振荡器没有正常工作,行扫描后级也没有办法工作,当然就无光栅了。

　　Ⅲ. 行激励级检查。从工作点来看,发射结是浅正偏的,就是没有达到导通电压,集电极电流又不为零,也就是行激励管集电极电压(B 点电压)小于行激励级供电电源电压＋B2,这是该级电路工作在开关状态的明显标志。通过检测 A2 点、B 点、＋B2 的电压,就能够判断行激励级的工作状况了。结合 dB 电压和波形测量就更快更准。行激励级没有正常工作,行输出级就得不到行频脉冲,所以会导致无光栅。

Ⅳ.行输出级检查。行输出管的导通靠的是行激励变压器次级的感应电压来工作的,测量到行输出管基极电压为负值,就说明行频脉冲送到了行输出管的基极。这个负压越高,激励信号就越强。行输出级也是工作在开关状态的(发射结电压没有达到导通电压,甚至负偏,集电极电流不为零)。导致无光栅故障,多为行输出管损坏、逆程电容器击穿、阻尼二极管击穿、S校正电容器击穿、行输出变压器损坏、行偏转线圈有短路等。行输出级不能正常工作,就不能够给显像管提供正常的工作电压。

Ⅴ.行输出变压器的检查。这个是许多初学者感到非常头疼的元件,其实,它和其他的变压器具有相同的特性,那就是变压器绕组之间是相互联系的,又是相互独立的。相互联系是因为它们都接受同一磁场的作用。一般来讲,一个绕组的电压正常,其他绕组的电压就应该是正常的,除非这个绕组自身有故障或者这个绕组的负载有故障。实际上这个绕组短路或者这个绕组的负载电流过大,都会在其他绕组中得到反映,其他绕组的电压也会随之下降。相互独立是说它们的绕组在内部是独立的,各自生成电压参数。在行输出变压器代换时,对于有的绕组的电压可以修正或者通过绕制新的绕组(绕制到行输出变压器露出来的磁芯上,然后连接至U电路中就可以了)来产生。用同型号的行输出变压器来进行替换,是最准确的检查方法。行输出变压器内部匝间短路,或绕组与绕组间击穿短路,只有更换同型号的行输出变压器。

(2)光栅暗、光栅亮度不均。

①故障分析:

光栅暗、光栅亮度不均故障的部位除行扫描电路外,还可能在显像管及显像管附属电路。

对于行扫描电路来说,由于显像管已经发光,说明行扫描电路能够工作,能给显像管提供各极电压,但电压较低,比如高压、中低压等。比较常见的原因如下所述。

a. 行输出级供电电压太低。行集电极脉冲电压为供电电压的8~10倍,如果供电电压低了,这个脉冲电压自然也就低了,由这个电压变压得到的各组电压也就会降低,所以光栅会变暗。但是,同时行扫描的幅度也会降低,这是因为行输出级供电电压降低,行锯齿波幅度必定也会降低。如果仅是光栅亮度暗,就不是这个原因。

b. 逆程电容器容量太大,亮度会降低,但光栅的幅度要随之增大,且使用中的电视机,逆程电容器只会减小,不会增大。所以,这个原因只有在维修中才可能遇到。

c. 行输出变压器性能不良。比如行输出变压器有轻微的局部短路、漏电,就会导致高压、中压下降,从而导致光栅亮度暗,但同时伴有行输出级电流增大、行输出管发热量大、行输出变压器发热等现象。

d. 行偏转线圈局部短路。造成行输出级负载增重,行输出级工作不良,影响各组电压的产生。

e. 中压整流、滤波电路不良,会出现光栅亮度不均。实际上,这个中压作为视频放大输出级的电源,由于滤波不良,纹波系数增大,使视频放大输出级的供电电压不稳,显像管的阴极电压在每行的开始端电压高,随后逐步降低。所以,光栅左右的亮度会有变化,形成亮度不均。一般可以看到该电解电容器有漏液、引脚锈蚀、断裂、外壳龟裂等。如果是中压整流二极管不良,一般就是反向特性变差。

f. 显像管的石墨层脱落严重,石墨层接地不好,影响高压的形成与滤波。这种情况不多见。

②检修思路和方法:

对于这样的故障要反复调节亮度、对比度,甚至调节一下加速极电压,看光栅的亮度有什么变化,观察光栅的幅度是不是也有变大或者变小的情况。采用电压检测法检查行输出级的供电电压＋B1、行输出变压器输出的几组低压和中压是不是有降低的情况。

③检修步骤:

a. 直观检查法,检查有没有元件(包括显像管外的接地和石墨层)外形有问题和损坏的痕迹,如果有,就处理它。

b. 测量供电电压＋B1,看是否降低。

c. 测量行输出变压器产生的几组低压和中压,看有没有降低,以估计高压是否正常。

d. 测量显像管的供电电压,看灯丝电压是否降低,加速极电压是否降低,栅极与阴极电压是否可调且在正常范围。

(3)行幅窄或者行幅宽。

①故障分析:

出现行幅宽或者窄,证明已经形成了行频锯齿波,只是行频锯齿波的幅度大了或者是小了,以及行逆程脉冲电压高了或者低了。行扫描前级及行激励级电路工作是正常的,故障在行输出级。可能的原因如下所述。

a. 行输出级供电电压不正常。供电电压升高,行幅增大,同时亮度也会有所提高;供电电压降低,行幅变窄,同时光栅的亮度也会有所降低。这个原因在前面的光栅暗的故障分析中已经讲到,这里不再赘述。

b. 逆程电容减小、失效。逆程电容的大小将改变行逆程时间的长短,逆程时间的长短将改变行逆程脉冲电压的高低。逆程电容减小,直接的影响就是逆程脉冲电压升高,高压、中压等升高,使电子束从电子枪发射出来到达荧光屏的时间缩短,在相同偏转磁场的作用下,偏转的距离减小,导致行幅减小。电压的升高,到达一定程度,X射线保护电路就会起控,形成无光栅故障。

c. 行输出变压器局部短路。这会导致行频锯齿波幅度减小,使得高压降低,会使电子束到达荧光屏的时间增长,行幅会变宽,同时亮度会降低。

d. 行偏转线圈及偏转回路元件变质。偏转线圈故障将使偏转线圈的偏转效率降低,偏转回路元件变质,输入偏转线圈的电流减小,形成的偏转磁场减弱,行幅减小。

e. 逆程电容器、阻尼二极管、行输出管等性能变差。这些都会影响锯齿波的幅度,影响光栅的幅度。

f.枕形校正电路失常。一般大屏幕彩色电视机均设置有枕形校正电路,从电路的原理分析,枕形矫正电路直接影响送入行偏转线圈的锯齿波电流形状和幅度。所以,枕形校正电路故障对行幅的影响非常明显。枕形校正电路故障在影响行幅的同时,还会出现枕形失真。

②检修思路和方法:

要注意观察光栅的亮度是不是也发生了变化,有没有出现枕形失真的情况,可以用直流电压检测法检查各个关键点电压。对于有枕形失真的电视机,若是带有总线控制,就应先进入总线进行调整;如果没有总线控制,就调整相应的枕形校正电位器,调整不好时才进行维修。

③检修步骤:

a.测量＋B1 的电压是否正常,这个是行输出级工作正常的关键。

b.测量行输出变压器产生的几组低压和中压,看有没有变化,以估计电路中是否存在短路或者漏电的故障:如果降低了,就要考虑行输出级的几个元件(行输出管、行输出变压器、逆程电容器、阻尼二极管、S 校正电容器、偏转线圈)是不是漏电或者性能不良,偏转线圈和行输出变压器是不是有短路,这些元件最好采用替换法来解决。

c.对于大屏幕电视机,在行幅变大或者变小,又有枕形失真的情况下,应先进行枕形失真的维修,具体的就是先调整,再检查枕形校正电路的故障。在解决好枕形失真故障后,行幅不正常的故障也基本就解决了。

(4)行线性差。

①故障分析:

行扫描的线性失真主要有:行输出管、阻尼二极管等元件导通的非线性及偏转线圈的磁场变化的非线性,导致的是光栅右边压缩;电磁偏转和显像管的曲率半径不同,带来的是两边延伸性失真和枕形失真。在电视机中,专门针对每种失真设置了对应的校正或者补偿措施。因此,影响电视机的行线性的原因有:

a. 行线性校正线圈失效、调整不当。

b. S 校正电容器失效，或者电容量减小太多。

c. 行输出管、阻尼二极管的导通特性变差。

d. 行振荡器产生的行频脉冲宽度不对，导致行输出管导通的时间长短不对。

e. 枕形失真校正电路故障。

②检修思路和方法：

要注意观察光栅的线性不好是属于哪一类线性不好，是哪一个部分出现明显的失真。判断正确后，再针对失真的形成原因，找到故障部位。常采用的办法是先考虑是不是调整不当造成的，即先试调。若经调整不能消除故障，再对可疑元件进行替换检查。如果考虑是行频脉冲的脉冲宽度不对，就只能用示波器检测法检查行扫描集成电路输出的行频脉冲宽度了。

③检修步骤：

a. 针对失真情况，找到对应的调整元件进行调整。注意调整时记住调整元件原来的位置，必要时做一个标记。总线调整的，记住原来的参数数值，边调整边观察故障现象的变化。如果调整对故障现象没有影响，就说明故障不在这个调整元件，或者不是调整不良的问题。这时应停止调整，并且将调整元件调回原来位置；有总线调整的电视机，调整回原来的参数数值。

b. 对可疑元件进行替换法检查。如果替换后，故障现象没有什么改善，立即换回原来的元件。应注意行线性校正线圈是有极性的元件，它与偏转线圈之间有一个同名端关系，不要安装反了，线圈上是有标记的。

c. 用示波器检测法检查。检查行振荡器输出的行频脉冲的脉冲宽度，正常的脉冲宽度为 $18 \sim 20\,\mu s$，这样才能够保证行输出管导通时间为 $44 \sim 46\,\mu s$，以利改善行扫描右边光栅的线性。若不正常，就检查振荡元件的参数是否发生了变化，但这种情况并不多见。

(5)垂直一条亮线。

①故障分析：

有垂直一条亮线，说明显像管各极的工作电压正常，行扫描电路工作基本正常，只是行偏转线圈中没有行频锯齿波电流，故障原因是行偏转回路故障。可能的原因如下所述。

a. 行偏转线圈和主板的连接件有开路性故障，或者行偏转线圈开路。

b. 行线性调整线圈（磁饱和电抗器）开路。

c. S 校正电容器开路。

②检修思路和方法：

这种故障都是元器件开路造成的，所以，对这些可能的故障元件进行检测，就能够找到故障所在。主要采用在路电阻检测法检测。

③检修步骤：

a. 用在路电阻检测法检查行偏转线圈的插件处的电阻值。这个电阻值就是到行偏转线圈的直流电阻值，正常情况下，只有$1\sim2\Omega$。当行偏转线圈的接插件及引线有开路或者接触不良、行偏转线圈开路等时，电阻值就会变大。

b. 用在路电阻检测法检查行线性调整线圈的电阻值。由于它用的是比较粗的漆包线，且匝数比较少，所以，测量的电阻值几乎是为零。

c. 拆下 S 校正电容器，测量其电容量，看它是不是已经开路或者容量极小。必要时采用替换法试一试。

（6）行不同步。

①故障分析：

行不同步故障现象是图像出现左右移动或者出现斜影条。产生这种现象的故障原因是电视机的行扫描相位或者频率与电视台发送的行频信号相位或者频率没有完全同步，可能原因有：

a. 行振荡器的频率偏离正确的行频（$15\,625\mathrm{Hz}$）太远，超出了行同步捕捉范围，行同步电路不能使之同步。

b. 行同步电路（AFC 电路）故障。

c. 行逆程脉冲回授电路故障，没有把行逆程脉冲送到行同步电路(AFC电路)中形成比较信号,不能够完成锁相过程。

②检修步骤及方法:

a. 调整行频。行振荡频率偏差较大与 AFC 不良都会出现行不同步的现象。区别方法:一边调节行频电位器,一边观察斜影条的方向和宽窄是否发生变化。调整时是向着把斜影条越调越宽的方向进行的。如果在调节行频电位器时可以使图像在水平方向上瞬间稳定,则说明 AFC 电路工作不正常;若图像在水平方向上不能瞬间稳定,则说明行振荡电路的振荡频率偏离 15 625Hz 太远,故障在行振荡电路。这种方法对集成块外部设置有行频电位器的机型有效。如 TA7698AP,它的㉞脚外接的电位器就是行频电位器。当故障部位确定下来后,再对相关电路进行检查。

b. 行 AFC 电路的检查可以用万用表测量输入端和积分滤波端的直流电压,以及用示波器(或万用表 dB 挡)测量 AFC 电路输入端的比较脉冲来进行。行逆程脉冲回授电路没有几个元件,也可以逐个元件进行检查。

c. 检查行振荡电路故障,可采用示波器(或万用表 dB 挡,或万用表附加行频检波器)测量集成块外接定时端子及行频脉冲输出端的信号波形(或电压)。如果不正常,应先检查集成块外接的行定时元件。在外围元件正常的情况下,再更换扫描集成块。对于行频脉冲由 4.43MHz 色副载通过分频形成的机型,应注意检查 4.43MHz 晶振是否存在频偏现象,以及检查行 AFC 环路滤波。

(三)场扫描电路故障检修点

1. 场扫描电路的关键检测点

场扫描电路包括场扫描前级和场输出级两部分。现在生产的彩色电视机,场扫描前级均采用集成电路,输出一个场频信号;场输出级采用集成电路功率放大器(安装在散热器上的人功率集成块),形成足够大的锯齿波电流,送到场偏转线圈,使电子束做上下的扫描运动。场扫描电路的关键检测点如图 2-35 所示。

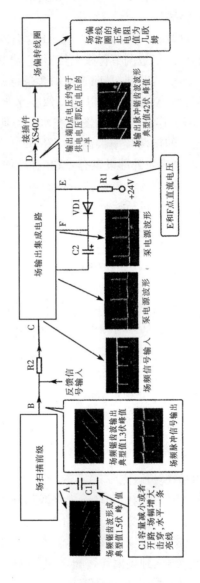

图 2-35　场扫描电路的关键检测点

(1)场锯齿波形成电容端(A 点)。

小信号处理集成电路的场锯齿波形成电容端(A 点),它内接场锯齿波形成电路,外接场锯齿波形成电容及 RC 充放电回路。该端子上的场锯齿波信号可以反映场锯齿波形成电路及场触发分频电路工作时正确与否。用示波器或万用表附加场频信号检波器检测 A 点波形或电压,可以判断场锯齿波及场振荡电路是否正常。用万用表附加场频信号检波器检测时,该点电压典型值为 0.7V 左右。

(2)场激励电路输出端(B)点。

小信号处理集成电路的场激励电路输出端(B 点),输出场频信号(输出信号有两种情况:有些集成块输出的是场频脉冲锯齿波信号,而有些集成块输出的则是场频脉冲信号),送至场输出电路。

一条水平亮线故障,故障范围很大,场扫描前级和场输出级都可能产生这种故障。因此,B 点是判断场扫描故障位于场扫描前级还是在场输出级的关键点。用示波器或万用表附加场频信号检测 B 点波形或电压,可以区分故障在场扫描的前级还是在后级电路。也可焊开 R2 的一个引脚,在 R2 另一端输入一个低频信号或用万用表 R ×10 挡干扰此点,观察荧光屏上水平亮线能否拉开或上下闪动。若能拉开,则为场扫描前级电路故障;若水平亮线无变化,则为场输出电路故障。

(3)场输出电路的输入端(C 点)。

该点的检查方法与 B 点基本相同。

(4)场输出电路的输出端(D 点)。

该端直流电压约为供电电压的一半(即 1/2Vcc)。若该端直流电压偏离正常值,说明场输出电路有故障,可能是外围元器件有问题,也可能是场输出集成块损坏。若为分立元件的场输出电路也可能是场输出管损坏。

另外,场输出电路的供电端、自举升压端,也应作为关键检测点。

2. 场扫描电路检修方法

早期的彩色电视机往往有可供调节的场频、场线性、场幅度、场中心等调节元件,还有维修开关。这些元件使用日久,易出现接触不良现象甚至损坏,维修时可以轻轻地敲击或者调节一下元件,注意观察故障现象是否有变化。如果有变化,就证明有接触不良的问题存在,再找到故障元件进行更换。对于一条水平亮线故障,判断故障范围可以采用干扰法,检修中还可以用观察法、替换法、在路电阻检测法、电压检测法、波形检测法,要根据故障现象灵活运用。对故障的观察要仔细,并且要反复调节,看故障是不是有变化。这些对判断故障的位置都非常重要。比如,场线性差的故障,光栅顶部压缩且有数条密集的回扫线,其故障原因是场输出级升压电路(泵电源电路)故障,导致逆程脉冲电压下降,形成上部回扫线。一般多为升压电容器不良,或者升压二极管不良,建议用替换法检查,因为元件性能参数下降不容易测量出来。对于 OTL 场输出级,输出耦合电容器不良,也会导致上部或者下部压缩,但是顶部没有回扫线,也建议采用替换法。整个屏幕从上到下来看,有的地方密,有的地方疏,故障一般发生在场输出级与场激励级之间的反馈电路中。有场线性调节电位器的机型,就先调节一下,看能不能调节好;对于总线控制的电视机,则应该进入维修状态,进行调整。

3. 场扫描电路常见故障分析与检修思路

场扫描电路常见故障现象有:水平一条亮线,场线性不良,场不同步等。

(1)水平一条亮线。

①故障分析:

水平一条亮线故障说明场偏转线圈里没有锯齿波电流,而行偏转正常。由此可知,电源及行扫描部分工作正常,故障只在场扫描部分。从场振荡器到场偏转线圈,任何一个单元电路发生故障,都可能出现水平一条亮线。常见故障原因有:

a. 场输出级的供电电路故障,导致场输出级没有正常的工作电源。场输出级供电往往都有限流电阻,看该电阻是否有过热的痕迹。

b. 场输出集成电路引脚脱焊。因为场输出级功率大,电流也大,所以场输出电路很容易出现脱焊,故障率较高。这种故障形成一条亮线有一个过程,刚开始是连续工作一段时间后出现一条亮线,关机冷却一段时间再开机,又能够正常工作一段时间,以后正常工作的时间越来越短,最终形成一条亮线,拍一下机壳又能够显示一下,这就是明显的接触不良故障。检修时,应注意观察场输出集成块引脚是不是有脱焊或者虚焊现象。必要时,在关机后用表笔或者镊子去碰一下集成块的引脚,看有没有松动的感觉。

c.场振荡器停振。其原因有场振荡器没有供电;或场振荡元件严重损坏,导致无法起振。现在的电视机,行振荡和场振荡由一个芯片完成,有的甚至由芯片内同一个电路完成振荡,只有一个振荡器,场振荡信号是通过行频信号分频得到的,出现这种故障的可能性比较小。如果的确是这部分故障,就只可能在场分频器电路。

②检修思路和检修方法:

首先,可以用干扰法从场输出级的输入引脚注入信号,看亮线能不能展开点。如果展开了一点,那么故障在场扫描前级,即场振荡器和锯齿波形成电路;如果没有反应,故障就在场输出级电路。然后,就可以用电压检测法检测各个关键检测点的电压,用电阻检测法检查元件,包括集成块的好坏,还可以用波形检测法检查关键点的波形。首先检查场输出级的输入端有没有场频信号输入,如果有,故障就在场输出级;如果没有,故障就在场扫描前级。

③检修步骤:

下面就以超级芯片 LA76931 和 LA78040B 组成的场扫描电路(参见图 2-36 和图 2-37)为例,介绍本故障的检修步骤。

首先在 LA78040B 的输入脚①脚注入干扰信号,若屏幕上的水平亮线闪动,说明场输出电路是正常的,故障在场扫描前级电路,应检查 LA76931 与场扫描有关的部分(包括外围元件);若屏幕上的水平亮线不闪动,说明由 LA78040B 组成的场扫描后级及场偏转电路有故障。由于行、场扫描共用一个扫描振荡电路,因此,出现一条水平亮线故障,故障点不可能在振荡器电路,而应在锯齿波形成及耦合

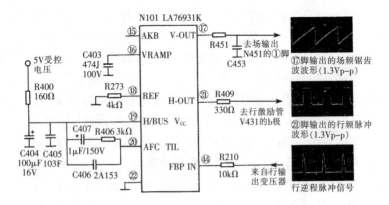

图 2-36　由 LA76931 超级芯片组成的行、场扫描前级电路

回路中。也可以检查 LA76931 的⑰脚的场扫描锯齿波输出情况,确定故障在场扫描前级还是后级,然后针对不同的故障点进行检修。这类故障可按流程图 2-38 进行检修。

(2)场幅不足。

①故障分析:

场幅不足,说明场偏转线圈里的场偏转磁场不够强,也就是说,送到场偏转线圈的锯齿波电流的幅度不够。导致场偏转线圈锯齿波幅度不够的常见原因如下所述。

a. 在锯齿波形成时幅度就不够。主要是锯齿波形成元件不良,比如锯齿波形成电容器漏电、锯齿波形成电阻器阻值变化等。

b. 对锯齿波的放大量不够。主要是放大器的反馈回路元件变质,或者给放大器的供电电压下降。

c. 耦合元件变质,导致对信号的衰减大。主要是耦合电容器容量下降或者隔离电阻器阻值变大等。

d. 场幅度调节电路不良,或调整不正确。早期的电视机设置有场幅度电位器,使用日久后容易出现接触不良现象,可调节一下试试;对于采用总线调整的机型,应进入维修状态,试调一下场幅(V. SIZE)总线数据,看场幅能否调为正常。

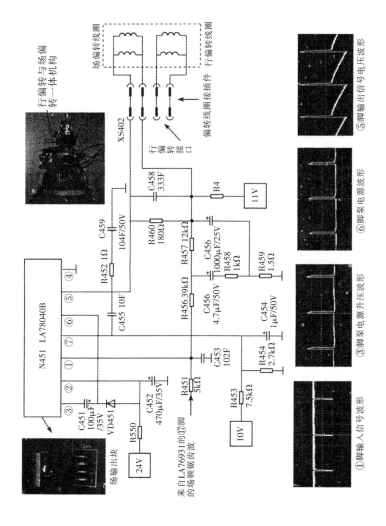

图 2-37 LA78040B 场输出级电路

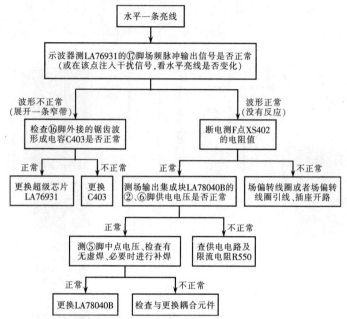

图 2-38　水平一条亮线的故障检修流程(LA76931＋LA78040B)

②检修步骤:

仍然以 LA76931 超级芯片电视机(参见图 2-36 和图 2-37)为例来讲述其检修步骤。

a. 进入维修状态后,试调场幅总线数据。若能调整正常,则为总线数据错误;反之,则为硬件故障,需要开机维修。对于不是总线控制的电视机,就没有这一步骤。

b. 用示波器测量 LA76931 的⑰脚锯齿波幅度,从图 2-36 可知,幅度应该在 1.3V 左右,目的是判断故障在场扫描前级还是场扫描后级。幅度不足,就需要检查 LA76931 的⑯脚的锯齿波幅度,正常应为 1.5V 左右,否则就检查外接的锯齿波形成电容器 C403 是否不良。最好采用替换法检查。如 LA76931 的⑰脚输出信号幅度正常,则故障就在场扫描后级。

c. 检查后级供电电源是否正常,就是测量 LA78040B 的②、⑥脚电压是否在 24V 左右。如果电压低,就测 24V 的供电电源电压和限流电阻器 R550 是否变大;供电电压正常,就应该重点检查反馈电路元件是否变质。

d. 检查几个关键的影响幅度的反馈元件,特别是 R459(1.5Ω) 电阻值是否变大。这个电阻值变化对场幅度影响非常大。

e. 检查几个关键的耦合元件是否变质。

(3)场线性不良。

这种故障是因为场偏转线圈中的锯齿波的线性不好造成的。导致场锯齿波线性不好的原因有:锯齿波形成时线性不良,故障在锯齿波形成电路,主要是锯齿波形成电容器性能不良;场线性校正电路不良,场线性校正电路是一个反馈过程,这个反馈回路出现故障,就会失去对场线性校正的作用,这是比较常见的故障原因。

检修时,主要采用波形检查法进行检修,结合调整电路参数。故障涉及的电路元件不多,检修与调整方法基本与场幅不足相同,这里就不再赘述了。

(4)场回扫线。

场回扫线故障现象是在屏幕上由上到下出现十几条白线,或者只在屏幕上方有数根密集的白线。出现场回扫白线,就意味着在场回扫期间电子束没有截止,在屏幕上留下了扫描的痕迹。电视机中消除场回扫线的办法是从场输出级引出场逆程脉冲,作为场消隐信号,送到消隐电路,加至视放缓冲管的基极(同时还加有由行输出级送来的行逆程脉冲),在场逆程期间,使视放缓冲管截止,这样屏幕上就不会出现场回扫线了。

场回扫线故障是无场逆程脉冲送到消隐电路,或者场逆程脉冲幅度不够造成的。检查这种故障,应先检查场消隐电路。对于图 2-39 所示电路来说,当 R423、VD308 任意开路时,都会使场逆程脉冲中断,从而出现本例故障。然后再检查逆程扫描供电电压是否正常。逆程扫描供电电压不正常,会导致逆程脉冲幅度大大降低。有的是泵电源电路,就要重点检查泵电源升压二极管和升压电容器。泵电

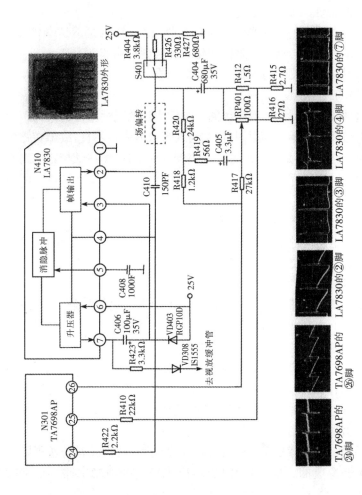

图 2-39 场输出集成电路 LA7830 内部电路框图及其应用电路

源出现故障就没有升压,在输出电源供电脚就没有升压波形。

(5)场不同步。

这种故障的现象是,图像上下滚动不止,伴音正常。故障原因主要有两个:一是场振荡电路没有被场同步脉冲同步;二是场振荡频率偏移太大。

调节场频电位器,若能使图像瞬间稳定,则表明场振荡电路基本正常,只是场同步信号分离电路出了问题。对于黄河牌 HC-47 型彩色电视机,则查 TA769AP㉘脚与㊱脚间外接的场同步脉冲积分电路中的元件是否不良(参见图 2-40)。

调节场频电位器,若图像不能瞬间稳定,则为场振荡频率偏移过大。

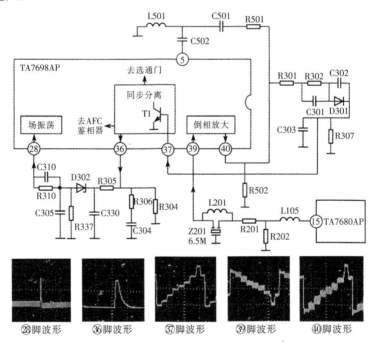

图 2-40　同步分离电路

第六节　显像管电路的维修

一、显像管的结构组成与工作原理

(一)彩色显像管的结构组成

彩色显像管的大体结构与黑白显像管相似,也是由管脚、电子枪(在管颈内部)、荧光屏和玻壳等组成的。

图 2-41 是彩色显像管的外形结构图。

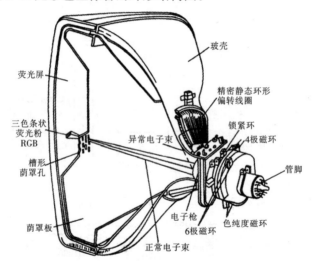

图 2-41　彩色显像管的外形结构

(二)显像管的工作原理

彩色显像管的工作原理是通过灯丝加热阴极,使阴极发射电子。加速极用来加速电子运行的速度。聚焦极将电子聚焦成很细的电子束,它在阳极高压的强电场作用下得到进一步加速,以极高的速度轰击荧光屏上的荧光粉。荧光粉受电子束轰击后发光(将电能转换为光能)。阴极发射电子的数量受栅极(调制极)的控制。电子束在射向荧光屏的过程中,在偏转线圈所产生的磁场作用下作垂直或水平扫描,从而形成了光栅。若在显像管的阴极或栅极上加放大处理后的视频激励信号,则荧光屏上就会显示出图像。

彩色显像管的荧光屏上涂有红、绿、蓝三种基色的荧光粉点(每种基色各占 1/3),并交错排列着。为获得好的色纯度和会聚,在距荧光屏约 1 cm 处装有布满荫罩孔的金属障板(也称荫罩板或分色板),每个荫罩孔均严格与一组红、绿、蓝荧光粉点相对应。为了获得三束电子束,电子枪设有三个独立阴极。在扫描过程中,电子枪发出的三束电子束在荫罩孔中交会后,再各自击中相应的基色荧光粉点。

(三)彩色显像管的类型

彩色显像管根据电子枪的结构和会聚方式不同,可分为三枪三束显像管、单枪三束显像管和自会聚彩色显像管。根据电子枪、金属障板和荧光粉排列方式的不同,三枪三束显像管又可分为影孔板点状屏三枪三束管和槽形板条状屏三枪三束管;单枪三束显像管又可分为影条板条状屏单枪三束管和槽形板条状屏单枪三束管。

1. 三枪三束彩色显像管

(1)影孔板点状屏三枪三束彩色显像管。影孔板点状屏三枪三束彩色显像管也称荫罩管,其三支独立的电子枪呈等边三角形排列;金属障板上的荫罩孔为圆形;荧光粉为点状,呈等边三角形排列。电子枪为静电聚焦式、三极式电子枪,它们各自能发射电子束,但受同一个偏转线圈的作用而扫描。

这类显像管的缺点是会聚调整较复杂,还需要附加动会聚调整电路。所谓会聚,是指显像管三束电子束在扫描中能准确地交会在荫罩孔中,以保证三基色光栅完全重合。荧光屏中央的会聚称为静会聚,荧光屏四周的会聚叫动会聚。

(2)槽形板条状屏三枪三束彩色显像管。槽形板条状屏三枪三束彩色显像管三支独立的电子枪呈水平直线排列,金属障板为槽形孔,荧光粉呈垂直条状排列。这类显像管的会聚调整较影孔板点状屏三枪三束管简单一些。

2. 单枪三束彩色显像管

单枪三束彩色显像管使用同一支电子枪来发射电子束,它除了三个阴极和控制栅极是独立的,其他电极都是公用的。这种显像管的会聚调整较三枪三束管简单许多。

(1)影条板条状屏单枪三束彩色显像管。槽形板条状屏单枪三束彩色显像管的三个独立阴极和控制栅极呈水平直线排列,共用一个电子枪体;荧光粉呈垂直条状排列;金属障板为条状隙缝垂直排列的网状结构。

(2)槽形板条状屏单枪三束彩色显像管。槽形板条状屏单枪三束彩色显像管的三个呈水平直线排列的独立阴极和栅极共用一个电子枪体;金属障板为槽形孔垂直条状结构;荧光粉呈条状,垂直排列。

3. 自会聚彩色显像管

自会聚彩色显像管是在三枪三束管和单枪三束管的基础上研制出来的,目前已基本上取代了三枪三束管和单枪三束管。它采用三枪一体化式结构及静电聚焦和自会聚系统,红、蓝、绿三支电子枪在水平方向排列成“一”字形,金属障板上布满变节距槽孔(即垂直缝隙为不连续且互相交错的小长槽孔),荧光屏上的三基色荧光粉条与之相对应。

自会聚彩色显像管除内部电极的改进外,还使用了特殊的偏转线圈,使得三条电子束在整个荧光屏上能很好地实现动会聚,这样可以省去动会聚调整电路。

自会聚显像管的管颈上设有三组多极磁环,其中四极磁环和六极磁环是用于静会聚调整的,二极磁环是用于色纯度调整的。这些磁环若失调,则会引起图像的彩色不良。

二、显像管的故障检修

（一）显像管电路的常见故障

显像管电路实际上是彩色电视机主体电路与显像管之间的接口电路。彩色电视机的主体电路如有故障，送到显像管电路的信号失常，就会使图像失常，甚至完全没有图像；如果显像管电路中的某些元器件损坏，会使加给显像管电路的某些信号或电压不正常。显像管电路板污物过多，可能引起电路之间漏电，在加速极和聚焦极电路中常会出现这种情况，这是因为加速极和聚焦极的直流电压比较高的缘故。显像管内部损坏，或是极间有短路或碰极的情况，都会造成图像失常。

（二）显像管电路故障的原因分析

在显像管电路中，主要的元件是三只视放管和其偏置元件，每个视放管的集电极接到显像管的一个阴极上，任何一个视放晶体管不良，都会引起色偏。色差信号加到该管基极上，亮度信号加到发射极上，这两种信号实际上是控制各晶体管的集电极电流，最终达到控制显像管阴极电压的目的。

（1）如果红色视放输出晶体管出现击穿短路的故障，其集电极电压下降接近地电位，显像管红阴极也接近地电位，相应红电子枪发射的电子束流达最大值，于是屏幕表现为基本全红，即红色光栅。相反，如果红输出晶体管烧断，完全无电流，则红阴极的电位上升到电源电压，红电子束流几乎为零，所以表现为缺红故障，图像出现偏蓝或青的现象。又如解码电路送来的 R－Y 色差信号如果失落，会出现同样的故障现象。检测视放晶体管的直流偏置电压或是检测色差信号，即可判断故障出在哪儿。

（2）同理，如果蓝输出或绿输出视放晶体管出现与上述类似的故障，则会出现全绿、全蓝，或是缺绿、缺蓝的故障现象。

（3）如果这些晶体管并没有完全损坏，只是有些变质，其故障现象就与变质的程度有关，即图像出现色偏的程度也就不同了。

（4）如果亮度信号失落，图像就会基本消失，这是因为亮度信号是决定图像的主要信号。

（5）亮白平衡调整电位器失调，暗白平衡调整电位器损坏或失调，均会影响色偏。

（6）如果视放输出级的直流电源有故障，其特定脚处电压失落会使显像管三个阴极电压几乎降低到0，则三个电子束流都会达到最大值，图像表现为全白光栅。由于束流过大，有些彩色电视机会出现自动保护状态，并转为无光栅、无图像。检测该引脚即可判明故障，此处正常电压为180V左右。

（7）如果加速极电压有故障，如过低或失落，会出现图像暗且不清晰的故障现象；如果此电压偏高，会出现回扫线。

（8）如果聚焦极电压失落或偏低，会出现散焦现象，使图像模糊不清。

（9）如果显像管中的放电装置因其中有污物或受潮而造成漏电，会影响相关电极的电压，也自然会出现各种故障。

（10）阳极高压电路出现故障，或是高压嘴接触不良，会引起无图像、无光栅等故障。如果高压失落，会出现无光栅的故障。如果高压过高，会出现图像缩小的现象，并会引起自我保护。如果高压偏低，会出现图像扩大并散焦的故障。

（三）彩色显像管机械故障的判断及检修

如果经过检测，末级视放电路及显像管其他附属电路的电压都正常，但荧光屏上仍不能呈现正常的光栅，就应考虑显像管本身是否已经存在某种故障。在进行彩色显像管的故障检测时，应特别谨慎，避免各种人为因素造成显像管的损坏。例如，修理过程中需要拔下显像管座；进行某些项目的检测时，应同时脱开第二阳极高压。如果此时显像管仅加上第二阳极电压，则可能会由于电压太高而对外部放电,从而击坏管颈玻璃,所以检测过程中要特别注意。

1. 衰老故障的判断及检修

彩色显像管的寿命一般可达 20 000 h,但经过长时间的使用后,是要逐步老化或损坏的。造成老化的原因很多,如慢性漏气、阴极发射能力下降、荧光粉发光效率降低等。老化的故障现象:在开机后的一段时间内,光栅较暗、图像较淡,若将亮度旋钮调得很大,则聚焦变坏。如果三个阴极的老化程度不一样,开机后的一段时间内,荧光屏上会出现偏色的故障现象,过一段时间后又可能逐渐正常。

可以采用检测阴极发射能力的方法来判断其是否老化。由于它有三个阴极,因此要分别检测。先给灯丝加上正常的工作电压,其余电极悬空,万用表置于 R×1k 挡,红表笔接栅极,黑表笔接阴极。若检测值在 10kΩ 以下,表明被测阴极正常;若检测值大于 100kΩ,表明被测阴极严重老化;若检测值在两者之间,表明已有老化现象,但并不严重,尚可使用。三个阴极的检测值最好能一致,但实际检测中常有差异,有时差异还比较大。

若三个阴极都已有不同程度的老化现象,而且影响到亮度,可通过适当提高灯丝电压或降低阴极电压的方法来增加亮度,灯丝电压可由 6.3V 提高到 8V 左右。在显像管的灯丝回路中,一般都串接有 1～2Ω 的限流降压电阻,可通过降低它的阻值或将其取掉来适当升高电压。

2. 碰极故障的判断及检修

彩色显像管碰极的最大可能性是灯丝与阴极相碰,其次是栅极与阴极或加速极相碰,现分别介绍如下。

(1)灯丝与阴极相碰。

一般灯丝电路都有一端接地,若阴极与灯丝相碰,则使该阴极的电位明显下降,栅、阴偏压减少,阴极电流大大增加,且不能控制,出现单色光栅、亮度失控、有回扫线等现象。碰极的判断较简单,用万用表检测一下电极,根据是否短路或是否有一定阻值即可确定。

灯丝与阴极相碰后的应急修复方法如下所述。

①把电视机倒过来放置,加上比额定电压稍高(8～9V)的灯丝电压,并轻轻振动显像管管颈,使灯丝向反方向下垂,从而使相碰的点分开。10 min 后去掉灯丝电压,待冷却后,再将电视机恢复原位,开机试看。若尚未恢复,可加长处理时间。另外,如果电视机倒置后,可以恢复正常使用,则可把显像管拆下来倒置安装,但这时须分别把场、行偏转线圈两端对换,否则图像是倒的,且左、右反向。

②如果上述办法都不能解决问题,而且又没有显像管可以及时更换,则可采用独立灯丝供电的方法来解决。

方法一:单独加一组电源向灯丝供电,即用一个小变压器,单独加一组电源向灯丝供电(比如外加一个 6.3V/5W 的小型变压器)。

方法二:切断灯丝接地端。

方法三:在行输出变压器上用塑料胶线(约 40mm)绕 5 匝左右,再串入一个 1.5～3Ω/3W 的电阻,直接接灯丝,不要接地。

上述三种方法中,方法二最简单。

(2)栅极与阴极相碰。

栅、阴相碰所产生的故障现象与阴极和灯丝相碰所产生的故障现象很相似,其后果都是使阴极电压下降,栅、阴负偏压等于零,相碰阴极的电子束流变得很大。栅极和阴极相碰后的应急修复方法:选用一只 100μF/400V 的电容充电后,反复电击相碰的电极,直至分开为止。

(3)栅极与加速极相碰。

栅极与加速极相碰或漏电,加速极电压下降,三个电子束流均截止或变得很小,产生无光栅或光栅很暗的故障现象。栅极和加速极碰极后的应急修复方法同栅极和阴极相碰后的修复。

3. 极间打火故障的判断及检修

彩色显像管内的极间打火,通常是在第二阳极与加速极或聚焦极之间发生的,其他电极间的打火不多见。其故障现象:管内呈现紫红色辉光,可听到"啪啪"声,荧光屏上出现密集的白条或白点。

对于偶然打火的显像管,可采取加强外部电路保护措施的方法来解决;或者设法调整电路元件,适当降低打火电极的电压。但对于严重打火的显像管,则只能采取换新管的办法。

4.断极故障的判断及检修

彩色显像管的断极通常是由电极引线与管脚或管帽脱开而引起的。脱开的电极不同,故障现象也不同。断极故障无法维修,须确诊后更换。

(1)某一组灯丝或阴极断。故障现象:缺色,即光栅呈现补色(黄、青、紫),图像中缺少某一基色。灯丝断,可通过观察显像管尾部的灯丝亮点发现;某一阴极断,可通过检测其阴极电流来判断。

彩色显像管灯丝断路若不是很严重(即灯丝断路间隙不是很大),则可采用电击修复法进行修复。其方法是:将管座从显像管上拔下,并将聚焦极电压引脚焊下,用一根导线将显像管灯丝一端与地相接;卸下高压帽卡簧,打开电视机电源,将聚焦极电压引线用绝缘良好的尖嘴钳夹着,并使其引出头慢慢靠近显像管灯丝接地的那一只脚,直到拉弧1~2s时迅速分开。在拉弧时,可通过观察弧光的颜色来判断灯丝是否已接通:弧光呈淡蓝色表示未接通,呈黄色即为接通。如果灯丝断路严重,采用上述方法无法修复时,则需更换新彩管。

(2)栅极断。故障现象:光栅很亮,亮度失控,回扫线严重。

(3)加速极断。故障现象:外部检测各极电压都正常,但荧光屏上无光栅,三个电子束均截止。

(4)聚焦极断。故障现象:无光栅或光栅很暗,亮度开大时光栅扫描线模糊,图像不清晰。

(5)第二阳极断。第二阳极由接触不良到断开往往有一个过程。断开部位一般是在管锥体上的高压接头与导电石墨层之间,先是因接触不良而打火,天长日久将其烧断。因此,故障现象也是变化的,最初荧光屏尚可发光,但出现许多黑白点子,有时跳火;当其完全断开后,则无光。判断高压断极的方法是检测阴极电流,若三个阴极均无电流,配合最初的故障现象分析,即可判定第二阳极已烧断。

根据故障现象判断出阴极、栅极、聚焦极、加速极、高压阳极断极时，只能采用更换新显像管的办法予以解决。

5. 漏气故障的判断及检修

此故障现象随漏气程度而异。最初为真空度不良，管颈内出现紫光；比较严重时出现粉红色辉光，发生严重打火现象；很严重时，灯丝迅速氧化烧断，并有灰白色颗粒沉积在玻璃上。当出现以上现象时，已无法维修，只能换新管。

如果经过认真、仔细的检查和鉴定，显像管各有关电路全部正常，故障确定是由显像管本身造成的，且已无法挽救时，则只好更新或代换。如果无法配到与原型号相同的显像管，可考虑使用性能相近的其他型号显像管进行代换。

管颈不同的显像管，在一般情况下不能进行代换。管颈粗细不同的显像管，灯丝电流不同，行、场偏转线圈所需要的功率不同，偏转线圈的结构和阻抗也不同，这一切都会为代换造成困难。如果原机需要有水平枕形失真校正电路，而代换用的显像管无须水平枕形失真校正电路，它们的偏转线圈结构有差异，最好不进行代换。

在代换时，还应检查两种显像管的管脚，看几何尺寸是否相同，各电极的引脚顺序是否一致，即考虑原显像管的管座能否继续使用。如果管座能够插到代换显像管上，只是引出脚顺序不同，则可将显像管座板上的管脚电路切断，重新用导线跳接；如果原显像管座与代换显像管的管脚不合，根本插不进，则需新配显像管座及显像管座板，并将原显像管座板上的元器件全部转移到新显像管座板上。

6. 由显像管插座引起的故障

显像管插座的主要故障是漏电，包括聚焦极与地之间和放电环与其他各管脚之间的漏电。

(1)聚焦极漏电。由聚焦极漏电而产生的故障现象通常是开机后很长时间图像仍模糊不清。若检测聚焦极电压，明显低于正常值，则此时应打开显像管插座的尾罩进行检查，有时可以看到聚焦极放电极片盒内由于受潮而产生的绿色氧化物，用无水酒精清洗后，一般可恢复正常。若经清洗处理后仍不能使故障消失,则应更换管尾座。

(2)某一脚与放电环之间的漏电。此故障会导致漏电脚所接电极电压明显下降。如果管脚之间的漏电已经很严重,经清洗处理后仍不能使故障消失,可更换管尾座。

(四)显像管外围电路的检修

要使彩色显像管能呈现出正常的彩色图像,必须具备两项条件:一是彩色显像管本身良好;二是外围电路正常。显像管外围电路的任务是为显像管各电极提供正常的工作电压和信号,以保证显像管正常发光和显示。显像管外围电路是指显像管各极的直流电路,也包括部分色度和亮度信号的输入电路(末级视放电路)。

1. 阴极电压变化对图像的影响

彩色显像管的各极电压视屏幕尺寸、管颈等参数的不同而不同,对于同一屏幕尺寸的彩色电视机,细管颈显像管的加速极与聚焦极电压要比粗管颈显像管的高,至于各极电压的具体数值,请查看电视机的原理图和产品说明书。

彩色显像管各极工作电压的正常与否,直接影响彩色图像的重现。当三个阴极上的基色电压同时上升时,光栅变暗;同时下降时,则变亮。其中某一基色的阴极电压发生变化时,白平衡受破坏,黑白图像会带有某种颜色。若红色阴极电压上升,图像将变青;若下降,则变红。若蓝色阴极电压上升,图像将变黄;若下降,则变蓝。若绿色阴极电压上升,图像将变品红色;若下降,则变绿。

2. 其他极电压变化对图像的影响

加速极电压上升时,光栅变亮;反之,则变暗。改变聚焦极电压,可调节聚焦好坏。聚焦电压偏低或偏高都会使聚焦变差。阳极电压上升时,光栅变亮;反之,则变暗。另外,阳极电压下降时,电子束的偏转也会变化。若扫描电路的电压不变,则图像的幅面将会变大。

3. 显像管外围电路的一般检查方法

因显像管各外围电路的故障所造成的显像管工作不正常的现象

是常见的，所以，除了明显的显像管故障外，一般应先检查显像管外围电路是否存在故障，如检查各电极的供电是否正常，检查末级视放输入信号、输出信号是否正常等。对显像管各极电压和末极视放矩阵电路的检查是判断显像管故障不可忽视的步骤。

测量显像管各极电压时，在没有参考数据的情况下，可以用比较法判断。因为彩色显像管中有三个电子束，一般不会同时都发生故障（除漏气等共同故障外）。当然，若用一台正常的同型号电视机同时进行测量并作为参考，则更好。

根据彩色显像管有三个电子枪且在同时工作的特点，对于无图像、无光、亮度失控等三个枪共同的故障，应检查其公共电路部分，例如高压系统、接在一起的公共栅极、加速极、聚焦极电路和公共电源电路等；而对于某一个电子束的故障，则应着重检查其专用电路部分，例如阴极电路、栅极电路等。如果检查中发现各电极电压存在不正常值时，则应进一步判断究竟是外电路供电问题，还是显像管本身问题。为此，可以把显像管各引脚和外电路断开（取下管座和高压电极插接头），再测量各极供电。如果这时电压正常，则说明故障在显像管；如果电压仍不正常，则故障在外电路。

有时显像管的某一电路发生故障，也会影响到其他电路的电压。这时要注意分清因果关系，避免发生错误的判断。例如某电视机灯丝和阴极相碰后，由于灯丝有一端接地，致使阴极电压为零，这样显像管的电子束电流会增大很多倍，从而使栅极的自动亮度控制电路的电流和电压出现不正常。

当显像管发生单色显示或偏色，需对视放矩阵电路进行检查时，一般采用万用表测量三个视放管的截止电压的方法进行检查。视放输出级由三个构造相同的视放电路构成，每个基色有一个放大器，共有三只晶体管。此种电路最多，也是最常见的基本电路。由于视放输出级的元件工作在高压、大电流的状态下，发热量大，所以故障率相对比较高，是检修中的重点。

4.显像管各极电路典型故障的检测及原因分析

(1)灯丝电源电路故障。如果荧光屏无光或光暗,且显像管内灯丝不亮或微红,测量灯丝两端电源电压,其值为零或较正常值低得多,则表明灯丝电源电路发生了故障。这可能是因行输出变压器中灯丝绕组接线断、假焊,管座接触不良、短路等情况造成的,要逐个进行检查。因现行彩色显像管的灯丝电源均是由行输出变压器供电,由于频率及波形的关系,用万用表测出的数值可能不准确,应和正常的电视机进行比较,最有效的办法是使用示波器进行观测。在检测时,如果管座上的灯丝电压正常,但灯丝不亮或亮度很暗,则可能是管座接触不良或假焊,否则就是灯丝烧断。

(2)阴极电路故障。显像管的阴极电路由 Y 信号放大器和矩阵电路的一部分组成,因此显像管阴极电路的故障,也就是这些有关电路的故障。发生故障时的主要现象是缺少某一种彩色。如果三个阴极电压都不正常,则应检查矩阵电源＋200V 是否正常,Y 信号末级晶体管工作是否正常;若其中的一个或两个阴极电压不正常,则应检查相应的矩阵输出晶体管是否正常工作。在这些电路中,发生故障较多的是晶体管损坏、电感线圈断线等。

在阴极电路中,常由于显像管内的瞬时打火或工作过程中瞬时电压波动造成晶体管的击穿和损坏。为了防止发生这类故障,显像管的各电极电路中,都设有放电间隙或辉光放电管等保护电路。如果发生晶体管击穿和损坏故障时,维修中应对上述保护电路进行检查。

(3)栅极电路故障。由于彩色显像管的型号和各电视机电路的结构形式不同,显像管的栅极电路也各不相同。自会聚彩色显像管的栅极电路最常见的故障是假焊、断裂、接触不良等。另外,栅极电压与色差信号放大电路关系很大,如果取下显像管座,测量栅极电压,其值仍不正常时,应检查色差信号放大电路是否工作正常。

(4)加速极电路故障。单枪三束彩色显像管和自会聚彩色显像管的加速极是公共电极,只有一个引出头。加速极所加电压在工作中都是不变的直流电压。当加速极无电压或电路断线、接地时,电子枪被截止,使显像管无光栅。由于其外电路简单,所以用直流电压表就能很快发现故障部位。有时加速极电位器的碳膜断裂打火,在荧光屏上会出现水平的打火条纹干扰。

(5)聚焦极电路故障。单枪三束和自会聚彩色显像管的聚焦极是一个公共电极。聚焦电路是一个简单的直流电压分压电路。聚焦电压取自行输出变压器,经二极管整流后供给。电压的高低随显像管不同而不等。加到聚焦极的电压有的由一个电位器均匀调整后供给,有的由固定电阻分压供电。

发现显像管聚焦不良时,应检查其聚焦电压。如果电位器是可调节的,可试调电位器,看电压及聚焦情况是否改变。如无电压,可取下管座并测量管座上的电压。如仍没有,再检查外电路。若检查电路及有关元件没有问题,则重新调聚焦极工作电压,看对显像管聚焦有无影响。如有变化,则调整聚焦电压到图像最佳即可;如果电压有变化而聚焦没有变化,则可能是显像管内部故障,需要做进一步的检查。

(6)阳极高压电路故障。阳极高压为 $15\sim30kV$(视显像管尺寸而异)。如果无电压或电压过低,则显像管无光。可使用专用高压测试仪表,检查阳极高电压是否正常。

5. 末级视放电路故障分析及检修

彩色电视机中的末级视放电路有三个视放管,只有三个视放管的工作状态实现良好的配合,荧光屏才能发光并呈现正确的色调。在末级视放电路中,如果其中一个视放管的工作状态发生变化,就会使荧光屏上出现偏色的故障现象;如果某一视放管被击穿,会影响到另外两个视放管的正常工作。有的电路出现故障,会使三个视放管均不正常;而有的电路出现故障,仅使一个视放管不正常。

(1)无光栅、有伴音,显像管阴极电压过高。若经检测,显像管三个阴极的电压均很高,等于视放管集电极电压 180V 左右,表明末级视放电路出现故障,三个视放管均截止。视放管的截止可能由基极电压的降低引起,也可能由发射级电压的升高而引起,因此,检测工作分两步进行。首先检测各管基极电压,此类电压的高低决定于解码集成电路的色差信号输出脚电压。若三个基极电压同时偏低,应检查显像管座板与主印制板之间的接插件是否脱开或接触不良;若接插件无故障,应进一步检查解码集成电路色差信号输出脚的电压;若三个色差信号输出脚的电压都很低,表明故障是由解码集成及有关电路引起的,故障不在末级视放电路。

若基极电压正常,第二步应检查各管发射极电压。如果测得发射极电压高于基极电压1V以上,且调节亮度无变化,则表明故障在亮度通道有关电路。

(2)光栅较亮且亮度失控。光栅过亮且调节亮度也不起作用,应检测显像管的三个阴极电压是否过低。若三个阴极电压为零,视放管集电极供电也为零,则应检查视放电源200V的供电电路。若视放电源200V输入端电压正常,而三个视放管集电极电压偏低,则表明三个视放管均进入饱和导通状态,应检查亮度信号输入端的电压是否过低。若过低,说明故障在亮度信号通道。若检测三个阴极的电压基本正常,光栅较亮且调不暗,可检查加速极电压是否过高。

(3)光栅呈现某一基色,很亮,且有回扫线。在进行检测之前,可靠近荧光屏仔细观察三基色荧光粉的发光情况。若三基色荧光粉条都在发光,只是某一基色的荧光粉条特别亮,说明是偏色,一般可通过白平衡调整解决。若观察的结果是只有某一基色的荧光粉发光,而另外两个基色均不发光且有回扫线,则说明此时某一基色的电子束流很大,而另外两个电子束流被截止了,可检测相关的阴极电压,看是否为一个特别低,另外两个特别高。产生这种故障现象的原因通常是三个视放管中有一个被击穿。

(4)光栅呈现某一补色(缺少某一基色)。在进行检测前,仍需靠近荧光屏仔细观察三基色荧光粉的发光情况,从而初步判断三个电子束的工作情况。若三基色荧光粉条都在发光,只是某一基色的荧光粉条显得较暗,说明不是缺色,而只是偏色,一般可通过白平衡调整解决;若只有两个基色荧光粉发光,另一基色的荧光粉没有发光,则说明三个电子束中有一个已经截止,即故障现象是缺少某基色(红、绿或蓝),从而呈现某一补色(青、紫或黄)。造成某一电子束截止的原因有以下几种可能:

①视放输出管集电极到显像管阴极的限流电阻中有一个开路。

②视放输出管中有一个开路或截止,使相应的阴极电压太高。

③某一组灯丝开路。

④某一基色荧光粉的光效率严重下降。

三、显像管常见故障检修实例

(一)典型显像管电路的结构

典型显像管电路如图 2-42 所示。末级视放电路之所以采用共发—共基极相结合的电路,是因为共发射极电路具有较高的电压增益,共基极电路具有较宽的频率特性。

来自视频解码器 CI201⑲、⑳、㉑脚的 R、G、B 信号分别加到 Q502、Q504、Q506 的基极,再分别经 Q501、Q503、Q505 放大后,加到三个阴极 KR、KG、KB 上。第一栅极接地;第二栅极是帘栅极,又叫加速极(SCREEN);第三栅极又称聚焦极(FOCUS)。

P502①脚为末级视放电路提供+180V 电源,③、④脚为显像管灯丝提供电压(6.3V)。

P503①脚输入+9V 电压,为视放管提供偏压;②、③、④脚输入 B、R、G 信号。

(二)典型显像管电路的故障检测方法

1. 常见故障及检查方法

显像管电路与显像管座制成一个电路组件。这部分电路有故障会使显像管不能正常工作,图像也会不正常或彩色不正常。

显像管的图像出现色偏、彩色不正常,往往是末级视放电路有故

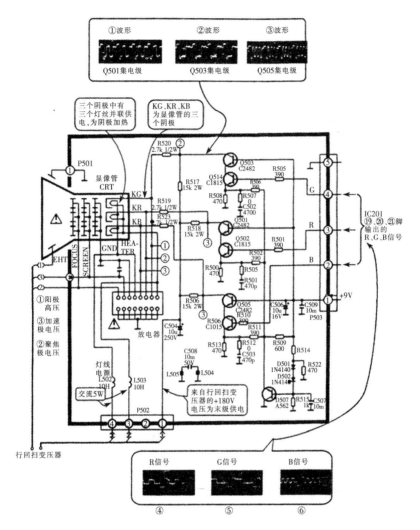

图 2-42　典型显像管电路

障。末级视放有三个放大器,分别放大 R、G、B 信号,将 R、G、B 信号转换成驱动显像管三个阴极的电压,从而控制三个电子枪的电流。如果某一视放极损坏,使驱动阴极的电压升高,就会使该通道的电子束截止,造成缺少某一色的故障。如果某一视放极的信号过弱,或是晶体管放大倍数降低,就会使该阴极发射电子的能力减弱,从而引起色弱的故障。相反,如果某一视放电路出现晶体管极间击穿短路,会使电子枪的阴极电位下降,发射电子的束流增强,屏幕图像会偏重某一颜色。

　　如果未级视放电路失去 180V(或＋200V)电源,会使视放电路都不能工作,显像管也会无图像。判别的方法是用万用表检测显像管电路板上的直流电压,检测直流电压的方法如图 2-43 所示。

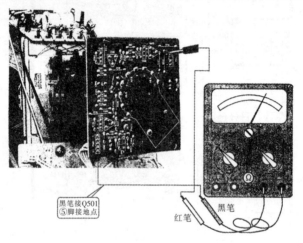

黑笔接Q501
⑤脚接地点

红笔

黑笔

图 2-43　检测直流电压的方法

　　注意聚焦极和加速极电压失常会使图像模糊不清,应微调这两个电压。微调设在行回扫变压器上。

2. 显像管电路的故障检测方法

　　(1)用示波器检测视放电路 R、G、B 三个通道的输入信号,最好在收视标准彩条的情况下测 Q502、Q504、Q506 的基极。如果输入信号正常,应再查视放电路的输出信号,测 Q501、Q503、Q505 的集电极信号波形。如果输入信号不正常,应查解码电路。如果某一路输出信号不正常,则用万用表查该路的偏置电压和视放晶体管。

（2）用万用表分别检查＋180V 和＋9V 电源供电电压，看是否正常。如不正常，应先查电路中是否有短路的情况，再分别查各晶体管的直流电压。如不正常，分别查晶体管和偏置电阻。

（3）如果直流偏压和交流信号基本正常，则故障可能出在晶体管本身或显像管座，应注意清洁和检查显像管管座。显像管电路板污物过多或焊剂未清除干净，也会造成彩色不良的故障。

第七节　　遥控系统电路的维修

一、遥控系统电路的结构组成与工作原理

（一）系统控制电路的结构和功能

遥控系统是控制彩色电视机的电路，是以微处理器为核心的自动控制电路。微处理器可以接收人工指令（电视机面板上的各种按键指令），也可以接收遥控指令。微处理器通过对指令的识别，将其转换成不同的控制信号，从而对彩色电视机中的各种电路进行控制，比如调谐电路、音频电路、亮度／色度信号处理电路都是由微处理器控制的。用户需要进行频道转换、频道微调、自动搜索等时，都需要微处理器输出控制信号对调谐器进行控制，使调谐器选出所需要的电视频道。在观看电视节目时，用户可以根据自己的要求对音量、亮度、色度、色饱和度、对比度等进行控制，使画面和声音满足自己的要求。这都是由微处理器通过接口电路对各个电路进行控制来实现的。

（二）系统控制电路的工作原理

1. 微处理器工作原理

在彩色电视机中，承担控制任务的是微处理器。微处理器安装在电路板上，它与其他的集成电路在表面上都是相同的。微处理器

是智能化器件,可以根据所检测的信号进行分析和判断;其他的集成电路则不具有此功能。微处理器具有一定的灵活性,使用在不同的地方,可以发挥不同的作用,其主体电路大多集成在大规模集成电路中,在工作时接收人工指令(红外遥控信号)。彩色电视机前面的微动开关是为微处理器提供人工指令的,按动开关时就有指令信号送到微处理器的人工指令输入端,输入端会将按键的指令信号送给微处理器。微处理器收到按键指令后,会根据内部存储器所存储的程序和数据进行查对,经过查对之后,能够将所需要的程序调出来,从相应的引线脚输出相应的控制信号。遥控开机或手动开机时,微处理器通过内部程序查对后,就会从某一引脚输出电源开机指令,将电源开通,使电源为行输出以及其他部分进行供电,从而使整个彩色电视机进入工作状态。在电视机的前面板上设有很多按键开关,不同的按键开关具有不同的功能,不同彩色电视机的按键功能也是不同的。

在彩色电视机的前面板上设有遥控接收电路,遥控接收电路用于接收遥控器发出的信号,并将光信号变成电信号。电信号经过放大后进行解调,将红外光上调制的数据信号提取出来,送给微处理器。微处理器根据送来的控制信号,经过识别和处理后,产生各种相应的控制信号。图 2-44 为遥控系统的电路框图。

例如,遥控发射器发出调谐搜索的指令,微处理器收到指令后,就会产生调谐电压和频段选择电压,对高频头进行控制,使高频头进行调谐、接收。高频头收到节目之后,经高放、混频和本振电路处理,变成中频信号。中频信号送到中频集成电路中,经过中频电路解调,将图像和伴音信号提取出来。视频图像信号经过同步分离,将同步信号分离出来并送给微处理器,作为微处理器识别电视节目的识别信号。中频电路将 AFT 信号送到微处理器中,作为是否收到信号的标志。微处理器在发出调谐信号的同时,不断搜索是否收到电视节目。AFT 信号送到微处理器中时,有相应的电压产生,微处理器就会判断收到了电视节目。此时,微处理器就会自动地将数据提取

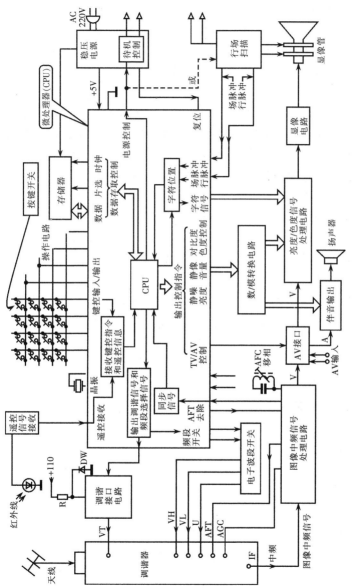

图 2-44 遥控系统的电路框图

出来,并送到存储器中记录下来。记录的数据包括:在什么电压情况下,收到了哪个电视台频道的节目,存储到了电视机的哪个频道序号中。这样在下次开机时就不用重新调整,只要把序号调出来,电视相应频道的节目就出来了。接着微处理器继续发出搜索和频段选择信号,继续搜索电视节目。当收到第二个电视节目时,在微处理器相应的接收端出现同步信号,AFT端出现相应的电压。此时,微处理器再把第二个节目的数据存储到存储器中。如此反复,在整个频段范围内将所有电视台的节目搜索一遍,把所有搜索到的电视节目的数据和信号都存储到存储器里,下次开机就不用再搜索了。关机以后,存储的数据不会丢失。如果需要重新搜索或变更,微处理器可以对数据进行修改,并存入新调整的数据内容。

数据指令接收的全部处理过程都在微处理器中进行。微处理器是由几百万甚至几千万个晶体管集成的,可以完成很多的功能。微处理器只能处理二进制的数字信号,而不能处理模拟信号,所以需要将模拟信号转换成数字信号后,才能进行处理。如果要对模拟电路进行控制,需在微处理器引线脚的外面,经过接口转换电路把数字信号转换成直流电压,再对被控制电路进行控制,才能完成控制任务。

2. I^2C 总线工作原理

目前流行的彩色电视机都增加了 I^2C 总线控制功能。微处理器只有两条控制线,其中一条是数据线,另一条是时钟线,送给各个控制电路。在控制电路中,由接收电路将数据线中的代码解调出来,变成控制电压。尽管只有两条线,但是可以传输很多的控制信息,使微处理器外面的控制引线和控制电路大大简化。被控制电路中必须设有 I^2C 总线的接收电路,接收的数字信号经过译码变成控制信号,控制信号再进行 D/A 变换,变成控制电压后,对集成电路内部进行控制。控制电路都制作在集成电路的内部,给安装、调试和维修带来了很大的方便,检测也变得简单。I^2C 总线的控制方式如图 2-45 所示。I^2C 总线信号的检测也比较方便,只要测量输出 I^2C 总线的脉冲幅度和脉冲序列就可以了。如果电压过低或信号消失,就会造成机器运转不正常。

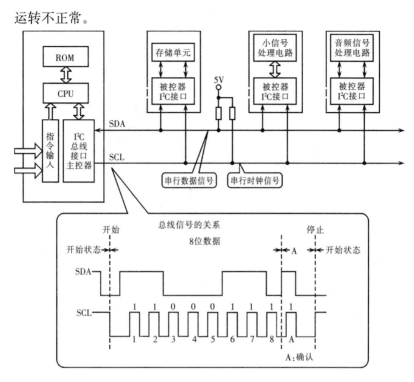

图 2-45　I²C 总线控制方式

（三）遥控电路的工作原理

下面我们以三菱公司的微处理器 M50431-101SP 为例,介绍其遥控电路的结构和工作原理。

M50431-101SP 的内部功能示意图如图 2-46 所示。微处理器（CPU）的①、②脚外接晶体管,它与其内电路构成时钟信号发生器,为整个 CPU 提供同步脉冲。CPU 内部设有一个 ROM（只读存储器）,是存储 CPU 基本工作程序用的,预先制作在 CPU 芯片内,不需要用户更改。操作电路采用键矩阵的结构形式,时序不同的搜索信号分别由 CPU 的⑮～㉑脚输出。这个信号又叫键扫描信号,或称键寻址信号,经操作电路(矩阵电路)后,由㊳～㊶脚送到指令译码器中。操作电路就是这两组引线及在引线的交叉点上设置的按键开关。只要按动其中任一按键,在㊳～㊶脚中就有一个引脚出现与按键相连的搜索信号,人工指令就是以这种方式送给微处理器的。

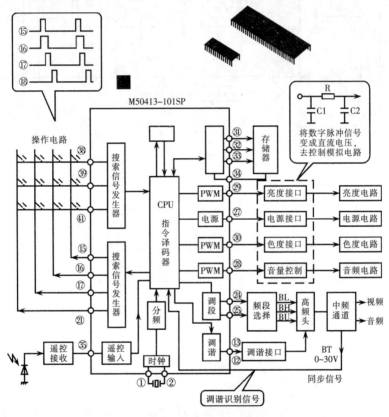

图 2-46　M50431–101SP 内部功能示意

遥控信号是遥控发射器编码而成的串行控制数据,遥控接收电路收到由发射器发来的控制信号,经放大滤波和整形后,将串行数据信号由 CPU 的㉟脚输入,经遥控输入电路送至指令译码器。指令译码器根据输入的人工指令,与存在 ROM 中的程序对照,就可判别所要执行的程序内容,并于相应的引脚输出各种控制信号。

㉗脚为电源控制端,当操作本机或遥控器上的电源按键时,此脚便输出高电平,经接口电路启动主开关电源,电视机开始进入工作状态。

㉘脚输出音量控制信号,这个信号为 PWM 信号,它的脉宽有 64 个等级,经低通滤波后变成直流控制信号,送入伴音电路,去控制音频功率放大器的增益。

㉙脚为亮度信号控制端,此信号也为 PWM 信号,经低通滤波器(亮度接口电路)后,变成直流电压,去控制亮度通道的增益。

㉚脚为色饱和度控制端,也为 PWM 信号,经低通滤波器后,送到色解码电路,去控制色度通道的增益。

㉔、㉕脚为两位二进制频段选择信号控制输出端,经接口电路产生三个频段的选择电压,去控制调谐器。

⑬脚为调谐信号输出端,当按下"自动搜台"键时,此脚输出脉冲宽度连续变化的信号,调谐接口电路对此信号进行放大和平滑滤波,形成 0~30V 连续变化的调谐电压,加到调谐器的 BT 端。当收到某一电视台的节目时,视频电路即有同步信号出现。同步信号送到 CPU⑫脚,CPU 便停止搜索并固定在此频道上收看。此同步信号即作为电视台的识别信号。

上述各项调整完毕后,CPU 将调好的这些数据存入外部存储器中。断电后存储器中的数据不会消失,下次再开机时不必重新调整。

二、遥控系统电路的故障检修

(一)遥控电路的故障判断及检测

遥控系统常见故障:二次开机失灵,无字符显示或字符显示不正常,音量、亮度和色度等控制功能失控,遥控失灵,搜台不正常,不能锁台等。

遥控系统的"心脏"是 CPU,因此,在初步判断遥控系统有问题时,首先要测试 CPU 的工作条件是否正常,之后再根据故障现象对键控电路、CPU 和接口电路进行检查。

1. 对 CPU 工作条件电路的检查

这里的条件是一般意义上的工作条件,即 CPU 的+5V 电源电压、复位电路电压和时钟振荡。+5V 供电端测试值为 4.8～5.5V 则正常;绝大多数机型的复位电压引入端在 4.6V 以上时为正常;时钟振荡可用示波器进行检测。

2. 对各接口电路的检查

与 CPU 相连的各接口电路,除去 CPU 工作条件电路,其余均可以称为接口电路。CPU 的接口电路可分为输入、输出两种。输入接口电路包括键控接口电路、遥控信号输入接口电路、AFT 输入接口电路、视频同步信号输入接口电路、制式识别结果输入接口电路。输出接口电路的多少基本上与电视机遥控功能的设置一致,因为每个遥控功能的实现,均需要一个对应的输出接口电路来控制主板电路的工作。只有少数功能,如无信号消噪、无信号自动关机、遥控定时关机等,是通过伴音控制接口电路和开/待机接口电路来兼顾实现的。

(1)对输入接口电路的检查。

①对用户指令输入接口电路的检查。对输入接口电路的检查要视故障现象来决定。在遇有二次不开机,键控各功能及遥控不起作用,开机就执行某功能操作等故障现象时,要先对键控电路和遥控输入电路进行检查。检查的方法有电压法和断开法。

对二次不开机(对于遥控关机全断电方式的机型不存在此故障)故障,在测得不开机的原因是 CPU 未输出开机指令且 CPU 工作条件正常的情况下,测 CPU 键控输入端口和遥控输入端口电压。若异常,应对异常端子的相关元件进行检查。如果不知道正常值是多少,电路图中也无电压值,从而无法判断测试结果是否正常时,可用断开法断开 CPU 键控各引脚,之后用遥控器进行二次开机。如果能开机,可判断故障在键控电路;如果断开后仍不能开机,可判断故障不在键控电路。在断开后能开机的情况下,需要进一步判断故障是由哪个元件损坏所致。此时可逐个恢复断开的 CPU 引脚,并用遥控器开一次机。当在恢复到某个引脚后,故障又成为二次不开机,就可以判断故障在与最后恢复的这个引脚相关的键控元件,包括键引脚之间、键与固定支架、电容等元件,此时应用断开法逐个检查。

遥控信号输入端口的电压多为 $4\sim4.4V$ 之间的任一值,而且随着遥控器的操作,有 $0.3V$ 左右的下降。若测试结果在 $4\sim4.4V$ 之间,但不随遥控器的操作而下降,在确定遥控器具备发射能力的情况下,可判断接收接口电路有问题。

判断遥控器有无发射能力的方式:找一台收音机,将波段置于中波,将遥控器对准收音机的天线部位,且两者的距离不超过 $10\ cm$,之后一手按动遥控器上的操作键,一手对收音机进行调台,并注意听收音机是否发出有规律的"嗒嗒"声。如果调谐到某一位置时,收音机中有"嗒嗒"声,可判断遥控发射器具有发射能力,但不能说明遥控器的工作频率是否正常。

对于开机就执行某功能操作的现象,要先确定是遥控发射器还是本机键控所造成的。方法是去掉遥控器上的电池,看故障是否排除。若排除,故障在遥控器;反之,故障在本机键控电路和相连接的消杂波电容及二极管,可用断开法依次寻找。

对于操作功能与执行功能不一致的故障机,其故障原因是操作键与执行功能键的键控电路有漏电现象,对此应重点检查它们之间有连接关系的二极管以及键本身与固定支架是否漏电,线路板有无变形、串线现象。

对于个别功能键操作不起作用或部分功能键操作不正常的故障机,首先应检查这个操作键是否随着按动至少有两个引脚之间的电阻下降到 500Ω 以下。如果是,可判断这个操作键正常;如果阻值始终无穷大或阻值较大,可判断这个键有问题。在操作键正常的情况下,要对键引脚串联的电阻、电感、插接头及线路板进行检查。

②制式识别结果输入接口电路的检查。因多制式大屏幕彩电的

CPU 均具有自动制式切换和强制制式切换两种方式,因此首先利用强制制式切换这个操作功能对电视机进行操作,若电视机的彩色或伴音、场同步恢复正常,可判断制式切换信号输出接口电路和被控电路工作正常,故障在自动制式识别电路,或自动制式识别结果输出端与 CPU 制式识别结果输入端之间的接口电路。

③视频同步信号输入接口的检查。在遇有原存储节目有图像、无伴音,或蓝屏无伴音,开机每 3~5 min 自动关机一次,自动搜台锁不住台等上述中的某一种故障现象或多种故障现象并存时,首先要考虑的是 CPU 视频同步信号反馈接口电路是否正常。判断其正常与否的方法是测 CPU 视频信号引入端电压,看在静态(无节目接收)和动态(有节目接收)情况下,电压有无 0.6V 以上的跳变。如果有跳变且动态值与图标基本一致,则说明这个接口电路基本正常,而且这个接口电路对 CPU 提供了正常的视频同步信号或其代表形式;如果无任何变化,且动态下的测试值与图标相差很远,则可判断这个接口电路有问题或其输入端未引入视频同步信号。进一步判断是接口电路有问题还是输入端未引入视频同步信号,其方法仍是电压法,即通过测各级晶体管各极电压来判断。

④AFT 校正电压输入接口电路的检查。在遇有自动搜台不锁台或锁台少、锁台效果差等故障时,AFT 校正电压接口电路是主要考虑的故障检修范围之一。判断这个接口电路是否存在问题的手段仍是电压法,主要测试点是 CPU 的 AFT 校正电压引入脚和中频集成电路 AFT 校正电压输出脚。正常情况下,在搜台过程中检索到节目的前后,CPU 的 AFT 校正电压引入端应有一定范围的电压摆动,这个摆动范围因使用 CPU 型号的不同而不同,所以,检修时应首先测 CPU 的 AFT 输入引脚在搜台过程中的电压,之后进一步测此引脚的动态(接收节目)电压。如果在搜台过程中有电压摆动,且动态情况下的测试值与图标一致,则可判断这个接口电路正常。如果测试结果动态值与图标相差许多,搜台过程中无电压变化或变化范围小,则说明 AFT 接口电路或其输入的 AFT 校正电压不够,此

时可进一步测中频集成电路 AFT 校正电压输出端电压,测试的内容除搜台动态值外,还要测静态电压。若正常,可判断 AFT 接口电路有问题;反之,说明 AFT 校正电压形成电路有问题。

(2)对输出接口电路的故障检查。

在已判断某接口电路未输出正常的控制信号时,要判断故障是在这个接口电路还是由于 CPU 未对它输送正常的控制指令,其方法主要是电压法。

对于模拟量控制的接口电路,CPU 对这个接口电路输入端的电压表现为随着这个功能键的操作而作线性变化。图标值一般为图像、伴音效果及控制量的合适值,所以在检测 CPU 相关测试点时,如果测试结果与图标值相近或可调至图标值,说明 CPU 对这个接口电路输入了正常的控制信号,故障在这个相关的接口电路;如果达不到图标值,而且调节相应的功能键无效,则可判断 CPU 未对这个接口电路输入正常的控制信号,故障可能在 CPU,也可能在该引脚的上偏置电阻、消杂波电容和与这个接口电路有因果关系的其他输入接口电路。对模拟量控制接口电路的检查要视电路结构而定。如果有晶体管,晶体管应处于放大状态,而且导通量随功能键的操作而变化;如果仅有阻容元件组成的积分电路,或二极管、电容组成的整流滤波元件,则要注意它们之间的分压关系,这种关系往往是判断故障在测试点之前还是之后的依据。

对于状态控制接口电路,如开/关机、TV/AV 切换、波段、制式切换等输出端口的检查,判断故障在 CPU 还是接口电路的方法仍是测 CPU 对应输出引脚电压。正常情况下,这类引脚电路应随功能键的操作有高低跳变,且高低电压的跳变能使首级晶体管作截止/饱和状态翻转。如果能满足这个条件,即可判断 CPU 输出了正常的控制信号,故障在接口电路;反之,应对 CPU 及其输出端的上偏置电阻进行检查。

（二）微处理器故障的检测方法

下面介绍遥控彩色电视机微处理器的检测方法和信号波形。

将彩色电视机后盖打开，并将主电路板侧翻 90°，使微处理器的焊点露出。将示波器与电视机的地线连接起来，可以用电视机 AV接口的地线或调谐器外壳作电视机的地线。使彩色电视机处于工作状态，分别检测微处理器的晶振信号，以及亮度、色度、对比度、音量、调谐等控制信号。微处理器的检测方法如图 2-47 所示，亮度、色度、对比度等信号波形如图 2-48 所示。

图 2-47   微处理器的检测方法

三、遥控系统电路常见故障检修实例

CTS171 遥控系统（采用 TMP47C837N 微处理器）与彩电主机芯之间的接口关系如前面图 2-44 所示。该系统若出现故障，常见现象是搜索时找不到图像、不记忆、屏幕无字符显示等，相应的检修方法如下所述。

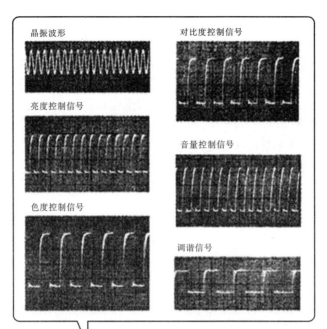

晶振波形

对比度控制信号

亮度控制信号

音量控制信号

色度控制信号

调谐信号

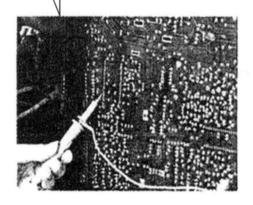

图 2-48 亮度、色度、对比度等信号波形

（一）搜索时找不到图像故障的检修

正常的机器，当按下自动搜索按键时，CPU 从⑨、⑩、⑪脚输出频段切换电压，从①脚输出可变的调谐控制电压，控制高频头的工作状态，使得电子调谐器从低端向高端搜索电视台信号。若出现以下故障，则搜索时找不到图像：

（1）自动搜索按键不良，不能把自动搜索的指令送入 CPU，CPU 不能送出变化的调谐电压控制信号。

（2）调谐电压电平转移电路出现故障，无调谐电压进入高频头，不能进行调谐。

（3）高频头有故障。

另外，若中频放大电路出现故障，搜索时也找不到图像。

（二）不记忆故障的检修

不记忆故障是指电视机的频道、亮度、色饱和度、音量在开机时不能保持上次关机前的状态。若要恢复到原来的状态，必须重新进行调整。

检修时，应先检查存储器＋5V 供电是否正常。若不正常，首先要解决电源问题。然后再检查存储器的读写控制线是否开路，印制板线与存储器各脚是否接触良好。若以上检查均正常，则说明存储器可能损坏，应更换存储器。

（三）屏幕无字符显示故障的检修

如果其他功能正常，只是屏幕无字符显示，问题可能出在 CPU、振荡电路、行场逆程脉冲送入电路或 TA8690AN 上。

首先用示波器观察 CPU 的㉖、㉗脚行、场逆程脉冲是否正常。若不正常，应对外围电路进行检测。然后检查 CPU 的㉘、㉙脚字符振荡器两端波形是否正常。如没有波形，则说明振荡器停振。若外接的字符振荡电路元件经检查正常，则没有振荡波形可能是 CPU

内部振荡电路损坏造成的。

若经上述步骤检查均未发现异常,则可在按动有关控制键的同时,用示波器测量 CPU 的 ㉓、㉔ 脚是否有字符脉冲输出。若没有,说明 CPU 内部字符形成电路损坏;若有字符脉冲输出,则可能是外围电路或 TA8690AN 损坏。

第八节　电源电路的维修

一、电源电路的结构组成和工作原理

(一)电源系统的作用与要求

电源是电视机工作的必要条件,电源系统的作用是为电视机正常工作提供工作电源。电视机的主电源、遥控系统都是由开关电源供电,其他电路的供电依电视机电路不同,可能是由开关电源直接提供,也可能是由行输出变压器的次级经整流滤波后提供。

电视机对电源的要求主要包括适应市电变化的范围要宽,带载能力要强,具有过压过流等功能,运行安全可靠等。

(二)电源系统的结构组成与工作原理

目前的电视机普遍采用的是开关电源供电系统。开关电源的组成如图 2-49 所示。

开关电源与一般串联型稳压电源不同。在串联型稳压电源中,对输出电压的稳定是依靠调整电源调整管的结压降来实现的,而开关电源则是通过控制电源开关管的导通时间或开关频率来实现输出电压稳定调节的。根据控制方式的不同,开关电源有调宽式和调频式两种。

对调宽式开关电源,它是保持电源开关管的开关周期恒定不变,通过控制信号调整开关管的导通时间(即脉冲宽度)来自动稳定输出

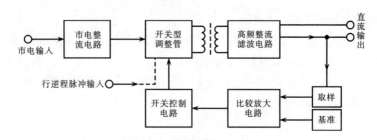

图 2-49　开关电源组成框图

电压的。对调频式开关电源,它则是保持电源开关管的导通时间不变,通过控制信号改变开关管的振荡频率来自动稳定输出电压的。

(三)实用开关电源电路分析

图 2-50 为康佳 D 系列中小屏幕彩色电视机开关电源电路原理图。

该电路属于变压器耦合并联型开关稳压电源,它不但具有完善的保护电路,故障率低,而且适应的电压范围宽,能在交流市电130～270V 正常工作。另外,该电源没有设置遥控系统专用电源,在待机状态下关闭的也不是主电源,而是通过改变主电源的工作状态来降低各路输出电压,同时保持遥控系统的＋5V 供电。该电源的组成及工作原理如下所述。

220V 交流电压首先经电源开关、熔丝、电网电源滤波电路、互感滤波器组成的电源输入端滤波电路,滤除窜入电网中的干扰信号,再经由 VC901、C901 组成的桥式整流、电容滤波电路后,得到约＋300V 的直流电压。该电压通过启动电阻 R909、R906 加到开关管 V901 的基极,通过开关变压器 T901 初级绕组 10、12 加到 V901 的集电极,使 V901 处于微导通状态。T901 的正反馈绕组 9、8 上的感应电动势通过 C901、VD903、R904、C909 及 R903 加到 V901 的基极与发射极之间,使 V901 迅速饱和,T901 储能。此时,正反馈绕组上的感应电动势对 C909、C910 充电,使 V901 的基极电位开始下降,导致 V901 退出饱和状态。随着 V901 集电极电流的下降,正反馈上的

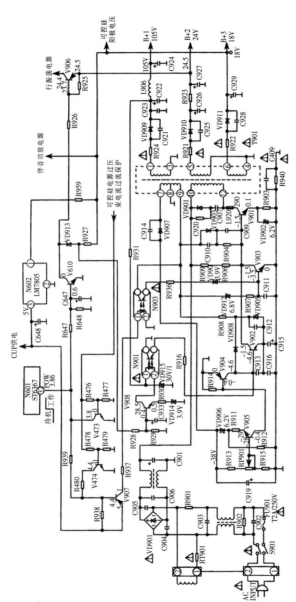

图 2-50 康佳 D 系列中小屏幕彩色电视机开关电源电路原理图

感应电动势极性变反,V901 迅速截止,T901 上储存的能量向滤波电容和负载释放。当储存的能量释放完后,V901、T901 均处于高阻状态,因此,T901 的初级绕组电感与 C907 及分布电容构成的并联谐振电路发生自由振荡。当振荡半个周期后,T901 各绕组感应电动势的极性再次变反,通过正反馈绕组使 V901 又重新导通。上述过程周而复始,形成频率约为 50kHz 的振荡。

V902 是脉宽脉频的调整管。并联在 V901 基极上的 V903 管,其作用一方面是限制开机瞬间流过 V901 的冲击电流,对 V901 的基极起分流作用;另一方面还作为遥控关机的控制管之一,控制遥控关机操作。T901 的 7、8 绕组为取样绕组,R913、RP901、R915 组成取样电路,V905 为误差比较放大管,V904 为误差信号放大器。当开关电源的输出电压变化时,通过取样、误差比较放大电路得到反映这种变化的误差信号,去控制 V904 的发射极电位,也即 V902 的基极电位,进而控制 V902 的集电极电流,使得 V901 的基极电流发生变化,导通和截止时间变化,达到稳定输出电压的目的。

该开关电源有三种保护电路:B+(+105V)电压保护电路,X 射线保护电路和显像管电子束电流过流保护电路。

该电源的待机控制电路由微处理器㊲脚输出的控制电压、V610、VD913、R928、R929、V908、N901 和 VD907 等组成,其具体原理已在遥控系统中陈述,这里不再赘述。

二、电源电路的故障检修

(一)故障检修注意事项

1. 应特别注意人身、仪器及彩色电视机的安全

彩色电视机中的电源电路省去了电源变压器,电网输入的 220V 交流电压直接与整流电路连接,这就导致了底盘带电的可能性。如果电网火线端恰好与电视机的地线相连,当维修者触摸底盘时,220V 交流电将会通过人体与大地形成回路,具有很大的危险性,而

且有可能损坏被测元件和检测仪器。

为了避免事故的发生，检修时必须采取隔离措施，在电视机电源进线端外接隔离变压器。为了确保安全，最好能在工作台上、台下垫绝缘橡皮垫。

有的彩色电视机利用开关变压器作为隔离元件，实现整机与交流电网的隔离。此类电视机的整机底盘不会与电网火线相通，俗称"冷底盘"。维修"冷底盘"上的故障时，可不外接隔离变压器，直接用仪器进行检测，安全性较好。但是需要注意，即使整机底盘为"冷底盘"，电源部分也存在着有可能与电网火线相通的"热底板"，因为隔离的只是次级绕组及其供电部分，而一次绕组及其有关电路仍没有隔离，所以检修其电源部分时仍不可大意。

2. 应避免扩大故障

若电视机的熔丝管已烧断，在未查明原因的情况下，不可急于换上熔丝管通电，更不允许用比原规格大的熔丝管或铜丝替代。此时可用规格型号完全相同的熔丝管换上去试一下，但要密切注意有无异常现象。彩色电视机电源输入端的熔丝管与一般的熔丝管不同，它是一种耐冲击延时熔丝管，能够经受瞬时浪涌电流的冲击，并具有对异常电流迅速分断的能力。这是为了适应消磁线圈工作特性的需要，其常用的规格有 3.15A 和 2A。但是，如果用普通 3.15A 和 2A 的熔丝管代替，由于经受不住消磁线圈中瞬时浪涌电流的冲击，会立即烧断。如果用铜丝搭接或用大的熔丝管替代，结果小故障可能变成大故障。

为了避免彩色电视机内部短路性故障烧坏机外熔丝或危及其他元件，可在交流电源的输入端串接一个开关，在开关两端并接一个220V、100～200W 的白炽灯泡。当电视机接入电源后，先将开关断开，让灯泡串入交流输入电路。如果机内有严重短路性故障，白炽灯会很亮，表示不能闭合开关；如果白炽灯很暗或不亮，则可将开关闭合，让 220V 电压全部加到电视机输入端。这样，通过观察灯泡的亮度，可预先粗测交流输入电流，对机内故障有一个初步估计。

3. 特别注意负载的异常变化

由于开关电源的工作状态与负载的轻重有直接关系,因此开关电源的负载既不能短路,又不能开路。如果主直流稳压电源输出端(行输出级供电)电路开路,则开关变压器中储存的能量不能迅速转换到二次侧,就有可能在一次侧产生异常高压,把开关管击穿。在检修"三无"故障时,常常需要暂时断开负载,以判断故障是在负载的行输出级还是在开关电源部分。这时,必须在开关电源的输出端接上一个假负载,才能开机。比较常用的假负载是 220V/60W 的白炽灯。若开机后白炽灯能够发光,但并非很亮,则预示开关电源基本正常,这时再用万用表测输出电压和电流,即可对开关电源的工作状态做出比较准确的判断。若开机后灯丝不能发光,则预示开关电源无输出。

由于部分开关电源的直流电压输出端不装过流保护熔丝,而是由自动保护电路控制,无论电路中负载过轻或过重,都可能使保护电路起控制作用,输出电压很低或为零。为了判断故障是在开关电源部分还是在负载部分,经常采取的做法是暂时截断保护电路,但这样可能出现输出电压过高或输出电流过大的问题,而这两种情况都是很危险的,可能会击穿负载部分的元件或烧坏电源部分的元件。比较安全的做法是先用假负载代换,若接上假负载后,测得的输出电压正常,则再接实际负载。

(二)电源电路的常见故障

彩电的开关电源是将整流后的直流电压供给脉冲振荡器,使其产生较高频率的振荡,再通过变压、整流、滤波、稳压获得各种稳定的直流电压。由于对高频信号整流所要求的电容器容量可以大大减小,所以高频变压器的体积也很小。但开关电源的开关管工作在高电压、大电流的脉冲(高频)状态,一些电容器也处于高频条件下,因而发生故障的情况就比较多。开关电源在彩电中是故障率较高的部分。

电源部分发生故障,往往会使彩电完全不能工作,主要表现为开机后无任何反应,即无光栅、无伴音(也有电源局部损坏的情况)。彩电行输出电路发生故障,往往也会发生无光栅、无伴音的故障,从症状表现来看是相同的。区别的方法是断开电源的负载,接上假负载(注意个别机芯不能这样做),检测开关电源的直流输出,如有直流输出而无光栅、无伴音,则多属行输出部分有故障;如无直流输出,则开关电源部分有故障。

开关电源中,开关晶体管损坏的情况是比较普遍的,因此这是故障检修的重点。有许多彩电在开关电源中使用厚膜电路,开关管也集成在其中,这种集成电路也易损坏。

电视机中的各部分都需要电源提供能量,这些电路都是开关电源的负载。若这些电路有过流的情况,就会影响电源的工作,甚至负载电路有短路发生时,会引起电源的损坏。电源的最大负载是行输出电路,因此,行输出电路如有故障,尤其是短路、过流,会直接影响电源的正常工作,甚至会引起电源电路中开关管等元件的损坏。虽然电视机的电源电路中有保护电路,出现电压过高、负载电流过大等情况,可以进行自动保护而切断输出,但有一些电视机中的保护电路的设计不完善,在遇到过载的情况时,就会出现烧元件的故障。同样,开关电源的稳压电路部分工作失常,也会造成损坏元件的故障。

在检修电源电路时,最好使用隔离变压器,使电视机与交流市电隔离,这样可以避免人体触电事故。如果没有隔离变压器,就要注意电视机的底盘不要与火线相通。这可以用试电笔检测,如发现底盘带电,可以调换一下电源插头的方向,确保底盘不带电。

(三)电源电路的故障检修方法

1. 开关电源一般检修程序

在正常使用的彩色电视机中,若开关电源出现故障,往往会造成无图像、无光栅、无伴音的"三无"故障,根据上面介绍的检测要点及检修注意事项,可以总结出开关电源的一般检修程序,如图 2-51 所示。

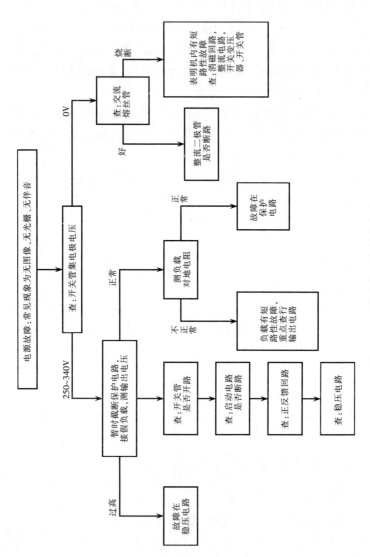

图 2-51 开关电源一般检修程序

2. 开关电源常用检修方法

不同类型的开关电源电路,可能会由于工作方式的不同而在电路上出现较大的差异,但就其基本工作原理和方框结构,又可能大体相同。图 2-52 所示是自激振荡、并联输出调频稳压型开关电源框图,现以它为例,讨论开关电源的主要工作过程,从而有针对性地确定检测要点及一般检修程序。

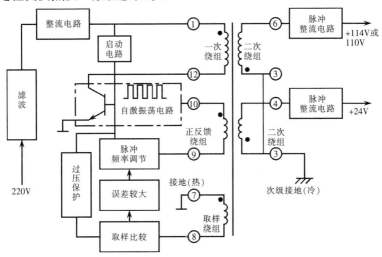

图 2-52 开关电源框图

(1)输入端的交－直变换及检测要点。开关电源的输入端是指交流供电、整流、滤波这一段电路,它的任务是把 220V 的交流市电变换成非稳直流电压,输送到开关管的集电极。因此,检修过程中的第一步,就是通过检测开关管集电极上有无 250～340V 的直流电压来判断这一段电路工作是否正常。若此电压值为 0,表明交流供电、整流或滤波电路中出现故障,需先对其进行检修,使其达到正常后,才能检修其他电路。

(2)间歇振荡部分的直－交变换及检测要点。间歇振荡部分是开关电源的关键部位,它包括开关变压器(主要是一次绕组和正反馈绕组)、开关管和启动电路。这一部分电路的任务是把非稳直流电压变换成高频脉冲电压,从而将开关变压器一次侧的能量不断转换到二次侧。因为直流无法通过变压器进行能量转换,因此,能否在开关变压器中产生高频脉冲电压,就成为能否实现一、二次侧能量转换的关键。而要使开关变压器中产生高频脉冲电压,就必须使开关管进入开关工作状态,这时开关管的基极必须有矩形脉冲信号(如图2-52中虚线部分所示)。开关管基极的矩形脉冲电压是靠自激式间歇振荡电路产生的,因此可通过检测开关管基极有无矩形脉冲电压来判断整个间歇振荡电路的工作是否正常。

①检测间歇振荡器是否起振的方法有以下几种。

a.直流电压检测法:检测开关管基极有无-(0.1~0.2)V的电压,有负电压即表示已经起振。

b.dB电压检测法:用万用表dB挡测基极或集电极有无dB电压。

c.示波器观察法:用示波器观察开关管基极或集电极有无矩形脉冲信号。

②振荡器能否起振的检测要点如下:

a.启动电路是否开路。

b.正反馈电路中有无断路或短路。

c.由取样绕组、取样比较、误差放大和脉冲频率调节组成的稳压电路是否有故障,必要时可暂时截断稳压电路,使振荡器单独起振。

d.保护电路是否有故障,必要时可截断保护电路。

(3)输出端的交—直变换及检测要点。所谓输出端,是指图2-52中,开关变压器二次侧的脉冲整流电路部分,它的作用是将开关变压器次级输出的高频脉冲电压整流和滤波,从而变换成负载所需要的直流电压。用万用表检测滤波电容两端的电压,即可判断有无输出及输出是否正常。

(4)稳压调节及检测要点。稳压调节电路包括取样绕组、取样比较、误差放大和脉冲频率(或脉冲宽度)调节几个部分。它的任务是通过自动调整开关管的导通时间,来调整高频脉冲的占空比,使输出电压稳定在负载所要求的电压值上。检测稳压调节电路的方法是用万用表检测输出端的电压,然后微调稳压电路中的可调电阻,看输出端的电压能否变化,能否重新稳住,从而判断整个稳压电路中是否出现故障。

三、电源电路常见故障检修实例

(一)开关电源电路的结构和工作原理

应用厚膜集成电路 STRM6529F04 开关的电源电路如图 2-53 所示,它所采用的是厚膜集成电路 WTRM6529F04。下面介绍其电路结构和工作过程。

(1)开关电源工作时,电流经开关变压器 T801 主绕组 P2 - P1→IC801(STRM6529F04)①脚→IC801②脚→L839→R809//R810→地,在检测电阻 R809//R810 上形成一个电压降,该电压正比于MOSFET 管漏极(IC801①脚)电流大小,且通过 R811 加到 IC801④脚。如果该电流超出 MOSFET 管漏极额定电流,IC801①脚电压上升到 0.75V,OCP 保护电路起控,输出控制信号,经或门 2 迫使振荡器 OSC 停振,激励级无驱动信号(DRIVE)输出,MOSFET 截止。

(2)电网交流电压升高时,整流滤波后经 T801 的 P2 - P1 绕组加到 IC801①脚的电压会随着升高,通过开关变压器 T801 的耦合作用,V1 - V2 绕组上的感应电动势也会升高,这个电压经 D803、C811整流滤波后加到 IC801⑤脚,作为 IC801 的工作电源,维持振荡持续进行。一旦电网出现异常高压,使 T801 的 V1 - V2 绕组上的感应电动势整流滤波超出 IC801⑤脚保护阈电压,OVP(过压保护)电路立即起控,输出的控制信号经或门 1→锁存器→或门 2→OSC 电路停振→DRIVE 无输出→MOSFET 开关管截止。

(3)如果环境温度太高或 IC801 内部异常,使芯片温升超出150℃,通过温度传感作用,TSD 电路动作,输出控制信号→或门 1→锁存器→或门 2→OSC 电路停振→DRIVE 无输出→MOSFET 开关

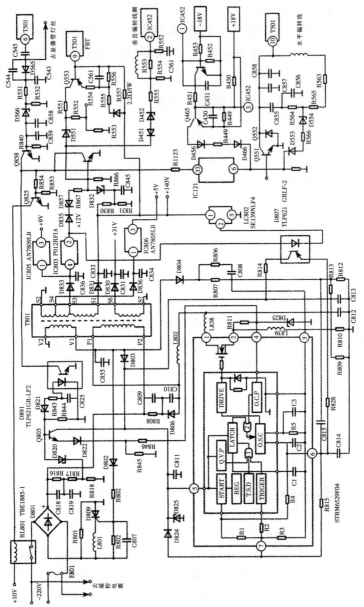

图 2-53　开关电源电路

管截止,进入保护状态。

(4)一旦+B(140V)输出升高,超出规定的安全值,+B经R830、R831分压,使稳压二极管D832击穿导通→Q856导通→Q825截止→继电器RL801释放→切断主开关电源的交流输入,进入保护状态。

(5)过流保护电路由过流检测电阻R557、Q553等组成。+B(140V)行负载电流增大时,检测电阻R557两端的压降随着增大,这个电压加在Q553(PNP管)e-b极。电路正常时,Q553 b-e极电压为-0.35V,Q553截止。一旦某种原因(如回扫变压器T501局部短路,行输出管c-e极漏电流增大等)使行电流增大且超出安全阈值,R557上的压降使Q553导通→稳压二极管D551击穿导通→Q856导通→Q825截止→RL801释放→切断主开关电源的交流供电,进入保护状态。

(6)大屏幕彩色显像管对灯丝供电的要求极为苛刻,灯丝工作电压典型值为6.3V,极限参数上限值为6.6V,下限值为6.0V。灯丝供电回路中设置了由D566、Q858等组成的过压保护电路。一旦回扫变压器T501⑥脚输出的脉冲电压过高,经D565整流,R532、R531分压后,会使稳压二极管D566雪崩击穿→Q858导通→Q825截止→RL801释放→切断主开关电源的交流供电。

(7)如果垂直偏转输出集成芯片IC452(LA7845)②脚直流电压异常升高,使稳压二极管D452击穿→D451导通→Q856导通→Q825截止→RL801释放→切断主开关电源的交流输入。

(8)X射线保护。如果行逆程电容器C857、C858容量失效或开路,或+B(140V)直流输出升高,都会使回扫变压器T501各绕组感应形成的逆程脉冲升高,显像管阳极超高压引起的X射线泄漏。T501⑩脚电压经C855、C856分压,加到稳压二极管D554负端的电压也跟着升高,一旦超过D554的稳压值(36V),D554击穿→D553导通→IC121⑥脚转为高电平→IC121㉝脚输出低电平→Q825截止,RL801释放→切断主开关电源的交流供电→电视机进入保护待机状态。

（二）故障检修

（1）彩色电视机不工作，电源全无输出，重点查开关集成电路。

（2）输出电压不稳，应查 IC802 和 D807。

（3）某一电压失落，应检查相应的整流滤波电路。

第三章　大屏幕彩色电视机的维修

第一节　大屏幕彩色电视机的结构组成与工作原理

一、大屏幕彩色电视机的结构组成

大屏幕彩色电视机通常是指屏幕对角线尺寸大于 63 cm(25 英寸)且具有较好性能和较多功能的电视机。图 3-1 是大屏幕彩色电视机结构的典型实例。大屏幕彩色电视机由于具有性能好、工艺精湛、造型美观、图像清晰、伴音优美、功能齐全、操作方便等特点,因而深受广大消费者的青睐。目前,直视型大屏幕彩色电视机生产技术成熟,发展迅速,规格齐全,品种繁多,从 25 英寸到 34 英寸,不断有新产品问世。从功能上分,直视型大屏幕彩色电视机包括画中画电视、多画面电视、立体声/双伴音电视、图文电视、广播卫星(BS)电视和通信卫星(CS)电视等类型。对于投影型,一般在 40 英寸以上的电视机中才采用。大屏幕彩色电视机大致分为直视型和投影型两大类。显像管(CRT)直视显示型彩色电视机是最为流行的。此外,液晶、等离子体彩色电视机也属于直视型。投影型有前投方式和背投方式两种,前投方式多为液晶式;背投方式中有投影管式、液晶式和光显式,其中投影管式亮度较高,是目前的主流机型。各种类型都有其各自的特点和优势,但从性能(亮度、对比度、清晰度、色彩鲜艳性等)、价格、实用性、技术成熟性等方面比较,显像管直视显示型依然是目前大屏幕彩色电视机的主流。

大屏幕彩色电视机除了显像管尺寸较大之外,还需设置一些新电路,以满足大屏幕彩色电视机在多功能、高性能等方面的要求。标

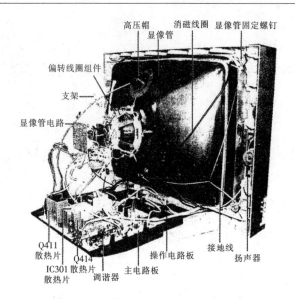

高压帽　　消磁线圈　显像管固定螺钉

显像管

偏转线圈组件

支架

显像管电路

Q411
散热片　　Q414　　　　操作电路板　接地线　　扬声器
　IC301散热片　　主电路板
散热片　　调谐器

图 3-1　大屏幕彩色电视机的结构组成

准大屏幕彩色电视机的基本电路组成如图 3-2 所示。从电视检修的角度来看,大屏幕彩色电视机的基本电路可分为以下几部分。

（一）高、中频信号处理电路

高、中频信号处理电路的作用是接收主路、副路的高频电视信号,经过放大、混频、检波及鉴频等处理,输出幅度足够的主路视频信号和音频信号,以及副路视频信号。

该部分电路主要包括天线分配器,主、副高频头,主路图像中频前置放大器、主路伴音中频前置放大器以及声表面波滤波器,副路图像中频前置放大器及声表面波滤波器,主路图像中频、伴音中频处理电路,副路图像中频处理电路等。

（二）亮度信号处理电路

亮度信号处理电路的作用是从复合视频全电视信号中分离出亮

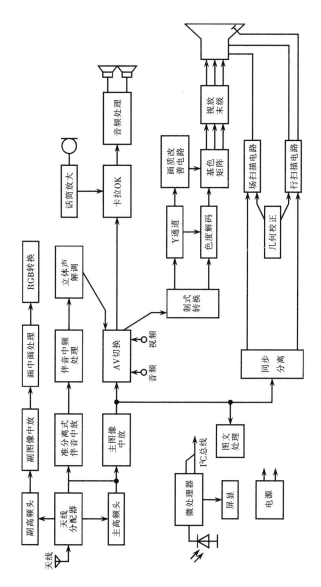

图3-2 大屏幕彩色电视机的基本电路组成

度信号,经放大、校正、延时、控制、消隐等处理,输出极性、大小符合要求的亮度信号去基色矩阵电路。

该部分电路主要包括 Y/C 分离电路,清晰度改善电路,黑电平扩展电路,扫描速度调制电路,亮度、对比度控制电路,消隐电路等。

(三)色度信号处理电路

色度信号处理电路的作用是将经 Y/C 分离后的色度信号,经ACC(自动色度控制)放大电路放大后,送入制式识别电路,根据识别结果,正确恢复色度副载波;然后在色度解调和色差矩阵中产生色差信号 R−Y、B−Y 和 G−Y,与 Y 信号一起在基色矩阵电路中恢复 R、G、B 信号,并送往视放末级。

该部分电路主要包括 Y/C 分离电路,自动色度信号增益控制和制式识别、自动色副载波识别、色饱和度控制、副载波恢复电路,色度解调及基色矩阵电路等。

(四)音频信号处理电路

高档大屏幕彩色电视机,为改善音响效果,大多采用较复杂的伴音系统电路。除在高、中频信号处理电路中采用准分离式伴音系统电路外,在音频信号处理电路中,采用了环绕声电路、重低音电路、Hi−Fi 立体声电路等,大大提高了音质;有的还增加了卡拉 OK 电路、配有红外耳机等。

(五)行、场扫描电路

行、场扫描电路的主要作用是使荧屏形成明亮而不失真的矩形光栅,所以,也可称为光栅形成电路。同普通彩色电视机一样,这部分电路也是故障的高发区。

大屏幕彩色电视机的行、场扫描电路除几何失真校正电路外,其余部分的电路与普通彩色电视机无大的差异,主要包括行、场振荡电路,激励放大及频率、幅度、中心调整电路,行、场输出及高、中压形成电路等。

（六）遥控电路系统

遥控电路系统的作用主要是实现对整机的各种控制功能，如自动选台、屏幕显示、TV/AV 切换、定时开/关机、静音以及画中画控制、环绕声、超重低音、卡拉 OK 控制、无信号蓝背景以及其他各种控制功能。

该部分电路主要包括中央处理器（CPU）、存储器、屏显字符发生器、端口扩展器、红外接收前置放大器、红外发射器等。

（七）电源电路

大屏幕彩色电视机大多采用高性能、宽稳压范围的开关型稳压电源。通常都设有较完善的过压、过流、欠压、过载等各种保护电路。待机状态下，遥控部分由单独电源供电的方式逐渐被舍弃，现已巧妙地将主电源转换为低频率振荡、小功率输出的工作状态，维持低电压输出，为遥控部分供电；一经启动，电源又满负荷工作。

电源电路主要由整流滤波/开关振荡调整，取样放大，脉宽控制，二次整流输出，待机、开机控制等部分及各种保护电路组成。

（八）画中画电路

早期的画中画电视机，只能在固定位置显示一个子画面，而现在的画中画电视则可显示多个子画面，并可动态地监视所有频道的广播电视节目。当然，这在使用双高频头的所谓射频画中画系统才有可能，而视频画中画系统则不能实现多频道广播电视监视。

二、大屏幕彩色电视机的技术特点

近几年来，由于科学技术的飞速发展，宽高比为 16∶9 的高清晰度电视机和与现行电视制式相适应的宽屏幕电视机有了长足发展。

大屏幕彩色电视机除了屏幕尺寸大、视野宽、临场感强等特点外,技术上还有以下一些显著特点。

(一)大屏幕彩色电视机的新型电路

目前,大屏幕彩色电视机的图像清晰度,射频输入时已能超过400线(PAL制),视频输入时可达800线。大屏幕彩色电视机采用了许多新电路,如:

(1)松下公司的图像清晰增强电路和人工智能(AI)电路。

(2)索尼公司的新型图像处理电路。

(3)东芝公司的5D高画质电路(D为英文Dynamic的缩写,意为"动态")。5D是指动态三行数字式梳状滤波器电路、动态彩色鲜明度增强电路、动态景物层次控制电路、动态扫描速度调制电路、动态亮度瞬变改良电路等五种动态调整电路。

(4)日立公司的3A/4D人工智能画质控制电路(A为英文Automatic的缩写,意为"自动")。3A即自动对比度调整、自动色饱和度调节和自动噪声抑制,4D即动态彩色改良、动态白电平扩展、动态黑电平扩展以及动态超级解码矩阵。

(5)其他彩色信号瞬变改良电路、PLL(锁相环)同步检波电路、宽带中视频电路、黑电平扩展电路、速度调制电路(4VM)、视频降噪电路(VNR)、数字式亮/色分离电路(Y/C)、高压稳定电路、电源电压自动调整电路(AVR)和各种失真校正电路等。

同时,大屏幕彩色电视机中还采用了许多新器件,如宽带复合式声表面波滤波器、数字式梳状滤波器、平绕行输出变压器等,特别是数字处理电路在大屏幕彩色电视机中得到了广泛的应用,这些都为提高大屏幕彩色电视机的画质发挥了有益的作用。

(二)大屏幕显像管

显像管是电视机的"心脏",是决定图像质量好坏的关键,所以各大彩色显像管生产厂家都投入了大量的人力、物力进行研究和开发,生产出一大批高质量的彩色显像管,例如日本松下公司的"画王"SF

型超平面管,东芝公司的 C3 型和超级 C3 型显像管,索尼公司的"丽彩单枪""贵丽单枪"超平面管,日立公司的 HS 型方角屏以及欧洲的 VHP 型彩色显像管等。

这些显像管不但玻面平,亮度、对比度高,透光率低,聚焦性能好,而且分辨率可达 700 电视线(TVL)。这些新型显像管的出现为提高电视机的质量、推动大屏幕彩色电视机的发展起到了关键作用。

(三)多制式接收电路

为了满足国际交流需求,大屏幕彩色电视机大多具有多制式接收功能。目前,中小屏幕彩色电视机也都采用多制式接收电路。要实现多制式接收,必须具备以下电路。

1. 制式的识别和切换

因为 PAL、SECAM 制的场频为 50Hz,NTSC 制的场频为 60Hz,所以可以根据场频和每场行同步脉冲的个数来识别是 PAL 制、SECAM 制还是 NTSC 制。PAL 制和 SECAM 制的识别有两种方法,其中一种是 SECAM 制优先识别法,另一种是 PAL 制优先识别法。前者根据从钟形滤波器中取出的色度信号,经限幅后加入 SECAM 识别检波电路,产生一识别控制电压,控制 PAL 制彩色抑制电压形成电路和 SECAM 解调电路工作,而使 PAL 制解调电路不工作。同理,后者优先产生 PAL 识别控制电压,控制 SECAM 解调电路不工作。

2. 图像中放频率特性曲线的确定

为了便于信号处理、简化电路,多制式电视接收机常选择固定的图像中频(38MHz 或 38.9MHz),因此,当接收 PAL/SECAM 制信号时,色副载波频率为 4.43 MHz。伴音中频与图像中频之差有三种,分别为 5.5 MHz、6.0 MHz 和 6.5 MHz,图像中放频率特性曲线的形状也有所不同。但是,当接收 NTSC 制信号时,色副载波频率为 3.58 MHz,伴音与图像中频之差为 4.5 MHz,因此必须改变中放频率特性曲线,否则会引起音频的严重干扰。

3. 不同伴音的陷波和 FM 鉴频器伴音频率的选择

伴音载频有 4.5 MHz、5.5 MHz、6.0 MHz 和 6.5 MHz 四种,当接收某种制式的电视节目信号时,由于只接收一种伴音,所以要抑制其他几种不需要的伴音载频。这样,就需要设置不同的伴音陷波器。若送入 FM 鉴频器的伴音有四种,则会给鉴频带来很大困难。因此,常通过变频(用 0.5 MHz 的振荡信号与 5.5 MHz、6.0 MHz 或 6.5 MHz 伴音载频中的一种相混频)转换为统一的 6.0 MHz 伴音载频,送给 FM 鉴频器,进行伴音解调。

4. 色副载波的选择

PAL 制和 NTSC 制有 4.43 MHz 和 3.58 MHz 两种色副载波;SECAM 制为顺序同时制,接收时不需要恢复副载波,因此,应根据接收到的是 PAL 制信号还是 NTSC 制信号来确定副载波频率。

5. 色调整电路和鉴频器的设置

在彩色解码电路中,当接收 NTSC 制信号时,需要进行色调调整,而 PAL 制则不需要。因此,要设置专用的 NTSC 制色调调整电路。同样,因为 SECAM 制的色差信号是采用鉴频器解调的,所以也要设置 SECAM 专用鉴频器。

6. 行、场有关电路的调整

由于制式不同,行、场频率亦不同,所以要根据实际接收情况,相应改变行频、场频和行相位等参数。

(四)高品质伴音系统

中小屏幕电视机机箱小,伴音输出功率低,音响效果差。为了使电视机具有专业音响的效果,大屏幕电视机常采用高保真音响技术,制成各种性能优异的扬声系统,如松下的"多梦"扬声系统,东芝的"火箭炮"超重低音扬声系统和现场感音响系统,索尼的"博士"超重低音扬声系统,日立的 3D 全景电影院式音响系统,三洋的"大号角"和级联调谐式超重低音扬声系统,飞利浦的具有五个扬声器的超重低音扬声系统等,使电视机伴音质量有了极大的提高。

目前,大屏幕电视机的伴音输出功率一般都在 20 W 以上,频响可达 30Hz～ 16kHz,甚至可达 20 kHz,且具有立体声、环绕声效果。为了保证高音质,大屏幕电视机在电路中采取了许多措施,如采用准分离式伴音解调电路,数字式立体声、环绕声、杜比环绕声处理电路,重低音电路以及人工智能伴音均衡器等,大大提高了电视伴音的品质,使人们聆听到低音浑厚、中音强劲、高音清透,具有强烈临场感和震撼力的电视音响效果。

(五)I^2C 总线控制系统

I^2C 总线即"内部集成电路总线",一般称为"集成电路间总线"。它由一条串行数据(SDA)线和一条串行时钟(SCL)线配对构成。因为数字信号都是用 0 和 1 表示的,0 和 1 所在的位置不同,所代表的含义也不同,它们的位置所代表的含义是在设计中确定的。时钟信号是识别数据的基准,在电路中对数据的识别要靠时钟信号来定位,这样才能准确地译码。数据信号中包含有各种需要控制的信息,它是一条可以双向传递的信息线,各种控制信息和受控电路中的反馈信息都在这条信息线中传递。

I^2C 总线在大屏幕彩色电视机中的构成如图 3-3 所示。系统控制中心(微处理器)通过 I^2C 总线与各种集成电路(IC)联系在一起,即受控的集成电路挂在 I^2C 总线上。微处理器起控制作用,称为主控 IC;挂在 I^2C 总线上的 IC 是受控 IC,处于服从的地位,称为从属 IC。电视机根据设计的不同,挂在 I^2C 总线上的从属 IC 数量是不相同的。例如,电视机在用户进行选台,调节音量、亮度、色饱和度、对比度及开关机等操作控制(使用控制)时,挂接的 IC 较多。对于电压合成式调谐器,当 Y/C 分离电路不采用数字式梳状滤波器时,就不用挂在 I^2C 总线上。存储器是系统控制不可缺少的,它总是和微处理器配对使用。

微处理器对从属 IC 的各种控制都是利用 I^2C 总线来进行的,统称为 I^2C 总线控制。这种控制分为两类:一是使用控制,即电视机在

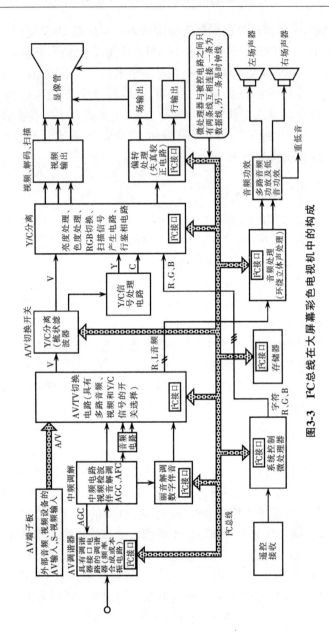

图3-3　I²C总线在大屏幕彩色电视机中的构成

正常使用中的各种控制；二是维修控制，即在维修中，微处理器对从属 IC 的检测和调整。维修控制只有在电视机进入维修模式（松下公司称为行业模式或行业方式）之后才起作用，在电视机正常使用中是不起作用的。利用 I^2C 总线控制来调整电视机时，一般使用本机的遥控器，按设计规定的操作程序，按下约定的操作键。微处理器通过显示控制电路将提示字符（R、G、B 信号）显示在荧光屏上，通过观察荧光屏上的提示，便可进行需要的调整操作。

在 I^2C 总线系统中，只有 CPU 拥有总线控制权，因而又称 CPU 为主控器；而其他电路皆受 CPU 的控制，故将它们统称为被控器。主控器既能向总线发送时钟信号，又能向总线发送数据信号，还能接收被控器送来的应答信号。数据传送的起止时间及传送速度由主 CPU 来决定。被控器不具备时钟信号发送能力，但能在主控器的控制下完成数据信号的发送，它所发送的数据信号一般是应答信息，以将自身的工作情况告诉 CPU。总线只由两根线组成，这决定了数据传输方式为串行方式，而且是双向传输的。

I^2C 总线系统中的存储器也不同于普通遥控彩色电视机的存储器。普通遥控彩色电视机的存储器只用来存放用户信息（如节目号信息、波段信息、模拟量控制信息和声音控制信息等），而 I^2C 总线系统中的存储器存有两类信息，其中一类是控制信息，另一类是用户信息。控制信息是由厂家写入的，它实际上就是机器的最佳控制数据（例如厂家写入的黑白平衡控制数据、场幅控制数据等），这类数据用户不能随意改变。用户信息是由用户写入的，用以控制被控电路的信息（如用户设置的色饱和度控制量、对比度控制量等），用户信息可以由用户随意设定。

在 I^2C 总线系统中，小信号处理器都是由一块大规模集成电路担任的，这块大规模集成电路通过 I^2C 总线与 CPU 相连。CPU 通过 I^2C 总线将控制信息和用户信息送至小信号处理器，使其处于最佳工作状态。小信号处理器也可通过 I^2C 总线向 CPU 发送应答信息，以将自己的工作状态告诉 CPU。

彩色电视机中,被控电路大多是模拟电路;I^2C 总线上所传输的数据都是数字信号。为了便于通信,必须在各被控制对象中增加一个 I^2C 总线接口电路,并对总线接口电路进行软件设计。总线接口电路一般由可编程地址发生器、地址比较器、读/写寄存器、总线译码器、选择开关、锁存器及 D/A 转换器等构成,如图 3-4 所示。由于总线接口电路的存在,被控电路便具有数字信号处理功能。

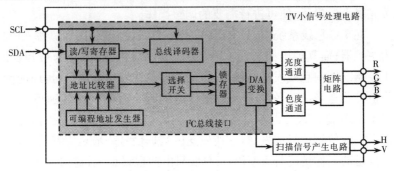

图 3-4　总线接口电路的构成

在 I^2C 总线系统中,由于被控器不止一个,为了使 CPU 能准确无误地与某一被控电路进行通信,必须给每一个被控对象赋一个特定的地址码。地址码可由固定部分和可编程部分组成,可编程部分用以确定某一类被控对象中的某一个被控对象。例如,某 I^2C 总线上挂有两块型号完全相同的集成电路,为了使 CPU 能分别与它们进行通信,要求这两块集成电路具有不同的地址,此时就必须改变地址码中的可编程部分,以区分它们的地址。地址码由总线接口电路中的可编程地址发生器来产生,可编程地址发生器所产生的地址码是由集成电路生产厂家在设计时所确定的。

有了地址码后,CPU 就能顺利地找到被控对象(即寻址)。当 CPU 需要控制某被控对象时,CPU 就通过 I^2C 总线向被控对象发出寻址指令,此时挂在 I^2C 总线上的所有被控对象均接收这一寻址指令,并将 CPU 发出的地址信息与自己的地址进行比较,相同者就被 CPU 寻址,然后 CPU 便可以与被寻址的被控对象进行通信了,因而可以将被控器的地址理解为被控器在 I²C 总线系统中的"电话号码"。为了使 CPU 能够对每一个被控器进行准确寻址，被控器的地址必须具有唯一性。

总线接口电路中的寄存器用来暂时存放数据。它可分成写寄存器和读寄存器两种。写寄存器用来存放 CPU 送来的数据，就是 CPU 用来控制被控器的数据；读寄存器用来存放被控器的应答信息及工作状态信息，CPU 通过从读寄存器中读出数据来了解被控器的工作情况，以便对被控器进行实时监控。

（六）丽音处理电路

一般电视广播伴音采用的是调频（FM）方式，与图像载频一起广播。这种调频广播的伴音一般是单声道。丽音是一种立体声（或双语）的电视伴音广播。

立体声伴音信号先进行数字处理，变成数字信号，然后用正交相移键控（QPSK）方式进行调制，调制后的载频再和图像载频一起发射。在传输时，数字伴音载频在图像和模拟伴音载频之间，不同地区和国家的具体数据是不同的，我国的数字伴音载频为 5.85MHz，模拟伴音载频为 6.5MHz，丽音制式的规格见表 3-1 所列。

表 3-1　丽音制式的规格

伴　音　信　号		广　播　制　式	
		I 制	D/K 制
模拟伴音	调制方式	FM	
	载波频率（MHz）	6.0	6.5
	信号电平（视频∶FM 伴音）	10∶1	20∶1
数字伴音	调制方式	QPSK（比特率为 728kbit/s）	
	载波频率（MHz）	6.552	5.85
	信号功率（图像∶QPSK）	100∶1	

三、大屏幕彩色电视机的工作原理

作为一名彩色电视机维修人员,在对大屏幕彩色电视机进行故障检修之前,首先应该对整机的使用方法、主要性能以及电路组成原理等有一个基本的了解与掌握,这样可以避免因为操作失误而影响检修工作的正确进行,还能防止因心中无数而导致人为故障,给检修工作带来新的难题。大屏幕彩色电视机的工作原理和普通彩色电视机的工作原理相似,为简便起见,本节不再赘述。

第二节　大屏幕彩色电视机的故障检修

一、大屏幕彩色电视机的故障检修步骤

(一)了解故障的发生过程

询问机主故障发生过程及使用环境,故障是突发的还是逐渐加重的,是人为损坏还是自然损坏,是间断性的还是静止的,是否经他人修理过等。以上询问对大体判断故障性质,加速确定故障部位很有帮助。

(二)观察光、图、声、色

大屏幕彩色电视机主要是从光、图、声、色四个方面向人们提供故障信息的,观察这四方面的情况,即可大致确定故障部位。如声、光全无:电源、行扫或控制部分故障;水平亮线:场扫故障;上部回扫线:场输出泵源故障;垂直亮线:行偏转支路开路性故障;缺色:视放末级或显像管故障;音轻且失真:鉴频电路故障;某波段收不到台:高频头或波段选择电路故障;无色:解码电路故障,等等。

（三）充分利用面板旋钮、按键、开关

如果场不同步、对比淡薄、亮度不足、彩色不鲜艳等,可配合调整旋钮或按键、开关,进一步判断故障真伪或缩小故障范围。如 TV 状态收不到台,改为 AV 输入时,声图正常,即可判断为高、中频电路故障。

（四）一看、二听、三嗅、四摸

打开后盖,看元件有无爆裂、变色,接插件有无松动脱落,焊点有无开焊或碰触,底板是否变形,铜箔是否断裂,等等;听有无异常声响,如"噼叭"打火声、行频叫声、打呃声等;嗅有无焦煳味、臭氧味等;摸某些元件温升是否正常,如电源调整管、行管、场厚膜是否微温,消磁电阻是否烫手等。通过这些直观检查,有时即可确定故障部位,甚至故障元件。

（五）通过测量,确认故障部位

对初步推断的故障部位或单元电路进行动态、静态测量,确认故障部位。例如伴音正常、无光栅,可初步推断为显像管附属电路、末级视放电路故障。可加电测显像管各极电压:灯丝电压正常否,灯丝是否亮;阴极电压是否过高(接近视放末级供电电压);加速极电压是否太低;高压阳极是否有高压(有高压时,荧屏有静电吸附感)。上述各项检查中,有一项不正常,即可确认故障部位。

（六）找出并更换故障元件

如在上述检查中发现加速极电压太低,只有十几伏且不稳定,其余各极电压正常,则对加速极供电支路有关元件(如调整电位器、整流二极管、滤波电容、限流电阻等)逐一检查,找到损坏元件,将其更换掉。然后再调整加速极电压,使荧屏亮度中等即可。

二、大屏幕彩色电视机的故障检修方法

(一)电压法

这是应用最多的方法,不少情况下,用此法已能较准确地确定故障部位。测量有关测试点的电压值(如电源各路输出电压,厚膜、集成块、高频头各引脚电压,晶体管、显像管各极电压等),并与正常值比较,即可判定故障部位。有时,还可利用测电阻两端电压的方法来获取电流数据。

(二)电流法

检测整机或某单元电路电流,主要是检测有无漏电、短路或开路性故障。因测电流时需将电流表串入待测支路,故需小心谨慎。尤其测大电流支路时,必须将电流表接好后,再开机测量。另外,检测电流只有在电源电压基本正常时才有意义。

(三)电阻法

这是应用最广泛的检测方法之一,也是最安全的。测电阻法分在线测量和开路测量两种,在线测量的元件阻值应小于或等于其实际阻值。通过测二极管、三极管 PN 结的正、反向阻值,集成电路的引脚对地阻值,电阻阻值,电感元件的通断,电容的充、放电情况等,可判断元件是否开路、击穿短路、虚焊或变质。

(四)信号跟踪法

本法适用于高、中频电路,伴音通道,色度处理电路,亮度处理电路等信号通道。

一般情况下,对怀疑有故障的信号通道,应手持金属螺丝刀或镊子从后往前逐级碰触输入端,同时观察荧屏或倾听喇叭反应。无反应者,则可大致判断故障在该级。在有电视信号发生器等信号源的

情况下,则判定更为直观、准确。

(五)代换法

本法适用于虽对某些元器件持有怀疑,但一时难以做出准确判断的故障,例如瓷片电容的开路性故障,电感元件的局部短路性故障,某些元器件的软击穿性损坏和热稳定性变差等。限于测试手段,有些元器件的损坏情况难以确认时,用可靠的新品代换试一试,是一种便捷的方法。

(六)波形比较法

在接收电视信号的工作状态下,对怀疑有故障的单元电路,从前往后逐级用示波器观察信号的波形及其幅度、周期等,并与图纸资料中给定的波形做比较。波形不正常者,则故障在该级。

(七)消色迫停法

本法适用于检查色度解码电路的无色故障,是分割、压缩故障范围的常用方法。本法的操作是将解码集成电路的消色滤波器引脚用电阻接地或接电源,迫使消色电路停止工作,强行打开色度通道。此时若彩色出现,则可判断故障在自动消色电路;若仍无色,则故障在色度信号通道中。

(八)温度变换法

本法适用于开机一段时间后才逐渐出现的故障的检查。温度变换法包括升温与降温两种方法。其中升温法的操作是用电烙铁做热源,对可疑元件进行烘烤加温(不要接触),促使故障迅速出现或加重,从而找出故障元件;降温法的操作是用镊子夹住酒精棉球置于可疑元件上,同时观察光、图、声、色,看故障是否减轻或消失,从而确认故障元件。

（九）电压变换法

电压变换法包括升压与降压两种方法。其中升压法主要用于处理显像管老化、灯丝发射能力下降等故障，如将灯丝电压适当提高，或将灯丝限流电阻短路，以增强阴极发射电子的能力，改善画面质量；降压法则是利用调压器将输入的 220V 交流电压调低，或直接将稳压电源直流输出电压调低，然后再加电试机，以防某些严重短路故障的机器因检修不彻底而造成新的贵重元件损坏。

（十）开路、短路法

开路法适合于检查某些严重短路击穿故障。如电源出现过载保护时，可分别将怀疑有击穿短路现象的各路负载开路（＋B 负载开路后，通常须接 100W/220V 灯泡做假负载）。当某一支路负载开路后，电源不再保护，则可判断短路故障产生在该支路。

短路法分交流短路和直流短路两种，交流短路是将电容并接在怀疑有开路性故障的电容两端，或跨接于怀疑有信号阻断性故障的元件上，从而确认故障元件；直流短路则是用导线将电路中的某一部分或某只元件（如继电器线圈、接点、振荡线圈等）短路，以便分析故障部位。如检查行电流过大故障时，可将行推动变压器初级短路，使行输出管失去激励，若测得电流仍较大（数毫安以上），则说明行输出级存在直流短路或漏电故障；若此时电流很小，说明行输出级存在交流短路故障或者是行振频率太低，行推动级激励不足。

三、大屏幕彩色电视机常见故障检修

（一）"三无"故障的检修

1. 故障现象

开机后，屏幕无光栅出现，扬声器也无声，有些故障机电源指示灯亮；有些则在开机时有"吱吱"声，但随后声光全无。

2. 故障分析及检修

对于"三无"故障,可能产生故障的部位主要有:

(1)开关电源出现故障,+B电压无输出。

(2)电源负载部分出现故障,保护电路动作,导致+B电压无输出。

(3)遥控开关机电路出现故障,微处理器的开机指令没有送到开关电源。

(4)+12V电源出现故障,使中放、解码、视放电路未进入工作状态。

(5)电源开关损坏或行振荡电路不工作,均会导致"三无"故障。

判断故障发生的部位后,进行相应的维修,排除故障。

(二)开机无光栅故障的检修

1. 故障现象

开机后无光栅,但伴音正常,有些电视机有字符显示。

2. 故障分析及检修

(1)显像管不正常。

(2)显像管及各供电电压不正常,包括灯丝电压、加速极电压、聚焦电压、阳极高压等。

(3)视频信号通道出现故障,导致显像管三个阴极直流电压过高,三个阴极电流截止。

(4)黑电平钳位脉冲电路出现故障,钳位电平不正常,导致显像管三个阴极电压升高,阴极电流截止。

(5)TV输入切换开关出现故障,导致无三基色信号输出。

(6)亮度控制电路出现故障,导致无三基色信号输出。

判断故障发生的部位后,进行相应的故障维修,排除故障。

（三）场幅不正常及水平一条亮线故障的检修

1. 故障现象

伴音正常，场幅不足或场幅过大，或为一条水平亮线。

2. 故障分析及检修

（1）场扫描小信号处理电路本身或其供电电路故障。

（2）场输出放大电路本身或其供电电路故障。

（3）场偏转线圈故障。

（4）垂直枕形校正电路故障。

判断故障发生的部位后，进行相应的维修，排除故障。

（四）光栅回扫线故障的检修

1. 故障现象

开机后伴音正常，屏幕上出现几十条水平亮线，有些电视机有图像，有些没有图像或图像很暗，还有些图像下部正常、上部出现回扫线。

2. 故障分析及检修

（1）末级视放电路出现故障，使显像管三个阴极电压偏低。

（2）末级视放供电回路出现故障，导致末级视放工作失常。

（3）行输出变压器加速极电压不正常，导致显像管加速极电压过高。

（4）场消隐电路出现故障。

（5）场输出级自举升压电路工作不正常或场推动脉冲幅度不足，都将在光栅上部产生回扫线。

判断故障发生的部位后，进行相应的维修，排除故障。

（五）枕形失真故障的检修

1. 故障现象

电视机光栅左右边缘向内弯曲（水平枕形失真），或光栅上下边缘向内弯曲(垂直枕形失真),或者四边同时向内弯曲。

2. 故障分析及检修

产生光栅枕形失真的主要原因是枕形失真校正电路的工作状态发生变化,或元器件损坏造成的。判断故障发生的部位后,进行相应的维修,排除故障。

(六)行、场不同步故障的检修

1. 故障现象

行不同步故障主要表现为图像扭曲或图像左右分开,画面中露出垂直的行消隐黑带,有时整幅画面变成杂乱的斜条纹。场不同步故障主要表现为图像上下滚动,或图像上下分开,画面中露出水平黑带。行、场均不同步故障主要表现为图像斜向滚动或出现上下滚动的斜条。

2. 故障分析及检修

(1)引起行、场均不同步故障的原因主要是无复合同步信号输入,或复合同步信号幅度太小,或同步电路出现故障。

(2)导致行不同步故障的原因主要是无行逆程脉冲信号或行逆程脉冲幅度太小,使得行 AFC 电路不能对行振荡器的频率及相位进行控制;或行振荡器频率偏差太大。

(3)导致行扭故障的主要原因是 AFC 滤波电路时间常数改变,使得 AFC 电路控制能力减弱。

(4)导致场不同步故障的主要原因是场同步脉冲未能送到场分频电路或场分频电路本身工作不正常。

判断故障发生的部位后,进行相应的维修,排除故障。

(七)有光栅、无图像、无伴音故障的检修

1. 故障现象

在大屏幕彩色电视机中,有光栅、无图像、无伴音故障可分为下面四种表现形式:

　　(1)开机后有光栅、无图像、无伴音、无噪波点,但有字符显示。

　　(2)开机后有光栅、无图像、无伴音、无噪波点,无字符显示。

　　(3)开机后有光栅、无图像、无伴音、有噪波点,有字符显示。

　　(4)开机后有光栅、无图像、无伴音、有噪波点,无字符显示。

2. 故障分析及检修

　　(1)导致第一种故障的原因主要有图像中频放大电路出现故障,或 AGC 控制电路出现故障,或 AV/TV 切换电路出现故障,或微处理器的 AV/TV 控制电路出现故障。

　　(2)导致第二种故障的原因主要有微处理器控制电路出现故障,或解码电路出现故障,或末级视放电路出现故障。

　　(3)导致第三种故障的原因主要有天线输入及高频头电路出现故障,或预中放电路出现故障,或 AGC 电路等前级电路出现故障。

　　(4)导致第四种故障的原因主要是遥控电源或微处理器控制电路出现故障。

　　判断故障发生的部位后,进行相应的维修,排除故障。

(八)无彩色故障的检修

1. 故障现象

　　开机后接收电视信号,黑白图像正常,但无彩色。对于大屏幕彩色电视机,无彩色故障主要有以下四种类型:

　　(1)接收 PAL、NTSC、SECAM 三种制式的信号均无彩色。

　　(2)接收 PAL 制式信号无彩色。

　　(3)接收 NTSC 制式信号无彩色。

　　(4)接收 SECAM 制式信号无彩色。

2. 故障分析及检修

　　当出现上述第一类故障时,产生故障的原因主要有以下几种:

　　(1)三种制式色信号的公共通道部分出现故障。

　　(2)色饱和度控制电路出现故障。

　　(3)色度通道供电电路不正常,导致色度通道电路不能正常工作。

(4)制式控制电路出现故障,导致制式识别和制式控制错误,使各种制式均无彩色。

当出现第二、三、四类故障时,产生故障的原因主要有以下几种:

(1)中频识别电路出现故障,导致某种制式的中频频率错误,产生无彩色现象。

(2)制式识别及控制电路出现故障,导致不能识别某种制式,从而产生某种制式状态下无彩色现象。

(3)某种制式的色度通道电路出现故障,导致某种制式下无彩色。

判断故障发生的部位后,进行相应的维修。

(九)图像彩色失真故障的检修

1.故障现象

图像彩色异常,或图像底色偏色。

2.故障分析及检修

出现图像彩色异常,但图像底色不偏色故障时,通常是由以下原因造成的:

(1)解码电路输出的基色信号不正常,或解码电路至视放末级之间有关元件异常,或视放电路本身不正常,造成显像管阴极的基色信号不正常。

(2)解码电路中的有关元件失常,造成无色差信号输出或色度信号解调相位有偏差。

图像底色偏色故障通常由以下原因造成:

(1)视放电路本身某一基色放大电路出现故障,或视放电路中的调整元件调整不当。

(2)显像管老化,电子枪发射能力降低。

判断故障发生的部位后,进行相应的维修,排除故障。

（十）伴音故障的检修

1. 故障现象

大屏幕彩色电视机的伴音电路较普通彩色电视机要复杂得多，因而故障的种类及特征也要复杂一些。伴音电路中常见的故障有以下几种：

（1）无伴音，无噪声。

（2）无伴音，有噪声。

（3）只有一个声道有声，而另一个声道无声或声小。

（4）无环绕立体声或环绕立体声音量小。

（5）无超重低音或超重低音音量小。

（6）接收丽音信号时无输出。

2. 故障分析及检修

造成第一类故障的原因主要有：

（1）伴音鉴频电路出现故障。

（2）伴音混频电路及第二伴音识别电路出现故障。

（3）TV/AV 伴音切换电路出现故障。

（4）伴音前置放大电路及伴音功放电路出现故障。

（5）静音电路出现故障。

造成第二类故障的原因主要是伴音功放以前的电路出现故障（如伴音鉴频电路、TV/AV 伴音切换电路、伴音前置放大电路等出现故障）。

造成第三类故障的原因有：

（1）左右声道音量平衡调节电路有故障。

（2）立体声扩展电路出现故障。

（3）某一通道的扬声器损坏，或内/外扬声器转换开关接触不良。

（4）TV/AV 切换电路或伴音前置放大及伴音功放电路出现故障。

造成第四类故障的原因有：

(1)环绕声切换电路、立体声扩展切换电路出现故障。

(2)左声道分频段合成信号通道有故障。

(3)环绕立体声扩展集成电路及其外围元件出现故障。

造成第五类故障的原因主要是超重低音集成电路本身或外围元件损坏，或超重低音控制电路出现故障。

造成第六类故障的原因主要有：

(1)丽音通道电路中的元器件出现故障或调整不当。

(2)调频/丽音切换电路出现故障。

判断故障发生的部位后，进行相应的维修，排除故障。

(十一)调谐选台故障的检修

1. 故障现象

调谐选台故障主要有以下两种形式：

(1)调谐选台时微处理器锁不住台。

(2)在某一波段上收不到电视信号。

2. 故障分析及检修

第一类故障产生的原因通常是由于存储记忆电路工作不正常，或输入到 CPU 的电台识别信号不正常，或输入到 CPU 的 AFT 电压不正常；第二类故障产生的原因通常是波段切换电路或高频调谐器出现故障。

判断故障发生的部位后，进行相应的维修，排除故障。

(十二)字符显示故障的检修

1. 故障现象

字符显示故障通常有以下两种情况：

(1)电视机各功能正常，屏幕无字符显示。

(2)电视机各功能正常，屏幕有字符显示，但显示错误。

2. 故障分析及检修

第一类故障的产生原因主要有：

(1)CPU 外接字符振荡电路元件不正常。

(2)输入到 CPU 的行、场逆程脉冲不正常。

(3)微处理器、色解码集成电路本身或外围元件有故障。

第二类故障的产生原因主要有：

(1)制式识别电路不正常，导致字符显示异常。

(2)字符显示电路本身工作不正常。

判断故障发生的部位后，进行相应的维修，排除故障。

第三节　大屏幕彩色电视机常见故障检修实例

一、松下 GP11 机芯系列大屏幕彩色电视机电路工作原理

松下 GP11 机芯是日本松下公司最新开发并投放市场的 28～34 英寸、16∶9 宽屏幕高清晰大屏幕彩色电视机机芯。目前在我国流行的典型机芯主要有松下 TC-34P100G、TC-34P100G/A、TC-34P100G/B 及 TC-34P100G/C 等，其电源电路如图 3-5 所示。

松下 GP11 机芯系列高清晰大屏幕彩色电视机电源电路的主要特点如下：

(1)主开关稳压电源采用 STR-M6831AF04 型新型厚膜电源集成电路构成，采用他激式并联型开关电源。

(2)由独立的振荡器完成激励驱动和脉宽调制。

(3)去掉了传统的正反馈电路，因此电网电压的波动对场效应开关管工作状态的影响甚微。

(4)工作电压范围宽，交流电压适应范围为 70～260V。

(5)自身功率低，保护功能完善，输出功率大(>250W)。

现从维修角度出发，将各单元的电路结构原理与工作过程简单介绍一下。

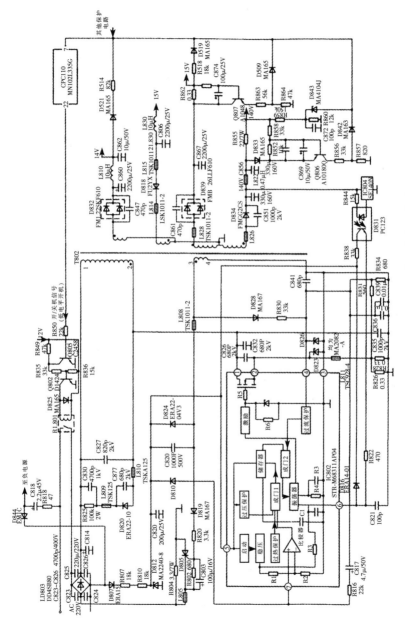

图3-5　松下GP11机芯系列大屏幕彩电电源电路

（一）主开关电源电路的结构原理与工作过程

当插上交流电源并开机后,副电源工作,微处理器 CPU（MN102L35GTLJ）得电,其㉒脚输出开机低电平,于是 Q805 截止、Q802 导通,继电器 RL801 线圈通电,使其触点吸合,市电送至桥式全波整流器 LD803 整流,经 C814 滤波后得到约 300V 脉冲直流电压,再经开关变压器 T802 的初级绕组①—②端加至 IC802（STR-M6831AF04）的①脚（内部为场效应开关管漏极）。同时,市电还经 D807 半波整流,R807、R810 限流,C820 滤波,稳压器 D812 稳压后,加至 IC802 的⑤脚（内接启动电路）和光耦合器 D831 中的光敏晶体管。这样,IC802 内部振荡器起振,并输出开关信号,经放大后推动场效应开关管工作,使得开关变压器次级的整流滤波电路输出各路直流电压,供负载使用。其中＋140V 主电压反馈至取样比较集成电路 IC804（SE140N）的①脚,并经 R844 加至光耦合器 D831 的发光二极管正极,使电源输出电压恒定。

当某种原因使负载变轻（图像变暗,声音变小）而使电源输出电压上升时,则流向光耦合器中发光二极管的电流上升,发光强度增大。其中光敏晶体管的导通电阻变小,致使 IC802 的⑥脚电压下降,振荡器的振荡频率变低,即振荡器输出的开关脉冲占空比变小,电源输出电压下降;反之亦然。

（二）保护电路的结构原理与工作过程

在松下 GP11 机芯系列高清晰大屏幕彩色电视机中,设置了以下自动保护电路。

1. 市电过压保护电路

当某种原因使市电输入电压过高时,会导致 IC802 的⑤脚输入电压超过过压保护电路启动的阈值电压（27V）,于是⑤脚内接的过压保护电路动作,发出关机信号,使振荡器停振,场效应开关管因无激励信号而停振。

2. 场效应开关管输出过流保护电路

当机内负载短路或开关电源次级整流滤波电路发生短路时,会使 IC802 内的电源场效应开关管输出电流超过极限值,则与场效应开关管源极相串联的 R826、R828 上端电压上升,R813 右端电压也上升,IC802 的④脚电压必大于过流保护的阈值,于是 IC802 内部过流保护电路启动,发出关机信号,场效应开关管停止工作。

3. 场效应开关管过热保护电路

当彩色电视机因某种原因使 IC802 温度过高而达到某一极限值时,IC802 芯片内部的过热保护电路启动,发出关机信号,使振荡器停振,电源无输出。

4. 稳压失控保护电路

当开关电源的稳压环路发生开路故障而失去控制时,其电源输出电压会大幅度上升。同时,开关变压器③—④绕组的感应电压也会上升许多,致使经 D824 整流、C820 滤波后的电压上升,于是 IC802 的⑤脚电压大于过压保护电路动作电压,使开关电源停振。同时绕组③端感应电压还可经 D828、R830 加至 IC802 的④脚,使内部过流保护电路动作。这样,即使过压保护电路发生故障,也不会使故障扩大。实际上,IC802 的⑦脚(初级取样电压输入)也是保护信号输入端。比如,当机器输出过压或过流,而恰好上述 IC802 内部过压、过流保护电路失效时,由上述分析可知,其 IC802 的④脚电压会突然升高,于是 C817 正极电位会相应升高,并通过 R816 加至 IC802 的⑦脚,使内部的电压比较器有电压输出(即关机信号),使振荡器停振,整机得到保护。

为了避免电源突然接通时产生的浪涌电流损坏桥堆 LD803,在桥堆的负极对地串入了 R804。在电源工作中,开关变压器的③—④绕组产生的感应电压经 D819、C803、R820 后加至晶闸管 D805 的 G 极,并使其触发导通,从而使限流电阻 R804 被短路,以消除机器工作时电流通过 R804 产生的热损耗。为了避免场效应开关管截止时产生的数倍于工作电压的尖峰脉冲击穿场效应开关管,还设置了由

C827、C835、L809、C826、C830、C832、C876、D820、R825 等元器件组成的尖脉冲吸收电路,以确保场效应开关管安全。

5.＋140V 输出过压保护电路

当＋140V 输出过压时,稳压管 D843 击穿,致使 CPU 的⑦脚(保护关机信号输入端)输入电平升高,于是其㉒脚输出高电平,继电器 RL801 失电,触点断开,切断交流输入,使整机得到保护。

6.＋140V 输出过流保护电路

当＋140V 负载过重或短路而引起＋140V 输出过流时,取样电阻 R852 两端压降增大,使控制管 Q806 的 e-b 结压降(正偏电压)大于 0.7V,于是 Q806 导通,＋140V 电压经 R856、R857 分压后的高电平,通过 D842 加至 CPU 的⑦脚,CPU 保护电路启动,使其㉒脚输出高电平,整机得到保护。

7.＋15V 过流保护电路

＋15V 负载短路,会引起 15V 输出过流。这将使取样电阻 R862 两端压降增大,致使 Q807 的 e-b 结压降大于 0.7V,Q807 导通,则 15V 电压经 R863、R864 分压后的高电平通过 D509 加至 CPU 的⑦脚,使保护电路动作,切断交流输入。

8.＋15V、＋14V 输出过压保护电路

＋15V 输出过压时,高电平会通过 R518、D519 加至 CPU 的⑦脚;同样,＋14V 输出过压时,高电平会通过 D521、R514 加至 CPU 的⑦脚,致使保护电路启动,使交流输入被切断。

二、松下 GP11 机芯系列大屏幕彩色电视机的故障检修

(一)典型故障分析与检修思路

松下 GP11 机芯系列高清晰大屏幕彩色电视机电源电路工作异常的主要故障是不能开机,通常有以下两种表现:

(1)开机后无任何反应,待机指示灯(红色)不亮。这种情况说明开关电源未工作,可按下述步骤检查。

①查 IC802 的①脚对地电压,正常应有 300V 电压。若没有,应检查 CPU 的㉒脚是否输出了开机电平(低电平),检查市电整流滤波电路(含输入回路)。

②再查 IC802 的⑤脚对地电压,正常约 23V。若很低,甚至为 0V,则应检查启动电压提供电路,即应对 D807、R807、D812、C820 等做认真检查。

③若上述检查正常,则应对 IC802 的④、⑦脚电压进行检查。正常情况下,应分别为 0.3V、3V 左右。若电压过高,则表明电源存在过流或过压故障。这时因 CPU 未发出保护关机指令(㉒脚原本输出高电平),显然故障在开关电源本身,故应对开关电源输出的整流滤波电路、稳压环路(含 IC804、D831、R822、R838、R844)、负反馈电路(含 R826、R828、R831、R834)及它们的焊点做仔细检查。

④若上述①～③步骤检查中均未发现异常,则是 IC802 内部的启动电路或振荡器损坏,只能更换 IC802。

(2)开机后可听到继电器不停的"嗒嗒"声,且可看到待机(红色)和工作(绿色)指示灯不停闪烁。这种情况说明开关电源已工作,问题是电源输出过流或过压,或第二阳极电压过高,或显像管电流过大,引起 CPU 内保护电路启动(也不排除保护电路的取样或信号传输元件本身损坏或不良而引起的保护电路误动作)。这时 CPU 的⑦脚(保护信号输入端)电压将大于 0.7V(正常约为 0V)。可分别断开各保护支路进行试机。若断开某保护支路后,"嗒嗒"声消失,则说明该被保护电路或该保护支路元件本身有问题。这里需强调的是,在准备断开保护电路之前,一定要用假负载确认＋140V 电压不过压。否则,一旦失去保护,过电压将会将行管击穿,甚至导致显像管切颈。而过流时间如果不长,一般不会造成元件损坏,故断开某保护支路试机时,时间一定要短。由于篇幅所限,具体操作步骤从略。

(二)确诊故障的关键数据

松下 GP11 机芯 IC802(STR-M6831AF04)的实测数据如表 3-2

所示。

表 3-2 IC802(STR-M6831AF04)的对地正、反向电阻及工作电压值

引脚号	工作电压(V)	对地电阻(kΩ)		引脚号	工作电压(V)	对地电阻(kΩ)	
		正测	反测			正测	反测
①	296	7.5	120	⑤	23.5	1.5	33.0
②	0.1	0	0	⑥	0.2	8.4	17.9
③	0	0	0	⑦	3.0	3.7	3.8
④	0.3	0.3	0.31				

(三)疑难故障分析与检修实例

【实例1】机型:松下 TC-34P100G。

故障现象:接通电源后,不能开机。

故障分析与检修:用户反映是雷击所致。查电源保险管 F801 (图中未画出),发现已烧黑,说明电源存在严重短路。经测,桥式全波整流器 LD803 有一臂击穿,更换后通电,保险管再次熔断。显然,电源还存在短路故障。再测 IC802①、②脚电阻,几乎为 0。断开①脚与外围电路连线,再测①脚对地电阻,仍为 0。由此说明 IC802 内部场效应开关管已击穿。更换 IC802 后试机,机器仍不能启动。进一步检测发现,启动电路稳压管 D812 已击穿。更换后试机,机器恢复正常。

【实例2】机型 TC-34P100G/A。

故障现象:不能二次开机。二次开机后红/绿指示灯不停闪烁,并能听到继电器吸合与释放时发出的"嗒嗒"声。

故障分析与检修:显然,这是因电源输出过压或过流,或第二阴极电压过高,或保护元件不良而引起 CPU 保护电路动作所致。首先断开行管 C 极连线,在＋140V 输出端对地并接一只 100W 灯泡试机,灯泡点亮,且＋140V 电压正常,不再有"嗒嗒"声,故怀疑是因过流而引起保护。经查看,发现高压帽周围有很多灰尘污垢(此机在建筑工地工棚中使用,环境潮湿且灰尘大),因此怀疑是高压过流。经清洗显像管第二阳极、高压帽和烘干处理,再用704硅胶封固后试机,故障消除。

【实例3】机型:TC-34P100G/C。

故障现象:不能开机,红色指示灯也不亮。

故障分析与检修:由现象分析,是开关电源未工作。查电源输入保险管F801,完好;IC802的①脚有300V电压,但④、⑦脚电压为0。据此,说明故障不是IC802内保护电路动作所致。再查⑤脚电压,也为0,显然故障点应在电源启动电路。而后发现启动电阻R807已断路,用1W/18 kΩ电阻更换(原为0.5W/18 kΩ)后,故障排除。

第四章 液晶彩色电视机的维修

第一节 液晶彩色电视机的结构组成和工作原理

一、液晶显示器的种类及其特点

(一)液晶显示器的种类

目前,常见的液晶显示器可分为扭曲向列型(Twisted Nematic,简称 TN)、超扭曲向列型(Super Twisted Nematic,简称 STN)和彩色薄膜型(Thin Film Transistor,简称 TFT)三大类。

1. 扭曲向列型液晶显示器(TN-LCD)

TN-LCD 的最大特点是其液晶分子从最上层到最下层的排列方向呈 90°的三维螺旋。它是液晶显示器的基本形式。但是,TN-LCD 有两个重大缺点:其一是无法呈现黑、白两色以外的色调;其二是当液晶显示器的屏幕越做越大时,其对比度会越来越差。

2. 超扭曲向列型液晶显示器(STN-LCD)

STN-LCD 除了改善了 TN-LCD 对比度不佳的状况外,最大差别在于液晶分子排列的扭转角度不同及在玻璃基板的配合层增设了预角度。液晶分子从最上层到最下层的排列是 180°～260°的三维螺旋。这种结构虽然改善了对比度的问题,但是其颜色的表现依然无法得到较好的解决。除了黑、白两色之外,只有橘色和黄色等少数颜色,仍然无法达到全彩的要求。

3. 彩色薄膜型液晶显示器(TFT-LCD)

为了改善色彩,人们又研究出 TSTN(Triple Super Twisted

Nematic) 和 FSTN（Film Super Twisted Nematic）两种新产品。TSTN 和 FSTN 的构造原理与 STN 基本相同，但改善了 TN 的对比度差的问题和 STN 的色彩问题，具有高解析度和全彩的优点。可惜的是，液晶分子响应速度较慢的问题一直未能解决，在放映数量较大的资料时，会造成无法负荷的情况。为了解决此问题，液晶显示器的研发焦点集中在驱动方式的改良上：从最早的静态驱动方式到动态驱动方式，再到目前的单纯矩阵驱动方式和主动矩阵驱动方式，其中，以主动矩阵驱动方式和液晶显示器的发展关系最密切。

主动矩阵型驱动方式是在原本配置画素的电极交叉处加上一个 Active 素子，产生了崭新的模式。而主动矩阵型的驱动方式又可分为两种：一种是 MIM（Metal Insulator Metal）方式，它用两片金属中间夹绝缘层的方法做成简单的 Active 素子；另一种是 TFT（Thin Film Transistor）方式，它是在原本配置画素的电极交叉处，加上一个对向电极，在三个电极的交叉处形成旋转薄膜状的 Active 素子。

从 TN-LCD 到 STN-LCD，再到 TFT-LCD，液晶显示器在对比度、解析度和色彩等方面越做越好，产品也越来越普及。而在这三大类的液晶显示器中，以 TFT-LCD 的市场占有率最大，原因是受笔记本型电脑销售量越来越好的带动。不仅如此，TFT-LCD 还有日渐取代传统阴极射管屏幕的趋势，是最具发展潜力的显示器。

（二）液晶显示器的特点

1. 优点

与目前使用的其他类型显示器比较，液晶显示器具有下列优点：

（1）平板结构。液晶显示器的基本结构是两片导电玻璃，中间灌有液晶的薄型盒。这种结构的优点是开口率高，最有利于做显示窗口；显示面积做大、做小都比较方便，易于自动化大量生产，生产成本低；器件很薄，只有几毫米厚。

（2）低压、低功耗。其工作电压较低，一般为 2～3V；工作电流只有几毫安；功耗只有 10^{-6}～10^{-5} mW/cm^2。

(3)显示信息量大。在液晶显示器中,各像素之间不用隔离,所以同样显示窗口面积,可容纳更多的像素,有利于制成高清晰度电视机。

(4)被动显示型。液晶本身不发光,靠调制外界光达到显示目的,即依靠对外界光的反射和透射,形成不同对比度来达到显示目的。

(5)易于彩色化。一般液晶为无色,采用滤色膜就很容易实现彩色图像。

(6)无辐射、无污染。显像管显示时有 X 射线辐射,等离子显示器(PDP)显示时有高频电辐射,而液晶显示器不会出现这类问题。

(7)寿命长。液晶显示器工作时电压低、工作电流小,因此劣化速度慢,寿命较长。

2. 缺点

液晶显示器具有下列一些缺点:

(1)显示视角小。液晶显示是利用液晶分子对外界光的异向性形成图像的。对不同方向的入射光,其反射角不一样,所以视角较小,只有 30°~40°;而且随着视角变大,对比度迅速变坏。

(2)响应速度慢。液晶显示画面的变化是在外电场作用下,依靠液晶分子的排列变化来完成的。受材料黏滞度的影响,响应速度较慢,一般为 100~200 ms。所以,液晶显示器在显示快速移动的画面时,质量一般不是太好。

二、液晶显示器的结构组成

由于液晶电视的结构组成和普通彩色电视机相似,这里只介绍其显示系统的结构组成。

(一)电路基本组成

高清晰度液晶电视显示系统如图 4-1 所示,图中的图像调整电路、时间轴扩展电路、极性反转电路和时序控制电路都是液晶显示器的特有电路。

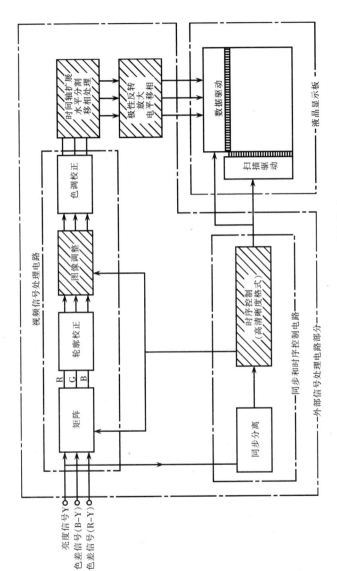

图 4-1 高清晰度液晶显示系统的构成

从图中可见,来自解码电路或外部输入的亮度信号 Y 和两个色差信号(B-Y)、(R-Y)首先在视频调整电路中进行处理。视频调整电路是由矩阵电路、轮廓校正电路、图像调整电路和色调校正电路等部分构成的。经过处理,再经时间轴扩展和极性反转后,送到数据驱动电路中,形成数据驱动电压去驱动液晶板,这是主要的信号处理电路。亮度信号经同步分离电路分离出同步信号,时序控制电路以此为基准,形成液晶板的扫描驱动脉冲。液晶板的扫描驱动 IC 也与液晶板制成一个组件。

从图 4-1 所示的信号处理电路可见,液晶显示器的电路主要是由两大部分构成的,其一是视频信号处理电路,其二是同步和时序控制电路。同步电路是将视频信号中的复合同步信号分离成水平同步信号和垂直同步信号,用来产生对液晶显示板进行扫描所必需的各种控制信号。

视频信号是将天线接收的电视信号经调谐器、中频放大和视频检波后形成的图像信号,视频信号经视频和彩色解码电路输出亮度信号(Y)和色差信号(B-Y)、(R-Y)。这一部分电路是与普通彩色电视机的电路完全相同的。亮度信号和色差信号送到液晶显示信号处理电路中,首先送入矩阵电路,变成三基色信号(R、G、B),然后经轮廓校正,亮度和对比度调整,色调校正,时间轴扩展,极性反转放大,电平移位等电路的处理,形成液晶显示板的驱动信号。

1. 色调校正电路

液晶显示板的透光特性是指液晶显示板所加电压与显示亮度的关系,它与阴极射线显像管(CRT)的特性比较曲线如图 4-2 所示,CRT 的 γ 值为 2.2。所谓 γ 校正,是指电视图像从摄像机摄像到显像管再现图像的过程中,摄像时光图像变成电信号,这里存在非线性;在显示器中再由电信号变成显像管上的图像,这其中也有非线性的因素,因此,视频信号在驱动 CRT 之前的信号源,必须进行校正,使 $2.2 \times \gamma$ 校正值 $=1$,于是 γ 校正值为 $1/2.2 \approx 0.45$。与 CRT 不同,在液晶显示板中,是一个 S 形特性,进行校正的电路被称为色调校正电路。由于 S 形特性随透光波长的不同而有所差别,因此对红、绿、蓝各色补偿值要分别设定。

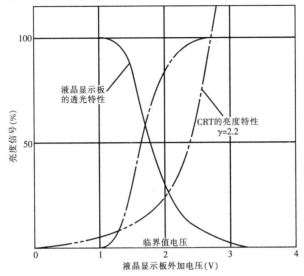

图 4-2 液晶显示板的透光率与所加电压的关系

视频信号在模拟处理时,色调校正电路是由电阻和晶体管组成的近似线性的电路;在数字处理系统中,色调校正是由存入 ROM 中的校正数据进行处理的。

2. 时间轴扩展电路

高清晰度液晶显示板水平方向的像素数达 1 500,数据取样时水平移位时钟近 60MHz,数据驱动移位时钟也有 15 MHz,而驱动和显示一体型液晶显示板的响应只有 2MHz 。

为了解决这个问题,在液晶显示板的外部电路中设有时间轴扩展电路,这样使视频信号由串行传输变成并行传输,即可使水平移位时钟的频率降低。一般用水平分割驱动电路来降低频率;在驱动显示一体型(Poly-Si TFT-LCD)方式中,使用视频移相电路来降低频率,以便适应高清晰度的要求。

3. 水平分割驱动电路

水平分割驱动电路如图 4-3 所示,这种 a-Si TFT-LCD 液晶显示板的显示区被分割成 A、B、C 三个区。每个分区进行并行同时驱动,视频信号和移位时钟的频率均可降低到原来的 1/3。液晶显示板上的奇数栅极驱动线用的视频信号按 A1、B1、C1 的顺序送入图像数据驱动电路,偶数栅极驱动线用的视频信号按 A2、B2、C2 的顺序送入图像数据驱动电路,然后数据驱动 A、B、C 中的数据信号一起输出,驱动显示板。

在这种方式中,由于显示板分为三个区域,在区和区相邻的分界部分的亮度、色度可能会有差别。为了降低这种误差,需要将峰值亮度抑制 1%。

4. 频率相移电路

在驱动和显示一体型液晶显示方式中,时间轴扩展电路如图4-4所示,视频信号经过色调校正电路校正后,送到视频移相电路中。视频移相电路是由 A/D 转换器、锁存器、D/A 转换器等部分构成的。在这个电路中,视频数字被分割成四部分,经过极性反转后,送到液晶显示板的数据驱动电路中。这样,由于视频移相电路的分割作用,使整个图像数据信号的取样频率降低到原来频率的 1/4。

(二)实际电路

液晶显示器与显像管显示器的视频图像信号的接收、解调、解码等处理电路基本上都是相同的,只是驱动液晶显示板的电路不同于显像管的驱动电路,目前常见的有数字式液晶显示驱动电路和模拟式液晶显示驱动电路两种。

图 4-5 所示是模拟式液晶显示系统的电路框图。液晶显示板采用薄膜晶体显示板,经高频头接收、中频通道放大、检波后的视频图像信号通过放大器和缓冲器形成模拟驱动信号,送到驱动 TFT 液晶板的取样保持电路,取样保持电路的输出作为源极驱动信号,送到液晶板的栅极驱动集成电路(IC)。同时,同步信号也送到取样保持

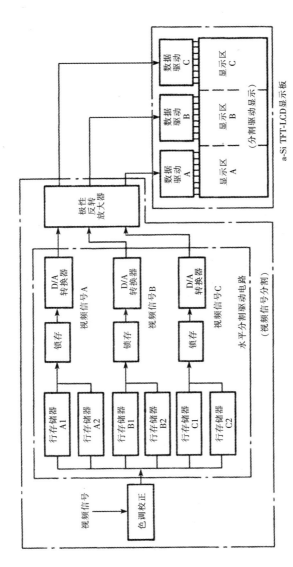

图4-3　水平分割驱动电路

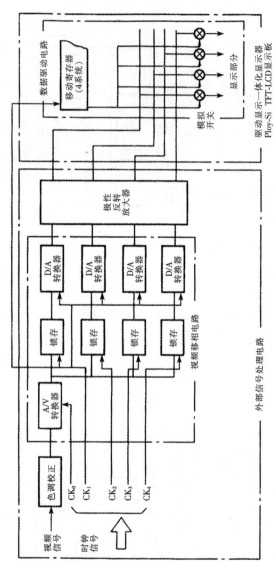

图4-4 驱动显示一体型液晶显示器的时间轴扩展电路

电路,使液晶板的源极驱动信号与扫描信号保持同步关系。这种电路结构比较简单,但消耗功率比较大,其解像度也不够高。

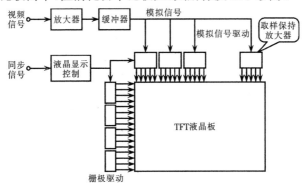

图 4-5 模拟式液晶显示系统

图 4-6 所示是数字式液晶显示系统的电路方框图。从图中可见,此系统需要先将视频信号变成数字数据信号再送到显示系统,或者是直接送入数字视频信号。作为源极驱动的数字信号先送到数据锁存电路,再经 D/A 转换器变成驱动液晶板的源极驱动信号。其同步和扫描电路与模拟方式相同。

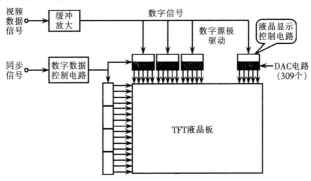

图 4-6 数字式液晶显示系统

（三）实例分析

图 4-7 所示是一部小型彩色液晶电视机的整机电路框图,其中 U/V 调谐器、中频电路 TA8670F、系统控制微处理器和音频/视频切换开关等部分与普通彩电基本上是相同的;视频处理、色度解码和扫描信号产生电路 TA86995F 与普通彩色电视机的视频解码电路也基本相同。只有 γ 校正、显示接口切换控制电路 TA8696F 是液晶电视机特有的电路,TA8695F 和 TA8696F 的内部功能框图如图 4-8 所示。经图像中频检波的视频信号分成三路送入 TA8695 F,第一路送入同频分离电路,分离出行、场扫描信号;第二路经色副载波带通滤波器(BPF)选出色度信号,送入 ACC 电路,然后送到色度解码电路进行解码;第三路经延迟电路后,作为亮度信号 Y,送到亮度信号处理电路进行处理,经处理的亮度信号和色度解码输出的色差信号送到矩阵电路中,最后输出三基色信号 R、G、B。R、G、B 信号送到 TA8696F 中进行 γ 校正、电平控制、垂直极性变换,经缓冲放大器输出图像驱动信号,去控制 X 驱动系统;行、场扫描信号经控制器分别形成垂直与水平扫描信号,作为对液晶显示板的 X、Y 轴控制信号,加到液晶显示板上。

三、液晶显示器的工作原理

彩色薄膜型液晶显示器(TFT-LCD)的结构如图 4-9 所示。将液晶置于两片导电玻璃基板之间,在两片玻璃基板上都装有配向膜,液晶沿着沟槽配向。其中,上层的沟槽是纵向排列的,而下层沟槽是横向排列的。由于上下玻璃基板沟槽相差 90°,因此液晶分子呈扭转形。当上下玻璃基板没有加电时,光线透过上方偏光板,并跟着液晶作 90°扭转,通过下方偏光板,液晶面板显示白色,如图 4-10(a)所示。当上下玻璃基板分别加入正负电压后,液晶分子就会呈垂直排列,但光线不会发生扭转,而被下层偏光板遮蔽,光线无法透出,液晶面板显示黑色,如图 4-10(b)所示。这样,液晶显示器在电场的驱动

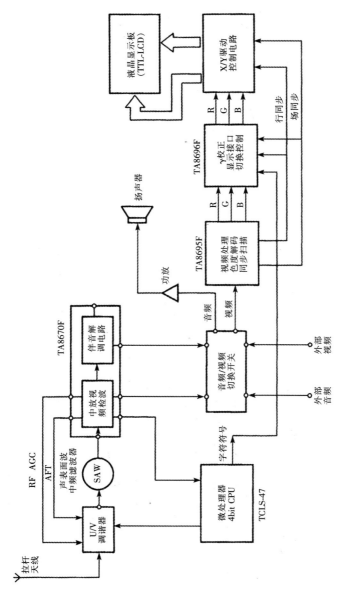

图4-7 彩色液晶电视机的整机电路框图

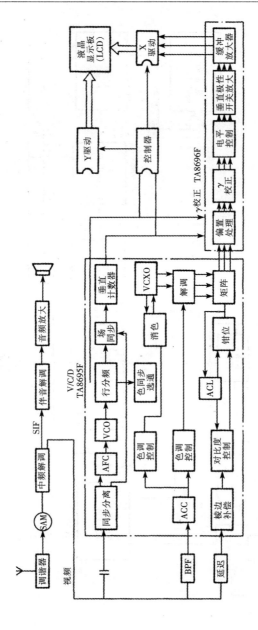

图4-8 TA8695F和TA8696F的内部功能框图

下,控制透射或遮蔽光源,产生明暗变化,将黑白影像显示出来。若在显示器上加彩色滤光片,就可以显示彩色影像。

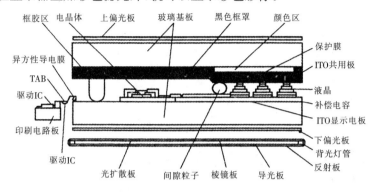

图 4-9　液晶显示器的结构

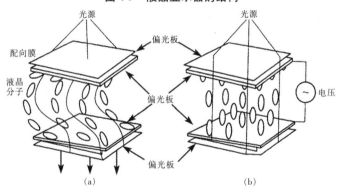

图 4-10　液晶显示器的显示原理

彩色滤光片的结构如图 4-11 所示,它由像素和晶体管组成。依据三基色的发光原理,每个像素均由红、绿、蓝三个子像素组成。每一个子像素就是一个单色滤光镜。也就是说,如果一个 TFT-LCD 显示器的分辨率为 1 280×1 024 的话,那么,彩色滤光片应该由 1 280×1 024×3 个子像素和同样数量的晶体管组成。对于一个 15 英寸的显示器而言,其像素为 1 024×768,一个像素在显示屏上的对角线的长度为 0.0188 英寸(约等于 0.48 mm);而对于一个 18 英寸的显示器而言,其像素为 1 024×1 280,一个像素的对角线长度为 0.011英寸(约等于 0.28 mm)。

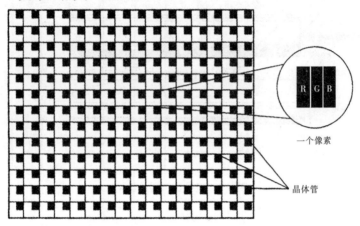

图 4-11   彩色滤光片结构

为了精确控制每个像素的亮度和显示的颜色,就需要在每个像素之后,安装一个类似于百叶窗的开关,仅在"百叶窗"打开时,光线才可以透进来;而在"百叶窗"关闭时,光线就无法透进来。这个开关就是晶体管,而控制开关的则是共同电极。它的作用是生成精确控制的电场。其控制方式为主动矩阵式,对屏幕上的各个像素实施主动的、独立的控制。

TFT-LCD 显示器采用背光技术,光源为背光灯管,学名为冷阴极荧光灯(CCFL),其外形和结构分别如图 4-12(a)和(b)所示。灯管采用硬质玻璃制成,管径为 1.8~3.2 mm。灯管内壁涂有高光效三基色荧光粉,两端各有一个电极,灯管内充有水银和惰性气体,采用先进的封装工艺制成。

冷阴极荧光灯的工作原理是,当灯管两端加 800~1 000V 高压后,灯管内少数电子高速撞击电极,产生二次电子;管内水银受电子撞击后产生波长为 253.7nm 的紫外光,紫外光激发涂在管内壁上的荧光粉而产生可见光。可见光的颜色将依据荧光粉的不同而不同。

冷阴极荧光灯的优点是管径细、体积小，寿命长（平均 20 000 h 以上），工作电流低（2～10mA），结构简单，灯管表面温度低，亮度高、显色性好、发光均匀等；其缺点是易老化，易破碎，发光效率低，功耗大等。

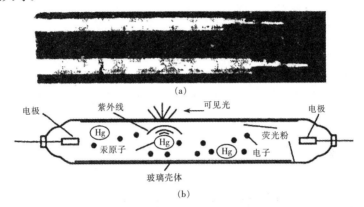

(a)

(b)

图 4-12　冷阴极荧光灯的结构

第二节　液晶彩色电视机的故障检修

一、无标准色彩（SECAM 制）故障的检修

重点检查色度信号处理电路，故障检修流程如下：

(1)首先检查色度信号处理电路的彩色制式自动识别与手动设定的输出、输入端电压是否正常。若电压不正常，则故障在色度信号处理电路。

(2)检查色度信号处理电路的 SECAM 制色度信号输入端电压是否正常。若电压正常，则故障在色度信号处理电路。

(3)若 SECAM 制色度信号输入端电压不正常，则故障在 AV 输入/S 端子输入色度信号选择开关电路。

二、无标准色彩(PAL 制)故障的检修

重点检查色度信号处理电路,故障检修流程如下:

(1)首先检查色度信号处理电路的彩色制式自动识别与手动设定的输出、输入端电压是否正常。若电压不正常,则故障在色度信号处理电路。

(2)检查色度信号处理电路的 PAL/NTSC 制色度信号输入端电压是否正常。若电压正常,则故障在色度信号处理电路和偏压控制电路。

(3)若 PAL/NTSC 制色度信号输入端电压不正常,则故障在 AV 输入/S 端子输入色度信号选择开关电路。

三、不同步故障的检修

重点检查同步电路,故障检修流程如下:

(1)首先检查同步电路的复合视频信号输入端有无亮度信号输入。若没有亮度信号输入,则故障在视频选择开关和输出端的射极跟随器及其外围电路。

(2)若同步电路的复合视频信号输入端有亮度信号输入,则进一步检查同步电路的行、场同步信号输出端有无同步信号输出。若没有同步信号输出,则故障在同步电路及其外围电路。

(3)若同步信号输出端有同步信号输出,则进一步检查 NTSC 制式信号是否同步。若 NTSC 制式信号同步,则故障在扫描制式变换器印制电路板。

(4)若 NTSC 制式信号不同步,则进一步检查软性电缆和 LCD 插接座。

四、无色彩或色彩淡(SECAM 制)故障的检修

重点检查色度信号处理电路,故障检修流程如下:

(1)重新调整。将色彩控制设于最大位置,对比度控制设于最大

位置。

（2）重调后色彩淡。检查色度信号处理电路的 5V 电压输入端电压是否正常。若电压不正常，则故障在 5V 电源线路；若电压正常，则故障在视频选择开关。

（3）重调后无色彩。进一步检查色副载波再生电路。

五、灯泡不亮故障的检修

此故障产生的原因如下：

（1）电源电路故障。

（2）镇流器故障。

（3）触发电路故障。

（4）投影灯泡故障。

找到故障部位后，进行相应的维修，排除故障。

六、无图像故障的检修

此故障检修流程如下：

（1）检查投影灯泡是否亮。若灯泡不亮，则参照上例进行检查。

（2）若灯泡亮，则进一步检查主装置中的插接器（EA）处有无规定电压输出。若无规定电压输出，则故障在电源电路及其部件。

（3）若有规定电压输出，则进一步检查图像轮廓校正电路有无视频输出信号。若没有，则进一步检查视频选择开关和缓冲器。

（4）若图像轮廓校正电路有视频输出信号，则进一步检查三基色处理电路以及液晶板插接器和软性电缆。

第三节　液晶彩色电视机常见故障检修实例

本节以创维系列液晶彩色电视机为例，介绍其检修方法。

一、机芯故障检修

各类机芯的常见故障现象及损坏元件如表 4-1 所示,相应的故障排除方法是更换损坏的元件。

表 4-1　各类机芯常见故障速查表

机　芯	故障现象	损坏元件
8TT3	白　屏	CPU(U10)
	自动关机	U23
	USB 无识别	USB 小板
	黑　屏	U25 坏或重写 U25 程序
	伴音不良	高频头坏
	花屏,TV 图像不良	U913 坏
	TV 或 AV 彩色失真	U20 坏
8TP2	白　屏	U31 坏
	TV 无伴音	U9703 坏
	花屏,有竖线	U927 坏
	键控不良	U10 坏
	关机异响	电源板坏
	BBE 伴音不良	U701 坏
	切换魔画白屏	U918 坏
	VGA 图像不良	U6 坏
	黑　屏	U13 坏
	菜单不良	重写 U25 的程序
	TV 彩色失真	U6 坏
	死　机	电源板坏
	HDTV 缺色	U6 坏
	AV 图像不良	重写 U913
	AV 干扰	U13 坏

机　芯	故障现象	损坏元件
8TG3	白屏,红屏	U20 坏
	AV 或 TV 彩色失真	U20 坏
	HDTV 彩色失真	U28 坏
	DVI、VGA 图像扭曲	U10 坏
	DVD 彩色失真	U10 坏
	不开机	U1 坏
	黑　屏	重写 U16 程序
	TV 伴音不良	U5 坏
	3 台伴音不良	高频头坏
8TG3	AV 彩色失真	U9702 坏
	HDTV 图像闪	U13 坏
	重影	高频头坏
	不开机	U14 坏
	TV 亮点干扰	U4 坏
	TV 白条干扰	U4 不良
	屏暗、花屏、图像不良	一般屏坏的多
	TV 无信号	U2 坏
	死　机	U14 坏
	白　屏	U13 坏

二、背光灯管更换

据有关资料介绍,液晶显示器的使用寿命在数万小时以上,按每天点亮 5～6 h 计算,可以用十几年。但实践证明,液晶显示器"娇气得很",在不利的环境下使用或保养不当,都会过早地终结液晶显示器的使用寿命。尤其是采用单灯管的液晶显示器,在使用三年以后,亮度、对比度明显不足,屏幕发暗、偏黄。这是因液晶显示器背光模板内部的 CCFL 冷阴极灯管老化所致,与液晶屏无关,更不代表液晶显示器寿命已到,只要换上新的背光灯管,液晶显示器又会完美如初。目前,CCFL 冷阴极灯管成本较低,但更换的手工费用较高。

CCFL 内部本身并没有灯丝,这是和其他灯具的主要区别,所以不能用万用表测量灯丝是否通断的办法来判断 CCFL 本身的好坏。一般判断灯管好坏的方法是看灯管两端是否发黑,如果发黑严重,则证明灯管寿命已尽,不能继续使用。

（一）液晶显示器背光灯管选择

（1）直径。液晶显示器背光灯管的直径为 1.8～3.2 mm,原则上选择比原液晶屏所配的灯管直径细的都可以,这里主要考虑的是安装空间,直径粗细对驱动电路和发光强度影响不大。

（2）长度。测量灯管的长度时,要把电极的长度包含在内,单位精确到毫米。长度偏差太大会导致无法安装。标准尺寸的液晶显示屏灯管长度有 12 in、13.3 in、14.1 in、15 in、17 in 及 19 in 六种。

（3）色温。将一标准黑体（如铁）加热,温度逐渐升高,光色也由红→橙红→黄→黄白→白→蓝白逐渐改变,将黑体加温到出现与光源相同或接近光色时的温度,定义为该光源的色温度,简称色温。它以绝对温度 K（Kelvin,称开氏温度）为单位。黑体加热至红色时,温度约 527℃（即 800K）。色温越高,光色越倾向青白色,带给环境清凉的气氛;色温愈低,光色越倾向红黄色,带给环境热烈的气氛。一般液晶显示器的色温在 6 500～9 300 K。该项指标只有在批量采购配件时才用到,一般维修员在配件经销商那里是不需要这个指标的。

其他还有光通量、光度、照度、辉度、色度、显色性等指标,与维修关系不大,在此就不一一介绍了。

（二）更换灯管的注意事项

（1）环境要清洁,切忌在灰尘多的环境下操作。尤其有一部分液晶屏在更换灯管时需要拆解背光板,如果不慎落入灰尘,会导致屏幕有暗点。

（2）因为灯管极其纤细脆弱,整个更换过程中用力一定要轻柔,否则很容易导致灯管折断。初学者在更换灯管的时候,折断几根灯管是常有的事情。因此建议初学者尽量购买带架的灯管,这样既可避免折断,也可消除焊接过程中可能导致的损坏。

(3)拿取灯管的时候,要戴橡胶薄膜手套,以免手上汗渍沾染到灯管上,使用时间长以后,灯管局部会发黄。

(4)焊接灯管电极连线时,焊接速度要快,焊点要圆润光滑。如果焊点有毛刺现象,很容易打火放电,引起高压驱动电路损坏,或者显示器无规律黑屏。

(5)如果更换的是裸管,在将旧灯管从灯架取出时,要防止把灯架变形,否则在更换完灯管后,屏幕周边很容易出现漏光现象。一旦出现漏光现象,处理起来将相当困难。

(6)给一款自己不熟悉的液晶屏更换灯管的时候,最好能够上网搜寻这个型号液晶屏的相关参数,掌握其内部结构,然后再更换灯管。切忌盲目拆卸螺钉。

(7)部分液晶屏在更换灯管时,需要将液晶屏上的分辨模块FPCB板移开。FPCB板即柔性印制电路板,是用柔性的绝缘基材制成的印制电路。它可以自由弯曲、卷绕,从而做到元器件装配和导线连接的一体化。利用它可大大缩小电子产品的体积,适应电子产品向高密度、小型化、高可靠方向发展的需要。该板特别"娇嫩"! 移动时不能用力牵拉,否则会导致屏幕出现亮线,甚至完全报废。排线一旦折断,修复的成功率很低。

(8)在用手接触电路板上的元件时,要防止静电损坏元件。可通过戴防静电腕带、使用离子风机等方式来防止静电。

（三）灯管的更换方法

(1)用十字旋具旋开显示屏背部的四颗螺钉。

(2)选用薄口的平头旋具沿显示屏前部和后壳中间的缝隙轻轻地撬,即可拆除前脸的塑壳。

(3)放平显示器,旋下固定液晶屏面板的四颗十字螺钉。

(4)移除前脸和后壳,即可看到背光灯控制板、接口控制板和行列驱动板。

(5)轻轻拔掉背光灯控制板和接口控制板与其他电路的插接头,移开金属和塑料骨架,液晶屏面板触手可及。

(6)将平头旋具插入薄铝骨架与钢框之间,撬开固定液晶屏的钢框。

(7)钢框相当于 CRT 显像管的防爆钢圈,一旦拆除钢框,液晶板就失去了最后的保护屏障。

(8)把薄铝骨架移开。

(9)揭开反射板(同塑光纸),露出约 3 mm 厚的导光板(同有机玻璃板),其下边缘一端夹着背光灯管反射罩,而背光灯管就深藏在其中。

(10)将背光灯管从反射罩中取出,然后将新的灯管装进去,主要任务就结束了。

(11)若液晶显示屏上有显示暗斑,一般是反射板和导光板的相应部位脏污所致,可用镜头纸轻轻擦拭干净,并用气囊轻轻吹掉表面的微小灰尘,再依次装回原部件,液晶显示器又可大放光辉。

注意:液晶显示器背光模块一般包括反射罩、CCFL 冷阴极荧光灯管、反射板(膜)、倒光板(膜)、棱镜板(膜)等,在不同资料中,其名称略有不同。

三、驱动控制电路检修

液晶显示器的驱动电路均为显示屏厂家的配套产品,电路较复杂,一般购不到零配件。当驱动电路损坏时,多为整板更换。在更换电路板之前,需对以下几个方面进行检查:

(1)电源电路。检修时,应先用万用表测电源输入电压。若不正常,则应检查电源输入电路;如输入电压正常,再查 AC/DC 变换电路是否正常。若不正常,则查相关元件。

(2)行场脉冲输入信号。检修时,用示波器测量送入驱动电路的行场同步脉冲是否正常。若不正常,则查行场同步脉冲输入电路。

(3)数据读取时钟信号。用示波器检测有无数据读取时钟脉冲。如无,应查时钟处理电路元件。

(4)液晶显示屏接口插排线。检查有无接触不良现象。

(5)检查排线输出、输入接口的电感、电容、电阻是否良好。

(6)背光灯是否点亮。如不亮,则应查背光灯电路。

当检查上述电路均无问题时,再代换驱动电路板。

四、供电电路检修

高压电路故障率居液晶彩色电视机故障之首,由于元器件布局紧凑,因此查找故障原因比较困难。又由于末级升压变压器很难购买到,因此对高压板单独设计的电路,都采用更换整板的方法进行维修;对于升压变压器与逆变电路一体化设计的机型,还是提倡采用更换单个故障元件的方法来维修。下面介绍高压供电电路损坏后的故障现象及维修方法。

(一)常见故障现象与检修方法

(1)黑屏。检修此种故障时,先检查高压开启电平是否变化,升压变压器末级供电是否正常;然后用金属工具尖端碰触升压变压器输出端,看是否有蓝色放电火花产生。如果有火花,则检查代换CCFL、高压输出电容;反之则检查高压形成电路。

(2)开机瞬间显示器可以点亮,然后黑屏。这种故障多出现在多灯管显示器(15in 以上)中,故障原因一般是某只灯管损坏或接触不良,造成输出电流平衡保护电路启动引起的。如果系高压输出元件损坏(包括接触不良),需断电后查找。维修时一般需要代换 CCFL来判断。

(3)屏幕图像发黄或发红,亮度降低。这种故障多为 CCFL 老化所致。维修时,需换用同规格新品。

(4)使用一段时间后黑屏,关机后再开可重新点亮。这种故障主要是由于高压逆变电路末级或者供电级元件发热量大,长期工作后造成虚焊所致。维修时可轻轻拍打机壳,观察屏幕是否能点亮。若能重新点亮,可确定为虚焊,找到故障点后补焊即可。

(5)屏幕闪烁。在排除软件设置原因的情况下,这种故障主要是由背光灯管老化引起的,极少数是因为高压电路不正常所致。

(6)开机后屏幕亮度不够,随后黑屏,高压板部位伴有"吱吱"响声。这种故障主要是由于升压变压器(俗称"高压包")绕组存在匝间短路所致。理论上更换升压变压器即可解决,但实际上市场很难购买到此类同型号配件。不同型号的配件性能不匹配,不能代用。对于高压电路一体化设计的机型,只好通过更换整个高压板来解决。

(二)故障的判断方法

检修高压逆变电路的主要工具是示波器和万用表。因为高压逆变电路的工作频率不高,所以市面销售的示波器都可"胜任";万用表可用普通的高内阻机械指针型表(例如常用的 MF47、500 型)。这里要强调的是,使用的万用表内阻要高,应尽量避免对被测电路的影响。普通低内阻万用表,即使电压量程再高,也不适合测量液晶显示器高压逆变电路的高压,其原因:一是频率响应远远不够;二是输入阻抗低,易对被测电路产生影响。

开机后,马上用单支万用表表笔尖端触碰高压输出插头焊脚,看是否有微弱蓝色火花出现。如果有火花出现,灯管不亮的故障在灯管本身或插接件。对由多灯管组成的显示屏,要逐一进行试验。这里强调开机后马上进行测试,主要是为了避免保护电路启动后造成误判。根据实际经验,冷机时即使灯管损坏,保护电路启动也需要十几秒钟;而对热机或者刚断开电源不久又重新通电的电视机,保护电路启动仅需 $1 \sim 2s$,因此应掌握检测时机。

如果在保护电路未动作之前测得无放电火花产生,则应测量各级供电电压是否正常,高压开启电平是否正确。用示波器测量末级功放管或者激励集成块信号输出引脚是否有 50kHz 以上频率、幅值

在 $10\sim20\text{V}_{\text{P-P}}$ 的波形。如果有波形,对于推挽结构逆变电路,故障在升压变压器、灯管及次级高压输出电容上。

如果确认故障在升压变压器上,不连接灯管检修会因为保护电路启动而影响判断,连接灯管检修又因为灯管脆弱、长度太长而比较麻烦,此时就可以应用假负载法进行检修,即在升压变压器的高压输出端用一个 $150\text{k}\Omega/10\text{W}$ 的水泥电阻来代替灯管,这样再检查就方便多了。高压正常时,该假负载发热量比较大,注意不要烫坏其他元件。也可以采用通用维修电源,即将电源接在供电电感的前端,就可以直接获得高压输出。

第五章　背投影彩色电视机的维修

第一节　背投影彩色电视机的结构组成与工作原理

一、背投影彩色电视机的结构组成与工作原理

背投影彩色电视机是现代电视技术、光学技术和新材料相结合的高新技术产品，是将接收射频电视信号的调谐器、图像和伴音信号处理系统及光学投影系统集合在一起的视听设备。其整体结构可分为两大部分，一是光学投影系统，二是电视信号接收和处理系统，如图 5-1 所示。

光学投影系统由投影屏幕、反射镜和三只投影管前面的透镜组组成，位于箱体的上部，如图 5-1（b）所示。三只投影管的作用是将电视信号接收与处理系统输出的 R、G、B 这三个视频电信号分别还原为红、绿、蓝三基色图像（光信号），并投射到反光镜上；投影屏幕的背向接收反射镜反射的图像信号，在其正面形成供观赏的绚丽多彩的图像。

电信号接收与处理系统位于机箱的下部，主要作用是接收射频电视信号，并进行放大、变频、中频信号处理，检波（指图像信号）、鉴频（指伴音信号），视频和音频信号处理等一系列"加工"过程，向三只投影管对应输出 R、G、B 视频信号，向扬声系统输出音频信号。考虑到安装、调试及检修方便，该部分一般按功能不同，分别组装成行场扫描电路板、数字会聚电路板、图像和伴音小信号处理电路板、功能控制电路板、外接信号电路板及电源供给电路板等。在布局上，一般是扬声器安装在机箱正面两侧，功能控制电路板安装在机箱正面中

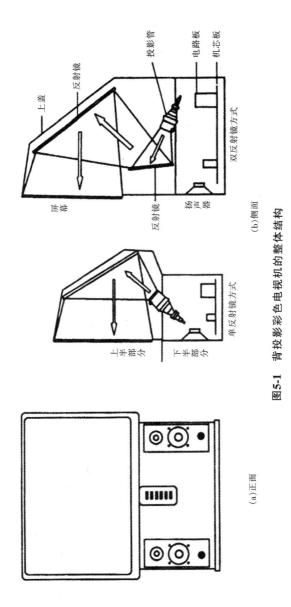

图5-1 背投影彩色电视机的整体结构

(a)正面　(b)侧面

央下部,外接信号电路板安装在机箱后面的下部。电源板固定在机箱左侧,三只投影管以特定的角度固定在支架上,其他电路板按信号传输流程,依次安装在底部的大基板上。

顺便指出,机箱的上下部分均设有严格的防尘装置,以避免灰尘污染投影管的镜头、反射镜和投影屏幕。

由上面的分析不难看出,如果把三只投影管换成单管三枪式彩色显像管,加上背投影彩色电视机的电信号接收与处理系统,就可以组成一台彩色电视机。事实上,背投影彩色电视机的电信号接收与处理系统的作用确实与大屏幕彩色电视机的电路部分相同,仅仅在电路组成和技术指标上有些差异,只有光学投影系统才是其特有的。因此,学习背投影彩色电视机的原理与检修技术,应抓住三个环节:一是光学投影系统,二是投影管,三是电路组成的差异。

二、光学投影系统的结构组成与工作原理

背投影彩色电视机的光学投影系统包括三部分:一是多层复合屏幕,二是反射镜,三是投影管前面的光学透镜组。

(一)多层复合屏幕

目前,背投影彩色电视机使用的背投屏幕是由丙烯酸树脂或其他同类型化工材料制成的透射式(光线从背面投射上去,然后透过屏幕被观众看到)多层复合屏幕,是其光学系统的重要组成部分,同时也是最精密的光学器件之一。

投影屏幕一般由三层(或四层)组成,如图 5-2 所示。从里向外看,最内层为表面层,约 1 mm 厚,表面有环状细条纹,相当于菲涅尔透镜,故又称菲涅尔透镜层,其作用有两个,一是使反射的杂散光转化为平行光,二是均衡屏幕中心和边缘的亮度;第二层为成像层,是最关键的一层,厚度也是 1 mm 左右,其作用类似于双凸透镜,投射的光线在这里最终形成影像;第三层表面有垂直细条纹,厚度约 2 mm,可提高图像的亮度、对比度,并加深屏幕底色。三层屏幕相互

紧密叠加并各司其职,使投影图像的清晰度、均匀度、亮度、观看视角等指标都有明显的提高(与过去的单层屏幕相比较)。为了防止屏幕使用中被划伤,往往用较硬的塑料制作保护层,并在其表面涂敷防止反光的深色镀膜,使图像的黑色部分更黑,既增加了图像的对比度,同时也降低了环境光线对图像的影响。

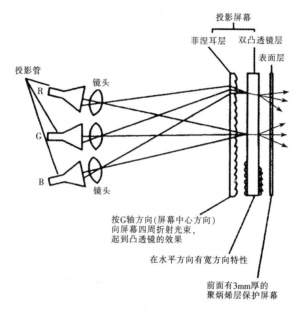

图 5-2　背投影彩色电视机成像的基本过程

由于屏幕对影像画质起着很大的作用,所以各背投影彩色电视机的生产厂家均对其质量非常重视,如东芝采用的"不反光高对比度深色屏幕",松下采用的"CYTOP 防反光涂层丙烯屏幕"等。可以说,目前背投影彩色电视机屏幕在透光率和克服杂散光的影响等方面已达到了令人满意的效果。

多层复合屏幕在使用中应防止外力冲击,避免划伤,并远离热源。另外,屏幕的幅型比有 16：9 和 4：3 两种,若以收看 DVD 宽银幕影碟为主,应选用前者;若以收看电视为主,应选用后者。

(二)反射镜

反射镜实际上就是一个平面镜,在这里的作用有三个:一是改变光线的传播方向,达到压缩背投彩电机箱厚度的目的;二是延长了光线的传播距离,使图像得到放大;三是将光线无失真地反射到屏幕的后面。因此,对反射镜的要求是镜面越平越好,镜面应无任何疵点,否则会造成图像缺损或失真。

(三)光学系统与光程图

如前所述,背投影彩色电视机的光学系统由三只单色投影管前的透镜组、反光镜及屏幕组成,成像的基本过程如图 5-2 所示(图中省略了反射镜)。首先,红、绿、蓝三只单色投影管分别在 R、G、B 视频电信号的作用下,在各自的荧光屏上产生出单色图像,然后在透镜组、反射镜、投影屏幕的共同作用下,形成给人们观看的彩色图像,其光程图如图 5-3 所示。

由几何光学可知,在透镜焦距一定的情况下,欲获得放大的投影图像,需要光传播的路程(即光程)较长;而在同样条件下,若选用短焦距的透镜,则可缩短光传播的距离,即在光程短的情况下仍可获得同样大小的投影图像。在第一、第二代背投影彩色电视机中,受当时技术上的限制,由于透镜的焦距较长,为获得较大的图像,只好增加光路的长度。为满足这一要求,除适当增加机箱厚度外,还要采用反射镜使光线多次曲折传播。一般而言,光线每反射一次,约有 3% 的亮度损失,并同时产生畸变。针对这种情况,目前生产的背投式彩色电视机——第三、第四代背投彩色电视机的光学系统作了较大改进,既减少了机箱的厚度,又提高了图像的亮度和减小了失真。其改进措施主要有两点:

(1)采用了具有较大图像放大倍数和短焦距的"亮镜头"。

过去的镜头全部为玻璃镜片,一般由 5～7 片组成。光线每经过一次镜片,就会产生一定的损失,并带来一次失真。现在流行的做法

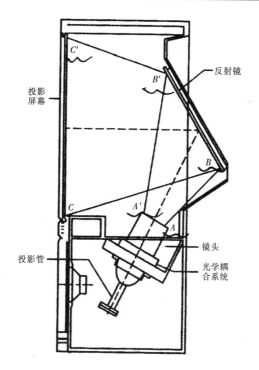

图 5-3　背投影彩色电视机的光程图

是采用由玻璃透镜和树脂透镜共同组成的合成镜头。根据总体设计，将树脂透镜做成需要的形状，一片复合树脂透镜的作用一般相当于 2～3 片玻璃透镜。一个短焦距的"亮镜头"由 3～4 片透镜组成，其中仅使用一片玻璃镜片。实际加装在投影管前面的透镜组件，还涂有相同基色的防光镀膜，这些措施使图像亮度、聚焦性能和画面质量均得到提高。另外，镜头上还设置有聚焦调整旋钮。左右旋转此旋钮，可调整屏幕上相应单色画面的聚焦效果，使图像最清晰。顺便指出，红、绿、蓝三只单色投影管不能互换；单色投影管若产地不同，也不能互换。

(2)仅使用一片反射镜。

短焦距、高放大倍数"亮镜头"的作用是允许光线仅经一次反射就能达到要求的光程距离。因此,目前的背投影彩色电视机仅使用一片反射镜,即投影管发出的光经透镜放大、聚焦后,直接投射到反射镜上,一次反射即到达投影屏幕的背面。反射镜一般均固定在机箱的后盖上,其要求是镜面越平越好,反光率越高越好,不能有任何疵点。使用中镜面不能被灰尘污染或机械划伤,否则会对图像产生不良影响。

　　由上面的分析可见,背投影彩色电视机的光学投影系统,对投影管发出的光信号担负着聚焦、放大、会聚及成像任务。可以推知,三只单色投影管、反射镜及屏幕的相对位置和安装角度都是很严格的,其光程长度也有要求(即 $AB+BC=A'B'+B'C'$),清尘和维修中均不得随意移位。维修实践证明,画面上出现的暗角、散焦、会聚混乱等现象,相当多的情况都是由于光学投影系统中各组件的移位造成的。

三、新型高亮度 CRT 投影管的结构组成与工作原理

　　新型高亮度 CRT 投影管是背投影彩色电视机中最为关键的部件,其质量好坏、指标高低对图像质量及整机寿命有着举足轻重的影响。

(一)新型高亮度 CRT 投影管

　　由上面的叙述可知,投影管在背投影彩电中的作用,与彩色显像管在彩色电视机中的作用相似,即把 R、G、B 视频电信号分别转换为红、绿、蓝单色图像。

　　单色投影管的结构如图 5-4 所示。由图可知,投影管和彩色显像管有许多相似之处,例如,电子枪、高压嘴、偏转线圈等,它们的作用和工作过程相同。但两者也有很多区别,由于投影管是单色的,所以它的电子枪不是三个,而是一个;屏幕上的荧光粉不是红、绿、蓝三种,而是红、绿、蓝中的一种;由于单色投影管不存在会聚问题,所以不设置阴罩。去掉阴罩后,对提高屏幕亮度和减轻发热也是有利的。

除此之外,为了进一步提高投影管的亮度和延长其工作寿命,还做了其他许多改进。

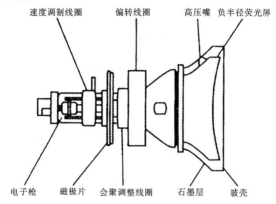

速度调制线圈　　偏转线圈　　高压嘴　负半径荧光屏

电子枪　磁极片　会聚调整线圈　石墨层　玻壳

图 5-4　单色投影管的结构

1. 电子枪

投影管采用的是大口径、高清晰度、大电流专用电子枪,对提高屏幕亮度和延长投影管的寿命起着关键作用。

2. 负半径荧光屏

内凸的负半径荧光屏(见图 5-4)可以有效加大图像的发光面积,能使屏幕四周的图像亮度提高 20%。与此同时,还能使画面亮度的不均匀性得到明显改善。

3. 荧光粉

投影管屏幕上的荧光粉为含有稀土元素的合成材料,发光亮度比旧荧光粉增大数十倍,而且能在高亮度、高温度情况下长时间工作而不老化。

4. 会聚调整线圈与强力 VM 速度调制线圈

为了使三只单色投影管分别产生的红、绿、蓝三幅单色图像重合成一幅逼真的画面,背投影彩色电视机设有数字会聚调整电路,产生符合要求的水平(或称东西)及垂直(或称南北)行场会聚信号,并加到会聚调整线圈上,实现三幅单色图像在投影屏幕上的完全重合。

　　速度调制线圈和动态电子束扫描速度调制电路(俗称 VM 电路)相配合,可有效控制因扫描速度变化导致的电子束散焦及图像亮度变化的问题,使图像清晰度提高。

　　目前,背投式彩色电视机中使用的投影管有 15.2 cm、17.8 cm、20.3 cm(6 in、7.5 in、8 in)等规格。一般来说,投影管荧光屏尺寸越大,画面亮度越高、越清晰。

(二)投影管的冷却技术

　　由于投影管工作电流大、发光强度高,即使在正常工作条件下,也会产生大量热量,使荧光屏的温度升高。据测定,在没有外加散热措施的条件下,投射管屏幕荧光粉的表面温度高达 120～130℃。长期工作在如此高温下的荧光粉,其寿命会缩短。除此之外,安装在投影管前面、主要由树脂镜片组成的透镜,也会因过热而使性能变坏,甚至烧毁。因此,必须对投影管采取有效的散热措施。在投影管的发展过程中,先后采用过强制散热和固体散热法,目前则流行液体散热法。

　　投影管液体散热法的具体做法是,在其荧光屏和透镜之间设置一个金属冷却腔,如图 5-5 所示。冷却腔内灌装透光率高而导热性能好的冷却液——冷媒。投影管工作时所产生的热量通过冷媒的对流传递给冷却腔,再由腔体表面的散热片将热量散出,从而达到为投影管快速降温的目的。为提高光的透射率,冷却腔的外形设计成特定的形状,使其内部的冷媒和前面的"C"碗共同组成一个光学上的凹透镜,以利于提高图像的亮度和改善图像的聚焦性能。

　　不难推知,投影管的液体冷却技术对冷媒的质量及其灌装工艺要求是很高的,如要求冷媒长期工作不能变质,不能挥发;灌装过程中不能混进气泡;冷却腔必须绝对密封,不能有丝毫泄漏等。在这方面,我国长虹公司独家攻克了被称为国际彩电行业"哥德巴赫猜想"的背投影管保护液——冷媒的核心技术,在"精显王"系列背投影彩色电视机中,采用了具有自主知识产权的最新冷媒技术和独有的冷

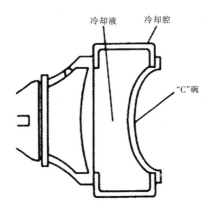

图 5-5 投影管的冷却腔外形

媒灌封技术,克服了一般背投彩电普遍存在的冷媒漏液问题,使投影管平均使用寿命长达 25 000 h,确保了整机的长寿命和高可靠性。

另外,由于红、绿、蓝色荧光粉的光谱特性不一样,为保证背投影彩色电视机能获得标准的白光栅,除在透镜上装有基色镜片外,在红、绿投影管的冷却腔与透镜之间,还安装有相同基色的"C"碗,以保证屏幕上能形成更自然的彩色画面。

组装有各种线圈及调节机件的投影管、灌装有冷媒的冷却腔和透镜组件的整体,通常称为投影管组件。

四、背投影彩色电视机电路的结构组成与工作原理

(一)背投影彩色电视机电路的工作原理

背投电视机的整机电路框图如图 5-6 所示。这是一个具有双调谐器画中画功能的背投彩电。天线接收的信号经分路器将射频信号送到两个调谐器中,分别对主图像和副图像信号进行处理,再分别经中放、视频检波和伴音解调,形成主图像的视频和音频及副图像(子画面)的视频信号(V)。这些信号都送到 AV 开关电路 IC2002,外部音频、视频的信号通过 AV 端子将 A、V 信号也送到 AV 开关电路。

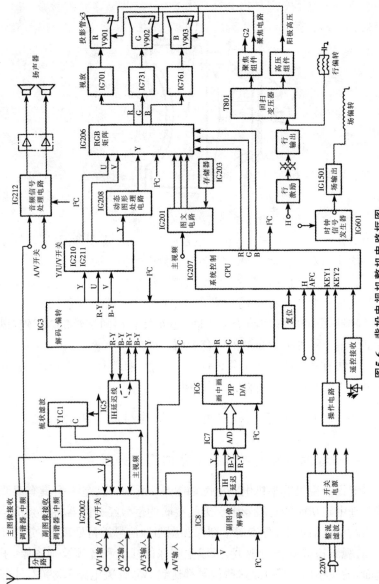

图5-6　背投电视机整机电路框图

AV 切换开关分别对音频、视频及亮度和色度信号进行切换。经切换后，将主图像的 Y/C 信号送到主视频解码电路 IC3 进行处理，将子画面的视频信号送到子图像解码电路 IC8 进行处理。该机的画中画信号处理采用数字处理电路，经处理后，画中画 R、G、B 信号送到主视频解码电路 IC3 中进行切换。IC3 在 CPU I²C 总线的控制下，进行亮度和色度信号的处理，IC3 输出 Y、U、V 信号，分别进行亮度和色差信号的处理后，进入 R、G、B 矩阵电路 IC206。同时，图文 R、G、B 信号和 CPU 的字符 R、G、B 信号也送到 IC206 中，IC206 输出 R、G、B 信号，分别送到 R、G、B 末级视放电路（IC701、IC731、IC761），三路末级视放电路分别驱动三个投影管。三个投影管发射的图像经反射镜反射并投射到屏幕上。与此同时，扫描电路为三个投影管提供阳极电压、聚焦电压，为偏转线圈提供水平和垂直偏转电流。

（二）背投影彩色电视机电路的结构组成

由图 5-7 可知，整机由以下七部分组成，各部分的作用及特点如下所述。

1. 电源部分

电源部分的主要作用是向各电路部分提供符合要求的工作电压和电流。除此之外，还有多种控制任务。例如，当某部分电路发生严重的过流、过压时，则自动切断电源，使整机停止工作，以防事故进一步扩大；当整机长时间无信号时，则自动转待机状态，以降低电耗等。

2. 光栅形成部分——行、场同步与扫描电路部分

这部分电路与大屏幕彩色电视机对应部分的作用相同，就是产生一个明亮的、技术上符合要求的光栅。但在电路组成上，两者有着较大的区别，它既有目前在高清彩色电视机中普遍采用的数字变频电路、逐行扫描电路、动态聚焦电路，也有保证红、绿、蓝三基色图像准确重合的数字会聚电路（这是背投影彩色电视机最具特点的电路）。

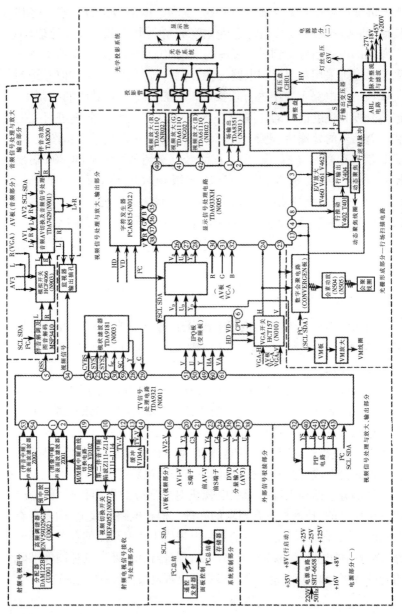

图5-7　长虹"精显王"系列DP5188型背投影彩色电视机电路结构方框图

3. 系统控制部分

系统控制部分的作用是实现"人机对话"，当用户利用遥控器或机箱面板按键向背投彩电发出功能操作或技术指标调试等指令时，系统控制部分能根据指令要求，通过 I^2C 总线"通知"有关电路实现用户的指令要求。从某种意义上讲，系统控制部分是整个背投彩电的指挥中枢，使其各部分电路按要求有条不紊地工作。

4. 射频电视信号接收与处理部分——图像与伴音信号公共通道部分

显然，射频电视信号接收与处理是背投影彩色电视机的主功能。它将来自无线或 CATV 的射频电视信号接收下来，进行放大、混频、图像/伴音分离、鉴频（指伴音信号）、检波（指图像信号）、亮/色分离等一系列加工处理，最后输出 R、G、B 三基色图像信号和伴音信号。

5. 视频信号处理与放大、输出部分

这部分的任务是，对包括电视图像信号在内的需要在投影屏幕上显示的一切视频信号进行加工处理和切换，最后输出 R、G、B 三基色视频信号，再经放大后分别输出到 R、G、B 三只投影管，控制各自的阴极电压，在其荧光屏上形成单色的图像。

6. 音频信号处理与放大、输出部分

这部分的任务是，对射频电视信号接收与处理部分输出的 6.5MHz 第二伴音信号及驳接电路输入的各种音频信号进行切换、加工处理并放大后，推动扬声器发声。

7. 外来信号驳接部分

如前所述，第三代背投影彩色电视机的功能是比较多的，因而设有驳接电路，以适应各类输入信号的特性。

以上根据电路的实际结构、各功能电路间的逻辑关系及信号传输的方向，把背投影彩色电视机的电路结构分为七个组成部分。这里尚需说明的是，对彩色电视机较为熟悉，而对背投影彩色电视机尚不熟悉或者是维修经验尚不丰富的人员，建议按上述顺序学习并分析故障或排除故障。在后面的几章中，也将按此顺序给予介绍。这

样易于弄清问题、抓住关键，能比较快地排除故障，取得事半功倍的效果。

第二节　背投影彩色电视机的故障检修

一、背投影彩色电视机故障检修注意事项

一般来说，背投影彩色电视机的检修主要有以下几个注意事项。

（一）根据故障现象，正确地判断故障的发生部位

根据故障现象，正确地推断故障的发生部位是检修工作的第一步，这一步对检修背投影彩色电视机尤其重要。这是因为同一个故障现象，在背投影彩色电视机中涉及的范围更广，涉及的问题也更多。例如，电视图像的彩色不正常，既可能是色度信号传输电路有故障，也可能是背投彩电的工作状态与彩色信号的制式不一样；还可能是输入的色度信号太弱所致，或者是 MV 切换电路（中、小屏幕彩色电视机一般无这部分电路）有问题；当然也可能是会聚电路有问题或 I^{2}C 总线参数不对。因此，在检修背投影彩色电视机时，在摸清故障现象后，不要仓促地断定哪一部分电路有问题，更不能鲁莽地动手修理。宁肯慢一点，也要仔细地分析故障产生的原因，与哪些电路或哪些因素有关。若一时搞不清楚，可多观察一段时间，必要时可做些模拟实验。总之，在动手修理之前，一定要搞清故障发生的大致部位。否则，在修理过程中，极易发生南辕北辙的现象，轻则浪费时间，重则造成新的故障。举一个极为简单的例子：当遥控器控制失灵时，故障既可能发生在电视机遥控接收部分，又可能发生在遥控器本身电路中。如果故障发生在电视机的遥控接收部分，却把精力放在检修遥控器上，显然是不对的。背投彩电的结构越复杂，正确判断故障发生的范围和部位越重要。它决定了检修工作从何处着手，重点放在何处。

对于背投影彩色电视机,根据故障现象判断故障的发生部位时,最起码应判断出:是光学投影部分的故障,还是电路部分的故障。若是电路部分的故障,应进一步判断出是软件(指 I^2C 总线调试)故障,还是硬件(指电路及其元器件)故障。若是硬件故障,尚应进一步将故障范围缩小到某部分电路中,例如电源系统,光栅形成部分,射频电视信号接收与处理部分,等等。当然,判断的故障范围越小、越准确,检修的针对性就越强,检修就越得心应手。要做到这一点,除应对电路的组成、工作过程非常熟悉外,还应具有丰富的维修实践经验。

(二)查找故障部位必须采取合理的检测流程和方法

当初步判断出故障发生的电路部分后,必须采取合理的检查流程和方法,将故障范围一步一步地缩小,直至把故障范围缩小到一个单元电路中,或者缩小到1～2个元器件上,例如,一个晶体管随电路,一块集成电路或1～2个电阻、电容等。在背投影彩色电视机检修中,由于电路的复杂性,完全可以这样说,合理的检查流程和方法,不仅能提高检修速度、取得事半功倍的检修效果,而且是检修成败的关键。因为不合理的检修流程和方法,往往对故障产生的真正原因做出错误的判断,给维修带来严重后果。另外,对有些一时难以判断范围的故障,也只能一步一步地慢慢查寻,这时显然更需要采取合理的检修流程和方法。

为尽量做到检修流程合理、检修方法得当,可预先多设想几个方案和几个测量方法(包括某些书籍、报刊、杂志上的类似检修流程和方法),反复进行比较,优中取优。

除此之外,应对每步检修结果有所预料,即电路工作正常时,应出现什么检测结果;电路有故障时,会出现何种异常情况,做到心中有数。

（三）不同机芯特有电路的作用和新型元器件的性能好坏简易鉴别方法必须清楚

如前所述，为了增加背投影彩色电视机的功能和提高其声像质量，普遍采用了一些新型元器件和新型电路，如单色投影管及其透镜系统、多层复合屏幕、光电耦合器、A/D 和 D/A 变换器、数字梳状滤波器、数字会聚电路、VM 电路等。受各种条件的影响，目前不仅各个厂家的产品，采用的新型元器件、新型电路的数量不同，而且同一个厂家不同机芯的产品采用的新型元器件、新型电路的数量也不相同，所以检修背投影彩色电视机，既要掌握其一般性的技术特点，又要注意各种机芯的区别，不能千篇一律、无针对性地处理问题。

显然，背投影彩色电视机中采用新型电路的作用和工作原理及新型元器件的性能好坏简易鉴别方法，是每一位维修人员必须掌握的。检修的实质就是查找出损坏的元器件或性能变差的元器件。当把故障的范围逐步缩小到一些新型元器件时，若不清楚其作用及性能好坏的简易鉴别方法，就无法最终排除故障，甚至造成误判。这样既影响检修速度和质量，又容易造成不必要的经济损失。

（四）软件调试技术及有关调试项目、数据必须掌握

对采用 I^2C 总线技术的背投影彩色电视机（包括大屏幕彩色电视机），一定要树立起这样一个概念：绚丽多彩的电视画面、逼真的声音及各种各样的使用功能，均是高性能的电子线路和高质量的软件系统相配合的结果，两者缺一不可。因此，背投影彩色电视机的故障，有些是电路故障，也有些是纯软件故障。当然，还有一些故障既与电路有关，也与软件有关。例如，存储器损坏，换上新品后，还必须进行初始化，才算真正排除了故障。

欲熟练地修理背投影彩色电视机，应掌握的软件调整技术有：进入与退出维修状态（有的公司称为工厂模式、工场模式、白场模式等）的方法，进入与退出 S 模式与 D 模式的方法（指设置 S 模式和 D 模

式的软件系统),调整项目及其相应数据,项目和数据的调整方法,自检设置的方法及自检的方式、内容,存储器初始化的方法等。

顺便指出,上述背投影彩色电视机软件调试的内容和方法,在其随机使用说明书中并不是都有说明。作为一名专业修理人员,应充分利用各种专业性报刊、杂志、书籍、网络等,尽可能多地收集一些这方面的资料,以备使用。

二、背投影彩色电视机常见软件故障检修

(一)常见软件故障的检修

根据 I^2C 总线的工作原理和维修实践,下列情况一般与 I^2C 总线数据不正确有关:

(1)背投影彩色电视机的工作基本正常,但某些由 I^2C 控制的功能消失,例如,画质改善的控制功能、信号切换的控制功能等。

(2)光栅行、场幅度不正常或出现某种(或几种)几何失真。

(3)光栅亮、暗情况下的白平衡不良。

(4)接收灵敏度低。

(5)用硬件电路故障难以解释的奇特现象。

遇到上述情况,可使背投影彩色电视机进入维修状态,调出与故障对应的 I^2C 总线调整项目和数据,并与其厂家提供值相比较。若二者相差较大,便可肯定某故障由此引起。此时,将该调整项目恢复原值,故障即可消失。也可以在原来数值的基础上,稍做增加或减少,使电路工作在最佳状态。

(二) I^2C 总线故障判别方法

除了上述比较典型的 I^2C 总线数据变动引起的故障外, I^2C 总线工作是否正常、有无故障,可采取下列方法判断:

(1)测量 I^2C 总线直流电压法。用指针式万用电表测量 I^2C 总线中的 SDA 传输线的直流电压时,其值应在 3.5~5V 且指针抖动。

若投影彩色电视机处于待机状态,则指针抖动较慢;若按下遥控器的某功能按键(指通过 I^2C 总线调整功能的按键),则指针抖动加快。按下不同的按键,指针抖动情况不一样。测量 I^2C 总线直流电压的位置应在微控制器的 I^2C 总线输出引脚或被控集成电路 I^2C 总线的输入引脚。只要有一处不符合上述情况,均说明 I^2C 总线电路有故障。

(2)观察 I^2C 总线脉冲波形法。用普通示波器观察 I^2C 总线 SDA 脉冲波形时,由于脉冲的重复周期不固定,所以只能观察到一簇或一串脉冲波,且其幅度应为 5V,否则,说明 I^2C 总线有故障。

三、背投影彩色电视机常见电路故障检修

这里所说的电路故障,是指电路中的元器件以及它们之间的连接电路、接插件、开关等质量变差或发生断路、短路故障,或者说是与 I^2C 总线调整数据无关的故障。当然,故障发生的位置不同,其表现形式也不一样。下面举几个最常见的例子,重点说明一下如何根据故障现象,结合电路原理,推断故障发生的范围。

(一)开机后无光栅、无图像、无任何声响,即通常所说的"三无"故障

应首先考虑电源系统,其次是控制系统。因为前者有故障时,各部分电路均不工作或工作不正常,当然无光栅、无图像、无声响。后者有故障时,若电视机处于待机状态,当然亦无光栅、无图像、无声响。此时应分别检查遥控器和有关面板按键,当证明其工作良好时,即可断定故障发生在电源部分。为了进一步把故障范围缩小,就要对电源电路做深入分析:是串联式还是并联式,是自激式还是他激式;开关管是如何振荡的,稳压电路是如何工作的;各种保护电路是如何起保护作用的,等等。可根据检查的具体情况,结合实际的电路,把故障发生的范围一步一步地缩小,直到查出具体原因和出故障的元器件。

（二）接收电视时伴音正常，无光栅或光栅不正常故障检修

接收电视时伴音正常，说明背投彩电的射频信号接收、放大、混频（即高频调谐器）部分及伴音中放、鉴频（解码）、低放是正常的，或者说伴音经过的电路工作正常。这也间接说明电源供给部分的工作基本正常，无光栅或光栅不正常故障发生在行、场扫描电路部分或与投影管发光有关的电路部分，当然也可能发生在与这两部分电路均有关系的电源供给部分（指这两部分电路的供电电源部分）。若有光栅但光栅不正常，应根据光栅的具体表现形式，进一步推断故障发生的范围。例如，光栅暗淡，故障可能发生在投影管加速极、阳极高压供给电路或亮度控制电路；光栅几何失真，故障可能发生在偏转线圈、枕形失真校正、锯齿波形成等电路中；光栅聚焦不良，故障可能发生在聚焦调整电路中；光栅底色不对，故障可能发生在会聚电路中。

（三）光栅正常、图像不正常故障检修

光栅正常说明行、场扫描电路，三只投影管及其有关的聚焦、亮度调整等电路工作正常，光学投影系统工作也正常。这也间接说明电源部分的工作基本正常。若图像不正常，同时也无伴音，说明故障可能发生在二者共同经过的射频信号接收电路或图像中放（伴音信号分离之前）部分。若光栅和伴音均正常，而图像不正常，则故障只能发生在图像信号单独经过的电路中。例如，图像同步不良，故障可能发生在行同步分离及鉴相器电路部分；图像垂直同步不良，故障可能发生在垂直同步分离及垂直同步电路中；黑白图像正常，彩色图像不正常，故障可能发生在色度信号形成及传输电路中；图像暗淡，故障可能发生在 Y 信号形成及传输电路中；主画面正常而子画面不正常，故障可能发生在子画面形成电路中；图像正常而字符显示不正常，故障可能发生在字符形成及其传输电路中；图像不太清晰，故障可能发生在画质改善电路中。

（四）图像正常、伴音不正常故障检修

显然，此时故障范围在音频信号处理与放大、输出部分。可根据声音的具体故障现象，进一步把故障范围缩小。一般来说，若声音在小音量时也失真，说明故障在鉴频电路或前置放大电路。当然，在做上述推断时，还应考虑扬声系统。

对于一个有经验的修理人员，在伴音基本正常的情况下，还可以根据音质的稍许变化，推断某一部分电路是否有故障。例如，某台音响效果相当不错的名牌背投影彩色电视机，若伴音不够浑厚，或者说声音的气势、力度和节奏感不足，说明超重低音电路可能有故障；若环绕声效果不明显，说明环绕立体声电路可能有故障；若伴音的中、高频带范围内噪声大，说明降噪系统（一般采用杜比 B 系统）可能有故障，等等。

（五）收看电视一切正常，AV 输入时无图像、无伴音
　　　故障检修

显然，该故障发生在 AV/TV 切换电路或 AV 输入电路中，也可能在系统控制电路中。背投影彩色电视机往往设置几路 AV 电路，若所有 AV 输入都不正常，故障多发生在 AV 切换电路中；若仅有一路 AV 输入不正常，故障可能发生在该路 AV 的输入电路中；若整个电视机所有功能控制都正常，仅仅是 AV/TV 控制不正常，说明故障在 AV 控制电路中。

（六）遥控功能正常而面板按键控制不正常，或者面板
　　　按键控制正常而遥控不正常故障检修

显然，这种故障范围很容易确定，因为面板控制与遥控器控制二者完全是等同的。遥控功能正常而面板控制功能不正常，说明故障发生在面板控制电路中；面板控制功能正常而遥控功能不正常，说明故障可能在遥控器本身，也可能在遥控接收电路中。取一个同型号、

性能良好的遥控器在故障机上试一试,或者把遥控器拿到别的同机型机器上试一试,一切就明白了。这一故障看起来很简单,也很容易,但在实践中,有些修理人员,特别是初学者,往往在没有搞清问题前就动手拆卸遥控器,易造成不应有的损失。

(七)多发故障的电路部位

维修实践证明,背投影彩色电视机常出故障的部位多是高电压和大电流的部位,即行、场扫描输出电路及其高中压形成电路、开关电源电路、显像管及其附属电路、视放末级电路和音频功率放大电路。

一次电源中,整流电路前面的限流电阻是低阻值、大功耗元件,容易发生断路而导致整机"三无"故障。

开关电源启动电路中的启动电阻一般阻值高、功耗大,容易发生断线而使整机无主电源,导致"三无"故障。该电阻阻值变大时,则开机困难。

整流电路输出端的滤波电容器加有近300V的直流电压,此电容容易发生容量不足和漏电现象。前者会使屏幕上出现横条纹干扰;后者严重时则熔断保险丝,导致"三无"故障。

由于工作电压高、电流大,电源开关接触点易烧蚀,这时将出现不能开机的"三无"故障。

行输出变压器工作于高电压(几万伏)及大电流状态,容易出现击穿、跳火、漏电及开路等现象。根据损坏程度不同,造成的故障现象也不一样,严重时可导致烧毁行管,出现"三无"故障。

行输出管也工作于高电压(峰值约1000 V)及大电流状态,容易出现击穿现象。这时开关电源进入保护状态,无主电源输出,因而引起"三无"故障。

行输出变压器次级各中压整流电源中,串接在整流管上的限流电阻容易开路或烧坏,使该组中压电源无输出。不同的电源中断可出现不同类型的故障,如无光栅、无图像、无声音等。

行推动管集电极电阻功耗及发热较大,损坏时无光栅。

行输出级为视放电路提供 200V 视放电源,滤波电解电容电压较高,出现漏电、失容现象时,影响图像质量、亮度及光栅左右亮度的均匀度。

场扫描输出集成电路功耗大,易损坏,导致水平一条亮线故障或无光栅故障。

场输出级与偏转线圈之间的耦合电容器易漏电,引起光栅位置偏移及场线性不良故障。该电容容量不足及失容开路时,故障现象是场幅不足或水平一条亮线。

其他易损坏的元器件,如高频调谐器 30V 电源限流电阻及稳压管损坏时,引起不能选台或跑台故障;伴音功放集成电路工作电压较高、工作电流较大,损坏时,引起无伴音故障。各个接插件易出现接触不良现象,可能引起多种类型的故障。

第三节　背投影彩色电视机故障检修实例

本节以海信大中华机芯系列背投影彩色电视机为例,介绍其故障检修的方法。

一、电源电路的结构原理与工作过程

海信大中华机芯系列背投影彩色电视机以飞利浦芯片 TDA8375 为核心构成,在我国市场流行的典型机型主要有海信 TCP4318、TCP4388 及 TCP5318 等。其电源电路主要以 STR-S6709 为核心构成。电源电路结构框图如图 5-8 所示。

（一）电源电路的主要特点

该机芯电源电路的主要特点如下所述。

（1）整机电源由三部分构成,即待机电源、副电源及主电源。

待机电源以 ICS801（TOP210ES）为核心构成,主要用来产生

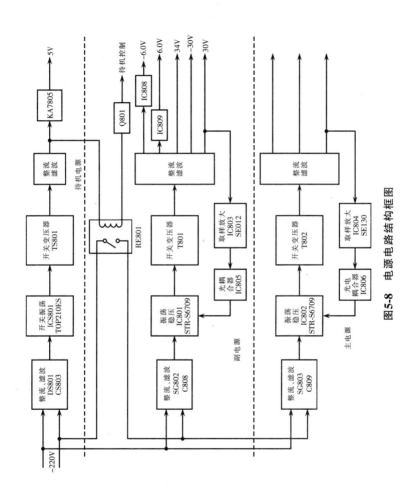

图5-8 电源电路结构框图

5V 电源,给遥控系统供电。同时,还为继电器提供驱动电流。待机电源正常与否决定了副电源和主电源能否工作,只有当待机电源正常工作时,继电器才能吸合,副电源和主电源方可工作。

副电源以 IC801(STR-S6709)为核心构成,它产生 30V、-30V、34V、6.0V 及 -6.0V 的电压输出。34V 电压用于伴音功放电路供电,它能向负载提供 750mA 的电流,足以满足伴音功放电路的需要。30V 和 -30V 电压能向负载提供 650mA 和 -650mA 的电流,主要用来给会聚校正放大器供电。6.0V 和 -6.0V 电压能向负载提供 250mA 和 -200mA 的电流,主要用来给数字会聚电路供电。

主电源以 IC802(STR-S6709)为核心组成,它产生 8.5V、13.5V 及 130V 三组电压输出。130V 用来给行扫描电路及 VM 输出电路供电,它能向负载提供 455mA 的电流。13.5V 用来给 VM 电路前置级和动态聚焦电路前置级供电,它能向负载提供 800mA 的电流。8.5V 用来给主画面小信号处理器等电路供电,它能向负载提供 700mA 的电流。

(2)可在交流输入 110～260V 范围内稳定地工作。

(二)待机电源电路的结构原理与工作过程

海信大中华机芯系列背投影彩色电视机的待机电源电路以 ICS801(TOP210ES)为核心构成,有关电路如图 5-9 所示。

1. ICS801(TOP210ES)的结构原理

ICS801(TOP210ES)是 Power Integrations 公司生产的高压开关电源器件,其内部结构如图 5-10 所示。ICS801 内部除了含有振荡器、开关管以外,还设有比较器、R-S 触发器、多个门电路等。它具有如下一些功能特点:

(1)属三端离散式线性 PWM 型开关电源器件。

(2)内置启动电路和直流限制电路。

(3)内部 CMOS 控制器驱动功耗仅 6mW。

(4)外围仅需接一只电容。该电容起补偿滤波、启动/自动再启

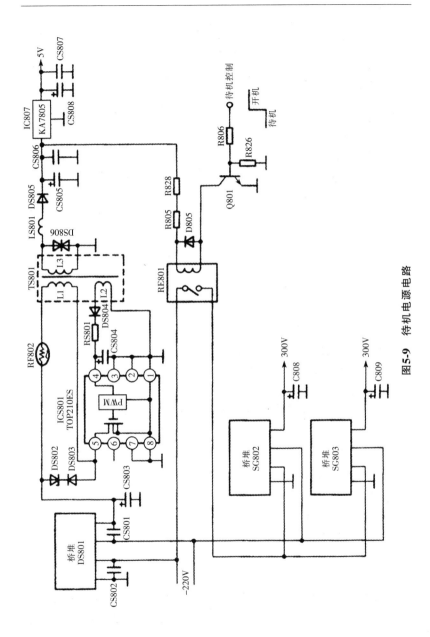

图5-9 待机电源电路

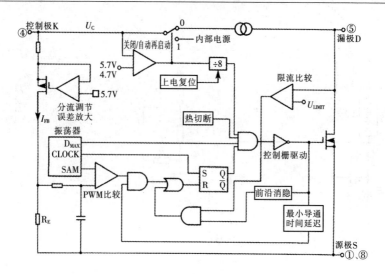

图 5-10　ICS801 的内部结构

动等作用。

（5）内部开关管（场效应管 MOSFET）最高耐压可达 700V，因而适于在 110V 或 220V 电网环境中使用。

（6）内部有完善的热切断保护电路，可防止过载。

（7）功耗低，最大仅为 8W。

ICS801 采用 8 脚封装，各引脚功能如下所述。

①脚：内部场效应开关管源极，也是内部各电路的公共接地端。

②、③、⑥、⑦脚：均未连接，属空脚。

④脚：误差放大及反馈电流输入端，用以控制脉冲占空比。

⑤脚：内部场效应开关管漏极，同时也是内部启动电压提供端。

⑧脚：内部场效应开关管源极，与①脚功能相同。

2. 待机电源电路的结构原理与工作过程

如图 5-9 所示，220V 交流市电经 DS801 整流、CS803 滤波后，产生 300V 左右的直流电压，经保险管电阻 RF802 和开关变压器 TS801 的初级 L1 绕组送至 ICS801 的⑤脚。一方面加在内部场效应开关管的漏极；另一方面由内部电压调整电路建立起启动电压，并使内部振荡器工作,产生 100kHz 的振荡脉冲,激励内部场效应开关管工作,在开关变压器初级绕组 L1 上产生脉冲电压,次级绕组 L2 和 L3 上也得到感应脉冲电压。L3 绕组上的脉冲电压经 DS805 整流,CS805 和 CS806 滤波后,获得 10V 左右的直流电压。该电压再经 IC807(KA7805)稳压后,产生＋5V 的待机电压,给遥控系统供电。

L2 绕组上的脉冲经 DS804 整流和 RS801、CS804 滤波后,为 ICS801 的④脚提供控制电压。此电压既作为内部有关电路的供电电源,又用于控制脉冲占空比,以稳定输出电压。

RE801 和 Q801 构成待机控制电路,正常工作时,遥控系统送来高电平,Q801 饱和,RE801 吸合,220V 交流市电送至副电源和主电源,使它们工作。待机时,遥控系统送来低电平,Q801 截止,RE801 释放,220V 交流市电被切断,不能送至主电源和副电源,使它们停止工作,整机处于待机状态。

(三)主、副电源电路的结构原理与工作过程

海信大中华机芯系列背投影彩色电视机的主电源和副电源都使用 STR-S6709,其结构和工作过程完全相同,这里以主电源作为对象进行介绍。

1. 开关振荡电路的结构原理与工作过程

如图 5-11 所示,220V 交流市电经 SG803 桥式整流和 C809 滤波后,产生＋300V 的直流电压,该电压经开关变压器初级②—⑤绕组加在 IC802(STR-S6709)的①脚,即加在内部开关调整管的漏极。另一方面,220V 交流市电经 VD802 半波整流后,再经 R803 对 C810 和 C820 充电,从而使 IC802 的⑨脚电压逐步上升。当⑨脚电压上升至 8V 时,内部振荡电路开始工作,并产生振荡脉冲。振荡脉冲经内部电路处理后,从⑤脚输出,送至③脚,从而使内部开关调整管进入开关工作状态。由此可见,IC802 工作的必要条件是:①脚要有＋300V 的电压输入,⑨脚要有 8V 的启动电压输入。因此,常将

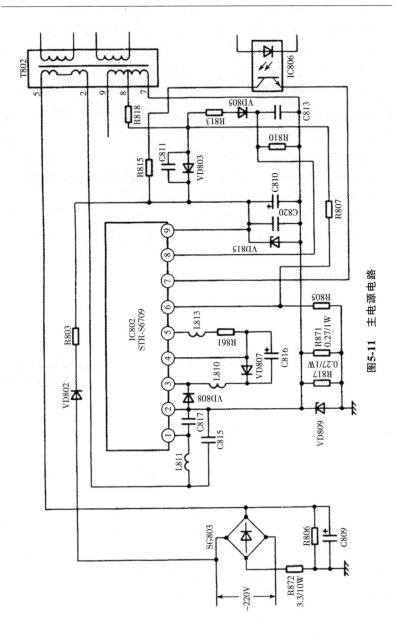

图5-11　主电源电路

VD802、R803、C810、C820 等元器件组成的电路称为启动电路。

当 IC802 进入正常工作状态后，⑨脚所需的电流会增大，此时启动电路所提供的电流不足以满足⑨脚的需要，因而必须使用其他供电电路来向⑨脚提供更大的电流。IC802 工作后，开关变压器⑧端会不断输出脉冲电压，该脉冲经 R818 限流、VD803 整流及 C810 和 C820 滤波后，形成＋8V 左右的电压，送至 IC802 的⑨脚，以继续满足⑨脚的供电要求。

2. 脉冲整流及直流电压输出电路的结构原理与工作过程

如图 5-12 所示，当开关电源工作后，开关变压器初级绕组会不断产生开关脉冲，各次级绕组也会产生脉冲电压。这些脉冲电压经整流和滤波后，分别得到＋130V 和＋13.5V 的直流电压。＋130V 给行输出电路和行推动电路供电。＋13.5V 一方面给伴音功放供电；另一方面还经 Q870、VD678 稳压成＋10V，送至小信号处理器；再一方面经 IC835 稳压成＋5V，给遥控系统供电。

3. 稳压控制电路的结构原理与工作过程

如图 5-13 所示，稳压控制电路的取样点是＋130V 输出端。当某种原因引起＋130V 输出电压升高时，IC804 的①脚电压也会升高，从而使②脚输入电流上升，光电耦合器 IC806 中的发光二极管和光敏晶体管的导通程度加深，流入 IC802（STR-S6709）⑦脚的电流增大，经内部电路调整后，加大④脚对③脚的分流，从而使内部开关调整管的饱和基流下降，饱和时间缩短，输出电压下降。当＋130V 电压下降时，稳压过程相反。

二、电源电路故障分析与检修

（一）典型故障分析与检修思路

海信大中华机芯系列背投影彩色电视机电源系统的常见故障为开机"三无"故障。这种故障通常是因电源电路、行扫描电路或高压形成电路工作不正常而引起的。检修时，先辨听开机时机内继电器

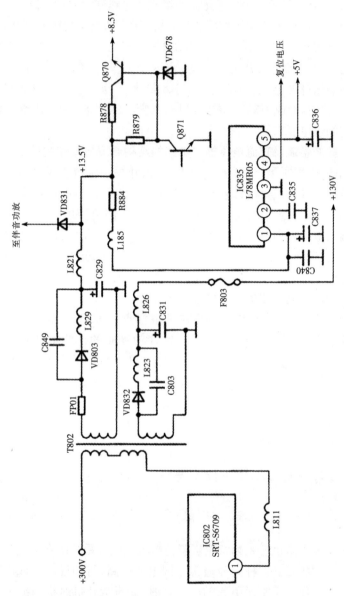

图5-12 脉冲整流及直流电压输出电路

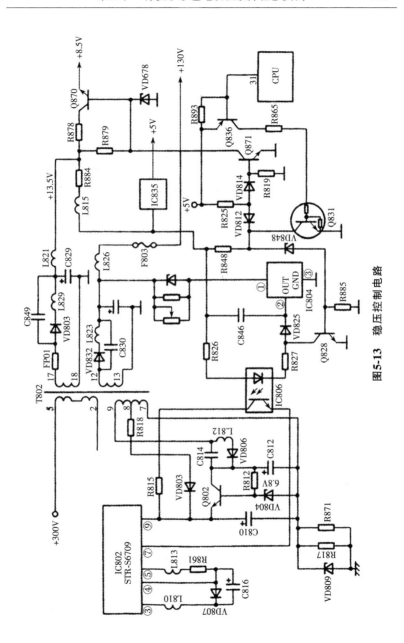

图5-13 稳压控制电路

是否吸合。若继电器不吸合,说明故障在待机电源或遥控系统;若继电器能吸合,说明待机电源及遥控系统正常,此时应测主电源有无130V、13.5V 及 8.5V 电压输出。若无输出,应查主电源;若有输出,则查行扫描电路及高压形成电路。本故障分析与检修流程如图5-14所示。

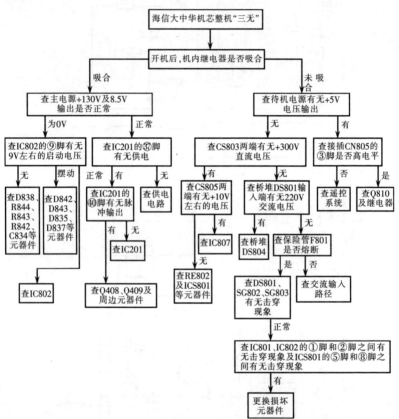

图 5-14　海信大中华机芯系列背投影彩色电视机电源电路故障分析与检修流程

（二）确诊故障的关键数据

海信大中华机芯电源电路中的开关电源厚膜集成电路 IC801（STR-S6709）各引脚的工作电压及正、反向电阻值如表 5-1 所示。

表 5-1　IC801（STR-S6709）各引脚的工作电压及正、反向电阻值

引脚号	工作电压（V）	对地电阻（kΩ）		引脚号	工作电压（V）	对地电阻（kΩ）	
		正　测	反　测			正　测	反　测
①	300	∞	12	⑥	0	0.1	0.1
②	0.1	0.2	0.2	⑦	0.3	7.4	5.8
③	0	3.7	3.2	⑧	1.2	1.1	1.1
④	0.9	116	4.8	⑨	8.2	∞	4.2
⑤	1.4	116	4.7				

（三）疑难故障分析与检修实例

【实例】机型：海信 TCP4318。

故障现象：接通电源后，整机"三无"。

故障分析与检修：开机后，能听到继电器的吸合声，说明待机电源及遥控系统正常。测量＋130V 及＋8.5V 电压的输出均为 0V，再查 IC802 的⑨脚电压为 0V（正常应为 9.2V），检查其外围元器件 D838、R844、R843、C834 等，发现 D838 击穿，更换后，故障排除。

第六章 等离子彩色电视机的维修

第一节 等离子彩色电视机的结构组成与工作原理

一、等离子彩色电视机的技术特点

等离子体显示面板(Plasma Display Panel,简称 PDP)是一种利用气体放电原理实现的平板显示器,又称为气体放电显示器(Gas Discharge Display)。按工作方式的不同,PDP 可分为直流型等离子体显示面板(DC-PDP)和交流型等离子体显示面板(AC-PDP)两大类。

等离子彩色电视机的技术特点如下:

(1)屏幕宽、高比例为 4:3 或 16:9,显示的图像不变形,易于实现大屏幕显示。

(2)器件结构及制作工艺简单,易于批量生产,生产成本低于薄膜晶体管有源矩阵型液晶显示器,投资回报率与显像管相当。

(3)屏幕超薄,占用空间小。国内最薄的壁挂式等离子彩色电视机,厚度仅为 78 mm。

(4)重量轻。

(5)宽视角,视角宽达 160°。

(6)屏幕大,等离子显示面积可以做得很大。

(7)全彩色显示,利用红、绿、蓝三基色可实现 256 级灰度;色彩艳丽,可调出 $16.77×10^6$ 种颜色;对比度高,彩色 PDP 产品对比度可达 300:1;色纯度极好,近似于 CRT。

(8)具有存储特性(显示占空比为 1,可实现高亮度)。

(9)支持多种制式的信号输入,可作为多媒体信息显示终端。

(10)低功耗。

(11)环境性能优异。无闪烁、无辐射,降低视觉疲劳和 X 射线对人体的伤害。

(12)寿命长,使用寿命达十年(平均每天使用 4h,单色 PDP 产品已超过 $9×10^4$ h,彩色 PDP 产品已超过 $3×10^4$ h)。

二、等离子彩色电视机的电路结构

图 6-1 是等离子体电视机 TCL-PPP4226 的整机电路方框图,它主要分为两部分:一部分是电视节目的接收和 TV 解调电路;另一部分是音频、视频信号的处理电路。

(一)电视节目接收电路

电视节目接收电路如图 6-2 所示,从图中可知,电视节目的接收电路主要是由调谐器、视频信号处理电路 TDA9321、画质增强电路 TDA9178、梳状滤波器 TDA9181、音频处理电路 MSP3410、微处理器、电源和接口电路等部分构成的。调谐器单元中包括调谐器和中频通道的电路。它直接输出视频信号和第二伴音中频信号,视频信号在 TDA9321 中进行解码处理,TDA9181 完成 Y/C 分离的任务。TDA9321 输出的分量视频 YUV 信号经 TDA9178 对视频画质进行改善处理,MSP3410 对模拟伴音和数字伴音进行处理,最后由接口电路将音频、视频信号送到显示电路。

(二)图像显示电路

图 6-3 是图像显示电路的基本结构,它实际上是将数字视频信号处理电路和视频信号处理部分制成一个模块。来自电视信号接收电路或外部设备的多格式视频信号,首先送入 TB1274 视频解码电路中进行解码,解码后的 YUV 信号和行场同步信号经 A/D 变换器 AD9883 变成数字视频信号,数字视频信号在 FLI2200 中将隔行扫描

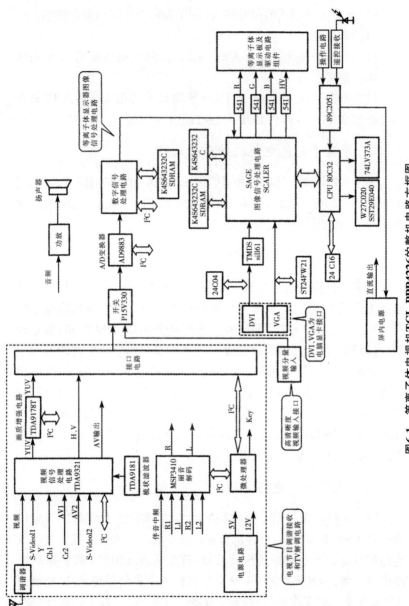

图6-1　等离子体电视机TCL-PPP4226的整机电路方框图

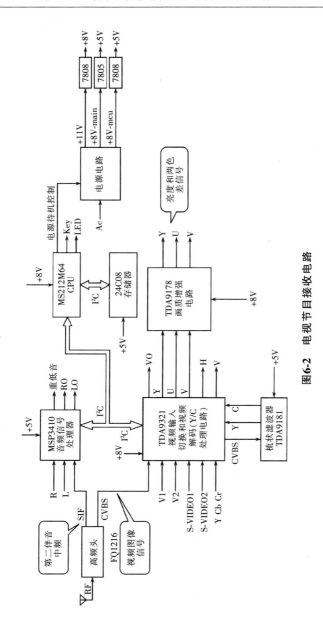

图6-2 电视节目接收电路

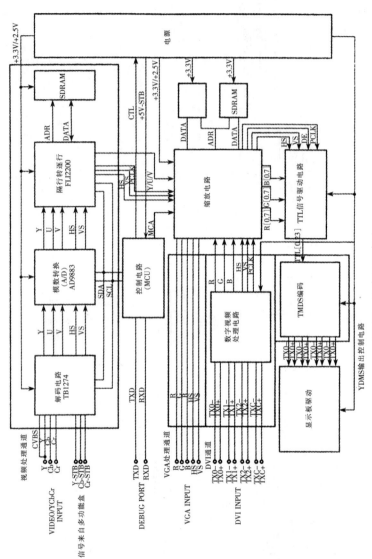

图6-3　图像显示电路

的视频信号变成逐行扫描的视频信号。这种变换的信号仍然是数字视频信号,该信号送到缩放电路。这个缩放电路是一片高集成度、功能强大的平板图像处理芯片,它有 388 个引脚,由 3.3V 和 2.5V 双电源供电。它具有图像信号的缩放功能,是一个高清晰度视频处理芯片。图像处理芯片的输出,经 TTL 信号驱动电路至 TMDS 编码电路,形成等离子体显示板的驱动信号,去驱动显示板。

三、等离子彩色电视机的显示原理

(一)等离子体彩色显示单元的放电发光过程

等离子体发光单元和荧光灯的发光原理类似,荧光灯内充有微量的氩和水银蒸气,在交流电场的作用下,水银放电,产生紫外线,从而激发灯管上的荧光粉,使之发出荧光。等离子体发光单元内也涂有荧光粉,单元内气体在电场的作用下被电离放电,使荧光体发光。

等离子体彩色显示单元将一个像素单元分割为三个小单元,如图 6-4 所示,并在单元内分别涂上 R、G、B 三色荧光粉,每一组所发的光就是 R、G、B 三色光合成的效果。

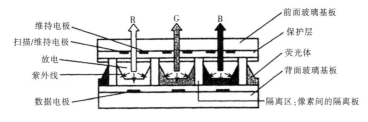

图 6-4 彩色等离子体显示单元

等离子体显示单元的放电发光过程如图 6-5 所示,它有 4 个阶段:

(1)预备放电。给扫描/维持电极和维持电极之间加上电压,使单元内的气体开始电离,形成放电的条件。

(2)开始放电。接着给数据电极与扫描/维持电极之间加上电压,单元内的离子开始放电。

(3)放电发光与维持发光。去掉数据电极上的电压,给扫描/维持电极和维持电极之间加上交流电压,使单元内形成连续放电,从而可以维持发光。

(4)消去放电。去掉加到扫描/维持电极和维持电极之间的交流信号,在单元内变成弱的放电状态,等待下一个帧周期放电发光的激励信号。

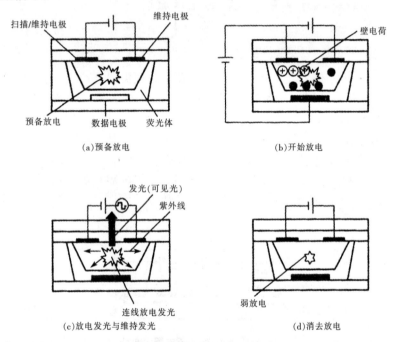

图 6-5　彩色等离子体放电发光过程

(二)等离子体发光原理

等离子体从发光原理上来说有两种:一种是在电离形成等离子体时直接产生可见光,另一种是利用等离子体产生紫外线来激发荧光体发光。通常等离子体不是固态、液态或气态物质,而是一种含有离子和电子的混合物。

在显示单元中,加上高电压,使电流流过气体,从而使其原子核的外层电子溢出。这些带负电的粒子会飞向电极,途中和其他电子碰撞,便会提高其能级。电子恢复到正常的低能级时,多余的能量就会以光子的形式释放出来。

这些光子是不是在可见的范围,要根据惰性气体的混合物及其压力而定。直接发光的显示器通常发出的是红色和橙色的可见光,只能做单色显示器。

等离子体显示板的像素实际上类似于微小的氖灯管,它的基本结构是在两片玻璃之间设有一排一排、点阵式的驱动电极,其间充满惰性气体。

像素单元位于水平和垂直电极的交叉点。要使像素单元发光,可在两个电极之间加上足以使气体电离的电压。颜色是单元内的磷化合物(荧光粉)发出的光产生的,通常等离子体发出的紫外光是不可见光,但涂在显示单元中的红、绿、蓝三种荧光粉受到紫外线轰击,就会产生红、绿、蓝的颜色。改变三种颜色光的合成比例,就可以得到任意的颜色,这样等离子体显示屏就可以显示彩色图像。利用氧化镁层,可使电极免受等离子体的腐蚀。

图 6-6 所示是彩色等离子体显示板局部剖视图,它可以说明对不同颜色的选择。地址电极的唯一目的是使单元做初始准备。像素总是由多个子像素显示单元组成。子像素分别含有红、绿和蓝色荧光体。地址电路使每个像素初始化。X 和 Y 总线是相互垂直放置的,可以触发一行排列的像素单元。可以单独选择 X 总线线路,这是初始化过程所必需的。总线线路是从右至左隔行安装的,这种装置的主要好处是,图像信息是作为整幅画面显示的,所以不会出现阴极射线管所具有的闪烁现象。

等离子体显示板中的每个单元至少含有两个电极和几种惰性气体(氖、氩和/或氙)的混合物。在电极加上几百伏电压之后,由于电极间放电轰击的结果,惰性气体处于等离子状态,成为是电子和离子

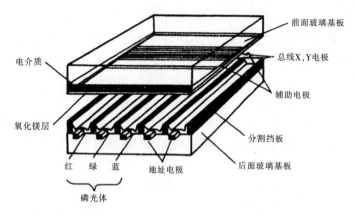

图中标注：
前面玻璃基板
总线X,Y电极
辅助电极
分割挡板
后面玻璃基板
地址电极
电介质
氧化镁层
红　绿　蓝
磷光体

图6-6　彩色等离子体显示板局部剖视

的混合物。它根据带电的正负,流向一个或另一个电极。

在像素单元中产生的电子撞击可以提高仍然留在离子中的能级。经过一段时间之后,这些电子将会恢复到它们正常的能级,并且把吸收的能量以光的形式发射出来。发出的光是在可见光的波长范围还是在紫外线的波长范围,与惰性气体混合物及气体的压力有关。彩色等离子体显示板多使用紫外线。

(三)电离产生的原理

电离可由直流电压激励产生,也可以由交流电压激励产生。直流电显示器采用直接触发等离子体的方式。这样只需产生简单类型的信号,并可减少电子装置的成本。但这种方式需要高压驱动,由于电极直接暴露在等离子体中,因此寿命较短。

如果用氧化镁涂层保护电极,并且装入电介质媒体,那么与气体的耦合是电容性的,所以需要交流电驱动。这时,电极不再暴露在等离子体中,提高了电极的工作寿命。这样做的缺点是产生信号触发电压的电路比较复杂。但这种技术有一个好处,即可以利用它来提高触发电压,从而降低外部输入触发电压。利用这种方法,可以把触发电压降至大约180V,而直流电显示器却需360V。

交流驱动方式等离子体显示器的触发基本分三个阶段,其波形图如图 6-7 所示。

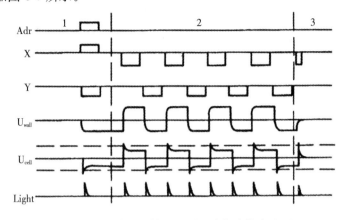

图 6-7 等离子体显示器驱动电路的波形

(1)第一个阶段是寻址或初始化阶段。在下一帧必须工作的所有单元将会过载,不过载的单元就会保持黑暗,寻址过程是逐个单元完成的。电流通过所有地址导体流到必须工作的单元。接着,总线导体 X_1 上的脉冲引起电荷转移,预先使单元初始化。这个过程将在其余的单元 X_2,X_3,…X_n 等重复进行,预先初始化的单元将在较长一段时间内保持它的电量。正是这种记忆效果,使之可以逐个单元寻址。

(2)第二阶段是停止阶段或者显示阶段。交替地把电压加到两个总线电极上,就会促使离子和电子移到相反的电极,这样就导致形成等离子体而发光。加上的电脉冲越多,发出的光也越强。

随着脉冲数目的增加,对光的灵敏度也提高了。在电压交变时,光脉冲就会出现。外加电压的取向使它和内部电压相加,结果超过等离子体单元的触发电压。没有预先初始化的单元达不到触发电压,完全是外部电压的结果,于是它们保持黑暗。

(3)第三阶段是熄灭阶段。消除显示驱动电压,目的是使所有单元恢复中性电荷分布,这个阶段是必需的。后两个阶段和第一个阶段的差异是同时向所有的单元寻址。

等离子体显示板是由水平和垂直交叉的阵列驱动电极组成的,与显像管的显示方法不同,它可以按点顺序驱动发光,也可以按线(相当于行)扫描顺序驱动显示,还可以按整个画面的顺序显示,如图6-8所示。由于显像管有一组由 R、G、B 组成的电子枪,它只能采用一行一行的扫描方式驱动显示。

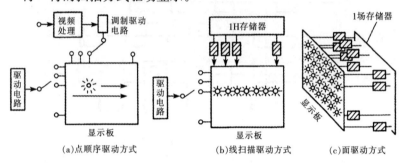

图 6-8　等离子体显示板的驱动方式

图 6-8(a)是点顺序驱动方式,即水平驱动和垂直驱动信号经开关顺次接通各电极的引线,水平和垂直电极的交叉点就形成对等离子体显示单元的控制电压;使水平驱动开关和垂直驱动开关顺次变化,就可以形成对整个画面的扫描。每个点在一场周期中的显示时间约为 $0.1\mu s$,因此,必须具有很高的放射强度,才能有足够的亮度。

图 6-8(b)是线扫描驱动方式,垂直扫描方式与上述相同;水平扫描驱动是由排列在水平方向的一排驱动信号线同时驱动的,一次将驱动信号送到水平方向的一排像点上。视频信号经处理后,送到1H 存储器上存储一个电视行的信号,这样配合垂直方向的驱动扫描一次,就可以显示一行图像。一场中一行的显示时间等于电视信号的行扫描周期。

图 6-8(c)是面驱动方式,视频信号经处理后送到存储器,形成整个画面的驱动信号,一次将驱动信号送到显示板所有的像素单元上。它所需要的电路比较复杂。由于每个像素单元的发光时间长,一场

中的显示时间等于一个场周期 25 ms,因而亮度也非常高,特别适合室外的大型显示屏。

图 6-9 是等离子体大屏幕彩色电视显示系统的电路框图,显示屏的扫描行数为 1 035,每行的像素达 1 920,可实现高清晰度的图像显示。视频信号经解码处理后,将亮度信号 Y 和色差信号或 R、G、B 信号送到等离子体显示器的信号处理电路中,首先进行 A/D 转换和串并转换(S/P 转换),然后进行扫描方式的转换,将隔行扫描的信号变成逐行扫描的信号,再进行 γ 校正。校正后的信号存入帧存储器中,然后一帧一帧地输送到显示驱动电路中。

来自视频信号处理电路的复合同步信号,送到信号处理电路的时序信号发生器,以此作为同步基准信号,为信号处理电路和扫描信号产生电路提供同步信号。

第二节 等离子彩色电视机的故障检修

一、等离子彩色电视机的故障检修方法与注意事项

(一)故障检修的方法

1. 观察法
(1)观察有无芯片烧爆、电容漏液、电阻烧焦等现象。

(2)由于 PDP 电视机电路板上的 IC、三极管、小电容、电阻、小电感等元件大多采用贴片元件,直接焊接在电路板上,电视收看一段时间后,极易引起虚焊、脱焊等现象,如能直观地发现这些问题,可加快解决故障的速度。

2. 测直流电阻
在不通电的情况下,测关键点的直流电阻。

(1)测各供电脚对地电阻值(测试方法为用表笔插到各插排脚位上),检查各供电脚与地之间是否短路。

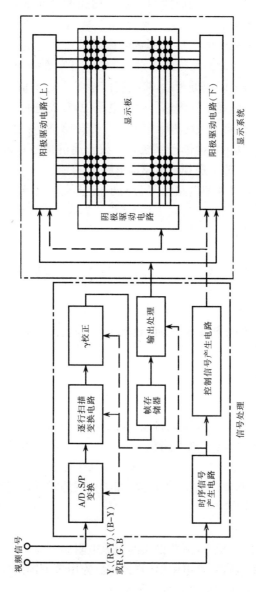

图6-9　等离子体大屏幕彩电显示系统的电路框图

（2）测各电路板之间连线的直流电阻，检查各电路板之间的插排、连线有无接触不良、开路等现象。

3. 通电测量关键点电压或信号波形

（1）测电源电路的各路输出电压，判断可能出现故障的电路电压是否正常。

（2）用示波器测量各关键点的信号波形（示波器最好选用100MHz 的）。

①用示波器测量信号处理电路板上关键点的信号波形，可以快速、有效地确定故障点或故障元件。在 PDP 的信号处理电路板上，包括模拟信号处理电路和数字信号处理电路。

②用示波器测量数字信号处理电路板上的各路时钟信号。因为数字电路正常工作时必须有准确的时钟信号，用示波器测量时钟信号，能较为准确地判断故障部位。

（二）故障检修的注意事项

（1）更换 PDP 屏的驱动板时，一定要注意驱动板与 PDP 屏之间的连接排线。这些排线一般都较硬、较脆，非常容易折断，而排线一旦折断，就会造成 PDP 屏的报废。同时，排线与电路板的连接都有相应的扣具，在拆卸前要打开压在排线上的扣具，否则就会造成排线折断。安装时，在压上扣具之前，一定要检查排线有没有到位，是否有偏移或不到位的情况。确定排线准确到位后，才能压下扣具。如果拆卸时不打开扣具就大力扯拽排线，或在安装时排线没有到位就强行关上扣具，都可能对排线造成损坏，从而导致 PDP 屏报废。

（2）在连接好各种电源连接线和其他线材后，开机之前要注意以下几点：

①仔细对照每条电源连接线两端插口的印刷标记，一定要做到一一对应。

②在拧紧螺钉时，要避免将电源线夹在电路板和螺钉支架之间，以防压断电源线或者造成绝缘层破损而导致短路。

　　③用万用表检查各个电源线插座与地之间是否短路,要防止电源电路的各个电压输出端对地短路。

　　(3)在检修电视机时,拆卸步骤是非常重要的,应先将要检修的PDP电视机关闭电源并置于固定平台上,再用十字旋具依序拆卸后盖固定螺钉。拆下的螺钉应集中置于固定处,以免遗失。拆装后盖时,应注意电源开关接线端,避免被拔起。

　　不同信号源故障与相应检修电路的对应关系见表 6-1。

表 6-1　不同信号源故障与相应检修电路的对应关系

出现故障的信号源	TV	AV	S-VIDEO	DVD	DTV	PC	DVI
应检修的部位	高频头(U1001)及其外围电路元件				PD/DTV 的切换芯片 ADG774BR(U9202)及其外围电路元件		
	N制 3D Y/C 分离芯片 UPD64083(U9700)及其外围电路元件				A/D 转换芯片 AD9887(U9201)及其外围电路元件		
	TV/AV/S-VIDEO 的切换开关 TEA6425D(U1002)及其外围电路元件						
	视频解码芯片 VPC3230(U9602)及其外围电路元件						
	隔行/逐行转换芯片 MDIN-150(U9507)及其外挂动态存储器 K4S643232F(U9501)和它们的外围电路元件					信息通信芯片 24C21(U1102)	信息通信芯片 24C21(U1101)

续表

出现故障的信号源	TV	AV	S-VIDEO	DVD	DTV	PC	DVI
应检修的部位	数字图像信号处理芯片 RM102（U9001）及其外挂动态存储器 K4S643232F（U9006、U9007、U9008）和它们的外围电路元件						
	魔画处理芯片 L003（U9701）、L003 的可擦写存储器 AT257128（U9705）、L003 的 5MHz 时钟分频芯片 74VHC74FT（U9703、U9704）、LVDS 信号反射器 DS90C385（U9107）及它们的外围电路元件						
	CPU 芯片、RDC8820LV（U9102）、CPU 外挂、FLASH 芯片、M29W160EB（U9103）、CPU 外挂静态随机存取存储器 K6X401673F（U9101）、CPU 复位芯片 MAX821-SUS（U9303）及它们的外围电路元件						

二、等离子彩色电视机常见故障检修

（一）不开机故障的检修

1. 故障原因

（1）数字信号处理电路板损坏。

（2）PDP 屏的 X、Y 驱动电路板损坏。

（3）逻辑电路板损坏。

（4）数字信号处理电路板与逻辑电路板之间的连线接触不良或开路。

（5）电源电路板损坏。

2. 电源电路板故障的判断

（1）判断电源电路板是否短路。测电源电路板各路电压输出端对地直流电阻，判断负载有无直接对地短路现象。如有，应查相应电路。

（2）判断电源电路板是否工作正常。不同型号的 PDP 电视机，判断方法也不同。

①使用 LG PDP 屏的等离子电视机,其 CPU 上有一控制开关,当电视机正常工作时,该开关置于 NORMAL 位。判断电源电路板是否正常工作的操作方法如下所述。

第1步:拔掉电源电路板与信号处理电路板、逻辑电路板所有连接线。

第2步:将控制开关置于 AUTO 位。

第3步:开机,若电源正常启动,各路输出电压正常,则电源电路板正常。否则,电源电路板有故障。

②使用三星 PDP 屏的等离子电视机,判断电源电路板是否正常工作的操作方法如下所述。

第1步:拔掉电源电路板与信号处理电路板、逻辑电路板的所有连接线。

第2步:将电源电路板上 J8005 跳线(RELAY ON)短接,或将电源电路板的插排 CN9004 的③脚、④脚短接,给电源电路板加一开机信号。

第3步:将电源电路板插排 CN8008 的⑨脚串联一只电阻,短接到 2.5V 或 3.5V 电压输出端上,给电源电路板加一电压信号。

第4步:开机,若电源正常启动,各路输出电压正常,则电源电路板正常。否则,电源电路板有故障。

注意:判断故障后,要将跳线和各插排的短接线恢复到正常状态!

3. 数字信号处理电路板的故障判断

因电视机的 CPU 装在数字信号处理电路板上,所以无论是图像处理的数字信号处理电路板损坏还是 CPU 损坏,都会使逻辑电路板不能点亮 PDP 屏。另外,数字信号处理电路板与逻辑电路板之间的连线接触不良或开路,逻辑电路板得不到 CPU 的控制信号和驱动信号,PDP 屏也不会点亮。

(1)因为三星 PDP 屏等离子电视机依靠逻辑电路板就能点亮 PDP 屏,所以操作方法如下所述。

①使用三星 PDP 屏的 43in 等离子电视机。

第 1 步:将逻辑电路板上的 SW2001 开关及各组开关打到相反的位置。

第 2 步:将电源电路板上 J8005 跳线(RELAY ON)短接,或将电源电路板插排 CN9004 的③脚、④脚短接,给电源电路板加一开机信号。

第 3 步:开机,若 PDP 屏被点亮,则说明数字信号处理电路板有故障。否则,为逻辑电路板损坏或 PDP 屏的 X、Y 驱动电路板损坏。

②使用三星 PDP 屏的 50in 等离子电视机。

第 1 步:将逻辑电路板上的 50TCP/63COF 各级开关置于"INT"标称模式。

第 2 步:将电源电路板插排 CN9004 的③脚、④脚短接,给电源电路板加一开机信号。

第 3 步:开机,若 PDP 屏被点亮,则是数字信号处理电路板有故障;不亮,为逻辑电路板损坏或 PDP 屏的 X、Y 驱动电路板损坏。

(2)使用其他厂家 PDP 屏的等离子电视机,其操作如下:

①测量指示灯控制管 Q9301、Q9302 的工作状态是否正常,从而判断数字信号处理电路板的工作是否正常。在电视机正常工作时,Q9301、Q9302 的集电极电压分别为 5V 和 0V。若测量值与此值不符,则为数字信号处理电路板有故障。

②通过检查 CPU 是否受控来判断数字信号处理电路板是否正常。

③通过代换数字信号处理电路板来判断数字信号处理电路板是否有故障。

4. 其他引起不开机故障的判断

若电源电路板、数字信号处理电路板与逻辑电路板之间的连线均无故障,则故障是由逻辑电路板或 PDP 屏的 X、Y 驱动电路板损坏引起的。实际维修时,如无明显损坏元件,则需要更换整块电路板才能解决问题。

（二）绿屏/红屏/蓝屏故障的检修

1. 故障原因

(1)数字信号处理电路板损坏。

(2)模拟信号处理电路板损坏。

(3)数字信号处理电路板和模拟信号处理电路板之间的连线接触不良或开路。

(4)逻辑电路板损坏。

2. 故障检修

判断故障部位时，可输入 PC 信号检测。如 PC 状态下信号输入正常，故障应在 MDIN150 芯片、VPC3230 芯片或它们之前的电路（包括模拟信号处理电路板）；如 PC 状态下输入信号不正常，故障应在 RM102 芯片之后的数字信号处理电路板。

（三）黑屏（有菜单显示）故障的检修

1. 故障原因

(1)模拟信号处理电路板损坏。

(2)数字信号处理电路板损坏。

(3)逻辑电路板损坏。

(4)数字信号处理电路板与逻辑电路板之间的连线接触不良或开路。

2. 故障检修

先确定电视机在什么信号源下为黑屏故障，以便判断故障部位。各路信号源的数字电视信号在送到数字图像处理芯片 RM102 之前，是由两个通道处理的。其中，TV、AV、S-VIDEO、DVD 的输入信号源由 TEA6425、VPC3230、MDIN150 等芯片组成的电路处理；PC、DTV、DVI 的输入信号源由 ADG774、AD9887 等芯片组成的电路处理。若输入 TV、AV、S-VIDEO、DVD 信号源时为黑屏，而输入 PC、DTV、DVI 信号源时正常，则应检修 TEA6425、VPC3230、

MDIN150 等芯片及其外围电路元件。若输入 PC、DTV、DVI 信号源时为黑屏,而输入 TV、AV、S-VIDEO、DVD 信号源时正常,则应检查 ADG774、AD9887 等芯片及其外围电路元件。当输入所有信号源都为黑屏时,应检查数字图像处理芯片 RM102 及数字信号处理电路板的其他电路。此外,当输入 TV 信号源时黑屏,则还应检查模拟信号处理电路板及总线扩展接口芯片 PCF8574。

（四）水平一条亮（暗）线故障的检修

此故障原因及检修方法如下:

（1）根据水平线在屏幕上的位置,检查 PDP 屏与 Y 驱动电路板之间的连接插排是否接触不良。一般屏幕上水平线的位置与接触不良的插排连接线的位置是对应的。

（2）代换 Y 驱动电路板。

（3）代换 X 驱动电路板。

若还不能消除故障,则是 PDP 屏损坏。

（五）图像异常、白场黑白相间、字符异常、绿场/蓝场
　　　闪烁及菜单或字符抖动等故障的检修

此类故障绝大多数是由数字信号处理电路板引起的,维修时首先应考虑更换数字信号处理电路板。如果还不能排除故障,则代换逻辑电路板,但需注意电路板之间的连接。

第三节　等离子彩色电视机常见故障检修实例

一、等离子彩色电视机故障检修流程

音频、视频和控制电路简称 AVC,其故障检修流程如图 6-10 所示。

PDP 显示器组件的故障检修流程如图 6-11 所示。在检修时,请

参阅图 6-12 至图 6-14 的电路框图。

二、等离子彩色电视机常见故障检修实例

【实例 1】机型：PDP-4226。

故障现象：开机无图像。

故障分析：开机无图像的故障有多方面的原因，例如开关电源有故障、控制电路（主电路板）有故障、等离子体显示驱动电路有故障，均会引起无图像的故障，应进一步检查。

故障检修：(1)检查开机、待机指示均无反应，指示灯不亮。这种情况多是电源部分的故障。电源部分是由交流输入、整流、滤波和开关电路组成的。此外，还有保护电路。先查交流输入电路，如交流输入和整流、滤波电路的输出有大约 300V 的直流电压，表明该部分是正常的。如无输出，则查滤波电容、桥式整流堆和电源开关、熔丝等电路元器件。

(2)等离子电视机的指示灯处于待机状态，不能开机，屏幕无图像。这种情况可能是保护电路起作用，或是开机/待机控制电路中有损坏的元器件。应分别检查保护电路和开关电源的控制电路，也有可能是主电路板上的控制电路有故障。

(3)等离子电视机开机指示灯亮，但无图像显示。这种情况可能是等离子体显示屏发光条件不满足，或是 X、Y 驱动电路有故障。

【实例 2】机型：PDP-4266。

故障现象：屏幕有显示，但图像杂乱无章，表明驱动显示屏的工作条件不足。

故障分析及检修：显示屏上的图像杂乱无章，通常是由于等离子体显示单元的几种驱动信号中，某些信号不正常。应分别检查 X 驱动电路板、Y 驱动电路板及主电路板。根据电路结构，分别检查输入、输出信号及电路的供电和地线等部位。

【实例 3】机型：PDP-4226。

故障现象：工作正常，只是在屏幕上的固定位置有竖线。

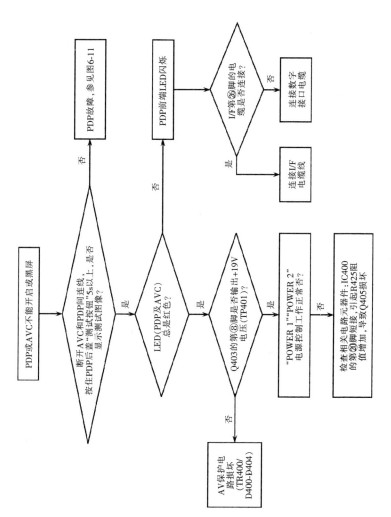

图6-10 AVC故障检修流程

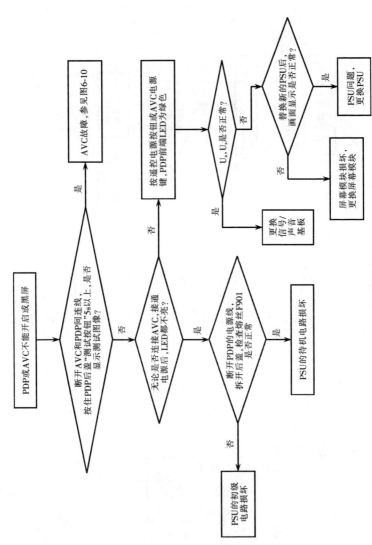

图6-11 PDP显示器组件的故障检修流程

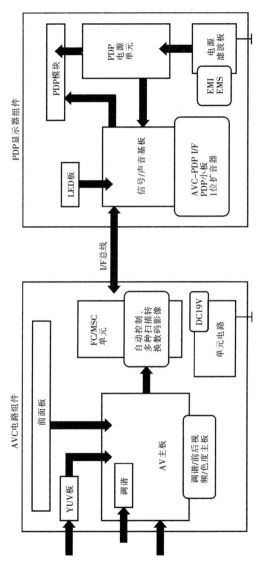

图6-12 等离子电视机的框图

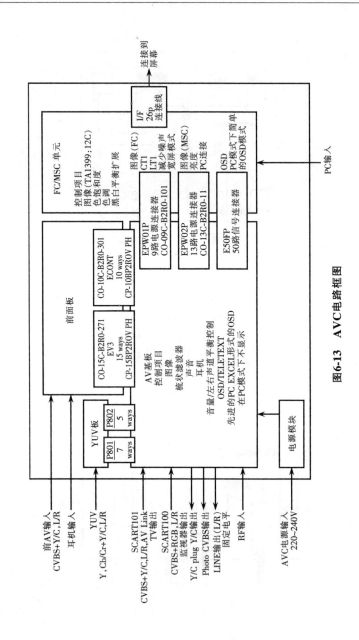

图6-13　AVC电路框图

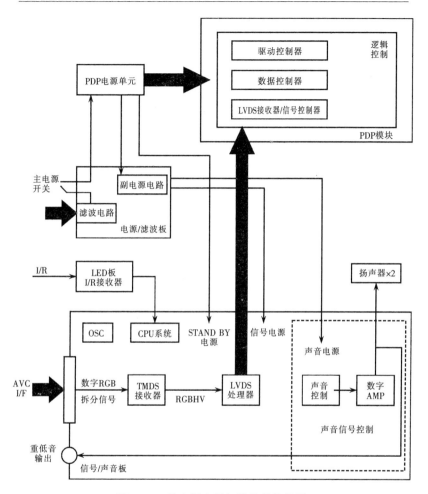

图6-14 等离子电视机的信号流程图

故障分析：在显示屏上有单条、双条或多条竖线，有时表现为单个或多个竖块。这种情况多是由于驱动电路与显示屏之间的连接线路中，个别引脚有短路或断路引起的。

故障检修：等离子体显示屏的驱动电极是从周边的接点与驱动电路相连，由柔性扁平铜箔连接的，线数很多。生产过程中某些因素造成的缺陷,或是振动冲击等,均可造成连线间短路、断路故障。这种故障往往难以修复。

【实例4】机型:PDP-4226。

故障现象:工作正常,只是在屏幕上有固定的水平横线。

故障分析:图像水平方向的横线、横条缺陷多是由于扫描驱动有故障造成的。

故障检修:遇到水平方向的横线或横条故障,应检查水平扫描和水平驱动电路。如果显示屏组件上的水平驱动集成电路损坏,往往难以维修,只有更换显示屏。若为驱动电路板损坏,则对整板进行更换。